設問式

船荷証券の実務的解説

松井孝之・黒澤謙一郎　編著

成山堂書店

本書の内容の一部あるいは全部を無断で電子化を含む複写複製
(コピー)及び他書への転載は，法律で認められた場合を除いて
著作権者及び出版社の権利の侵害となります。成山堂書店は著
作権者から上記に係る権利の管理について委託を受けていま
すので，その場合はあらかじめ成山堂書店 (03-3357-5861) に
許諾を求めてください。なお，代行業者等の第三者による電子
データ化及び電子書籍化は，いかなる場合も認められません。

はしがき

　本書は，外航の船荷証券をめぐる法律問題に関して実務家が実務家の視点で可能な限り分かりやすく解説したものである。

　本書は国際的な貿易において，船荷証券に関与するあらゆる実務担当者のために執筆されたものであり，その対象は，船会社，商社，メーカー，フレイト・フォワーダー，銀行，ブローカー，保険会社，P＆Iクラブなど実に多岐にわたる。

　本邦の外航貨物に関して規定する国際海上物品運送法を中心として解説しているが，適宜，英国や米国の事例なども紹介している。

　なお，本書は共同執筆であるが，各執筆者間の内容の調整は行っていない。そこで，各執筆者の見解は，他の執筆者や編者の見解とは異なることも少なくないことはお断りさせていただく。

　また，現在，我が国の海商法は改正作業が行われている。この改正作業の主な対象は内航であり，国際的な貿易実務に及ぼす影響は大きくない。ただし，影響する部分も若干は存在するわけであり，この点は，本書でも最低限のコメントを述べたが，読者の方には海商法の改正を見守っていただきたい。

　最後になるが，多忙な日常業務の中で本書の完成に協力していただいた執筆者の皆さんに感謝申し上げたい。

平成28年9月

編　者

目　次

1．総論―船荷証券の機能・種類―

設問1　船荷証券の法的機能［伊藤弐］── 2
Q　船荷証券（B/L）とは何か？　2
　船荷証券（B/L）とは　2
　B/L の3つの法的機能―少しだけ歴史を見てみよう　3
　B/L の法的性質　4

設問2　船荷証券の分類［竹谷光成］── 10
Q　船荷証券（B/L）にはどのような種類のものがあるのか？　10
　荷受人の指定と譲渡の方法　10
　船積船荷証券と受取船荷証券　11
　Clean B/L と Foul B/L　13
　Master B/L と House B/L　13
　サレンダーB/L と海上運送状　13
　電子式船荷証券　15
　その他の種類　15

設問3　船荷証券と傭船契約［小林拓人］── 18
Q1　船荷証券（B/L）と傭船契約はどのような関係にあるのか？
　　また，両者の優劣はどのように考えられているのか？　18
　B/L と運送契約との関係　18
　B/L 上の約款の効力　18
Q2　傭船契約の B/L への摂取とは何か？　傭船契約を摂取するために
　　は，どのような要件を満たす必要があるか？　摂取する傭船契約に
　　関してはどのような問題があるか？　20
　傭船契約の摂取とその目的　20
　摂取に関する要件　21
　摂取の可否に関する判断の流動性　23
　摂取する傭船契約側の諸問題　25

設問4　複合運送船荷証券［赤塚寛］────28
Q　複合運送B/Lとは何か？　28
　複合運送B/Lとは　28
　フレイト・フォワーダーとは何か。NVOCCとは何か　29
　複合運送B/Lに関する法制はどうなっているか　31
　複合運送人の責任はどうなっているのか　32
　国際的規則，JIFFA国際複合一貫輸送約款および商法改正中間試案　33

2．船荷証券に類似する運送書類・電子式船荷証券

設問5　サレンダーB/L［竹本みを］────38
Q　サレンダーB/Lとは何か？　サレンダーB/Lには，どのような法的問題があるか？　38
　サレンダーB/Lが誕生した背景　38
　サレンダーB/Lの裁判例：サレンダーB/LとB/Lの効力　38
　サレンダーB/Lと運送契約上の権利　40
　サレンダーB/Lを利用するにあたっての注意点　41
　他の代替手段はないのか　41

設問6　海上運送状［赤塚寛］────43
Q　海上運送状とは何か？　43
　定義　43
　登場の背景　44
　海上運送状はB/Lと何が違うのか　44
　海上運送状には，どのような法が適用されるのか　47

設問7　電子式船荷証券［竹谷光成］────49
Q　電子式船荷証券（e-B/L）とは何か？　これにより既存の法律関係はどう変容するのか？　49
　運送人がe-B/Lを発行した場合にP&I保険でカバーされるか　49
　BIMCO Electronic Bill of Lading Clauseとは何か　50
　ボレロとは何か　51
　ボレロはどのようにしてe-B/Lの課題をクリアしたか　51
　e-B/Lはどのように運用されているか　52

紙のB/Lと比べてどのような利点があるか　54
　　e-B/Lを利用するとLOIは不要なのか　55
　　e-B/Lにはどのような難点があるか　55
　　eesDOCSとは　56

3．船荷証券の発行・譲渡・変更・紛失

設問8　不定期船の船荷証券発行の実務［久下豊］────58
　　はじめに　58
　　実務の流れ　58
　　おわりに　63

設問9　コンテナ船の船荷証券発行の実務［松田直樹］────65
　　はじめに　65
　　B/Lの構成について　66
　　B/L発行の実務について　70
　　おわりに　90

設問10　船荷証券の譲渡［手塚祥平］────92
　Q　船荷証券（B/L）は，どのように譲渡されるか？　92
　　総論　92
　　指図式船荷証券（Order B/L）の譲渡方法　92
　　記名式船荷証券（Straight B/L）の譲渡方法　93
　　無記名式船荷証券（Bearer B/L）の譲渡方法　94
　　B/Lの裏書譲渡の方法　94
　　B/Lの最終所持人と裏書の連続　97

設問11　Switch/Commingle/Combine B/L［阿部弘和］────98
　Q1　Switch B/Lとは何か？　Switch B/Lを発行する際に注意すべき
　　　ポイントは何か？　98
　　荷渡違い　99
　　不実表示　99
　　その他　100
　Q2　Commingle B/Lとは何か？　101

Q3　Combine B/L とは何か？　*103*

設問12　船荷証券の紛失［山本剛也］──── *105*
Q　B/L を紛失した場合，どのような対応が求められるか？　*105*
　問題の所在　*105*
　実務的対応　*105*
　貨物引渡し後に残る問題　*106*
　B/L に基づく貨物引渡請求権／損害賠償請求権の時効／除斥期間／出訴期限
　　107
　公示催告・除権決定　*108*
　除権決定取得の要否　*108*
　保証状の返還　*110*

4．船荷証券上の記載

設問13　船荷証券の記載事項［濱田嘉秀］──── *114*
Q　B/L には何が記載されなくてはならないか？　*114*
　はじめに─B/L の構成　*114*
　法定記載事項と任意的記載事項とは何か　*115*
　法定記載事項において，具体的にどのような記載がされるのか　*116*
　任意的記載事項には，どのようなものがあるか　*122*
　記載に関して運送人が注意すべきことは何か　*122*

設問14　船荷証券の日付［黒澤謙一郎］──── *124*
Q　傭船者から B/L の日付のバックデイトが求められた場合，それに応じてよいか？　*124*

**設問15　無故障船荷証券（Clean B/L）と不知約款［伊藤洋平］
　　────** *126*
Q　無故障船荷証券とは何か？　不知約款とは何か？　*126*
　故障付船荷証券・無故障船荷証券　*126*
　不知約款・不知文言　*128*
　補償状慣行とその有効性　*130*
　傭船契約下における無故障船荷証券の発行　*131*

設問 16　錆約款（Retla 条項）［伊藤洋平］——— *134*
  Q　錆約款（Retla 条項）とは何か？　*134*

設問 17　甲板積貨物［伊藤洋平］——— *138*
  Q　甲板積貨物は，B/L 上，どのように記載されるべきか？　*138*
    甲板積禁止原則とは　*138*
    どのような記載があれば甲板積運送は許されるか　*139*
    どのような記載があれば免責特約が許されるか　*139*
    コンテナ貨物の甲板積運送　*141*

設問 18　船荷証券の不実記載［冨田拓］——— *144*
  Q　B/L に不実記載があった場合，運送人はどのような責任を負うのか？　*144*
    問題の所在　*144*
    国際海上物品運送法 9 条　*145*
    ヘーグ・ヴィスビー・ルール　*145*
    国際海上物品運送法 9 条の要件・効果など　*146*
    不実記載のある B/L を発行した運送人の責任の法的構成　*148*
    空券の場合に関する判例　*148*
    品違いの場合に関する判例　*149*
    運送人の損害賠償責任に関する考察　*149*
    国際海上物品運送法 13 条の適用の有無　*150*
    不知約款・不知文言　*150*
    英国法における不知約款・不知文言　*153*

5．船荷証券の当事者

設問 19　船荷証券における運送人［宮﨑裕士］——— *156*
  Q　B/L における運送人とは何者か？　運送人はどのように特定されるか？　*156*
    運送人を特定するための手がかりとなる諸記載　*156*
    B/L 上の運送人を特定することの困難　*158*
    運送人の特定に関する主要な裁判例　*159*
    例外：航海傭船契約のもと発行された B/L 上の運送人の特定　*164*

設問20　船荷証券上の荷送人［伊藤弐］──── *165*
Q　B/L に記載される荷送人は誰か？　*165*
　　B/L 上に荷送人として記載されるのは誰か──B/L の有効性との関係　*165*
　　運送契約の当事者（運賃支払義務者）の特定と B/L 上の荷送人の記載との関係　*166*

設問21　荷送人の義務と責任［伊藤弐］──── *168*
Q　荷送人は，運送人に対して，どのような義務や責任を負うか？　*168*
　　荷送人の義務──3つの基本的な義務　*168*
　　危険物の船積みに関する荷送人の義務と責任　*170*
　　船荷証券約款上の義務違反とそれによる責任　*178*
　　危険物の船積みに関する運送人の義務　*178*

6．船荷証券の裏面約款

設問22　共同海損約款・ニュージェイソン約款・双方過失衝突約款・ヒマラヤ約款［濱田嘉秀］──── *182*
Q1　共同海損約款とは何か？　*182*
　　概要　*182*
　　共同海損について　*182*
　　ヨーク・アントワープ規則について　*182*
　　共同海損の効果　*183*
　　共同海損の手続　*184*
Q2　ニュージェイソン約款とは何か？　*184*
　　概要　*184*
　　共同海損と過失　*185*
Q3　双方過失衝突約款とは何か？　*188*
　　概要　*188*
　　日本における取扱い　*190*
Q4　ヒマラヤ約款とは何か？　*190*
　　概要　*190*
　　なぜヒマラヤ約款と呼ばれるのか　*191*
　　ヒマラヤ約款の有効性　*191*
　　ヘーグ・ヴィスビー・ルールと国際海上物品運送法の規定　*191*

設問23　至上約款［佐々木政明］ —— 193
Q1　至上約款とは何か？　なぜ至上約款が置かれるのか？　193
至上約款とは　193
至上約款の目的　194
各国の国内法によるヘーグ・ヴィスビー・ルール等の条約の変容　194
Q2　至上約款に関してどのような問題があるのか？　195
至上約款の問題点　195
Q3　至上約款に関するチェックポイントは？　198
至上約款のチェックポイント　198

設問24　Liberty Clause［伊藤洋平］ —— 199
Q　Liberty Clause（リバティ・クローズ）とは何か？　199
アバンダン・クローズとは　199
フラストレーションとは　201
アバンダン・クローズの趣旨　202
アバンダン・クローズの有効性　203
日本法におけるアバンダン・クローズ　204
離路約款（Deviation Clause）とは　205
Quasi-deviation（準離路）　208
日本法における離路　209
日本法における離路約款の効力　210

設問25　FIOST条項［黒澤謙一郎］ —— 212
Q　B/LにおけるFIOST条項とは何か？　212
はじめに――FIOST条項の必要性　212
FIOST条項は有効か　213
荷役責任を荷主に移転する明確な合意とは，どのようなものか　214
FIOST条項があれば，運送人は常に荷役責任を免れるのか　216
FOIST条項によって，運送人は堪航性担保義務も免れることができるか　218

設問26　裁判管轄条項・仲裁条項［宮﨑裕士］ —— 220
Q　B/Lにおける裁判管轄条項や仲裁条項とは何か？　220
B/L上の裁判管轄条項　220
B/L上の仲裁条項　220

裁判管轄条項や仲裁条項の効力が問題になった裁判例　*221*

7．船荷証券の回収・貨物の引渡し

設問27　船荷証券の回収　[阿部弘和] ─── *226*
Q1　B/L の呈示と運送人の引渡義務とはどのような関係にあるか？　*226*
Q2　B/L はどのように回収されるか？　*228*
Q3　予定された揚地以外での引渡しは，どのように処理が異なるか？　*229*
Q4　貨物の引渡しは B/L と常に引き換えか？　*230*
Q5　保証渡しの場合の問題点は？　*231*

設問28　船荷証券なしの貨物引渡し　[阿部弘和] ─── *232*
Q1　B/L なしの貨物引渡しとは？　*232*
Q2　LOI に基づく補償請求の可否は？　*233*
Q3　保証渡しは拒めるのか？　*235*
Q4　運送人として LOI をもらう際の注意点は何か？　*236*
Q5　運送人の責任額はどうなるか？　*237*
Q6　運送人の責任の出訴期間はどうなるか？　*238*
Q7　船主責任制限法の船舶先取特権の成否は？　*239*
Q8　港湾当局への貨物の強制的引渡しの局面でも，運送人は責任を負うか？　また，そうである場合，運送人としてはどのような内容の約款を B/L に挿入すれば免責されるか？　*240*

設問29　船荷証券における荷受人の責任　[宮﨑裕士] ─── *242*
Q1　荷受人とは何か？　*242*
Q2　荷受人はどのように特定されるか？　*242*
　　指図式船荷証券（Order B/L）　*242*
　　記名式船荷証券（Straight B/L, Consigned B/L など）　*243*
　　持参人式船荷証券（Bearer B/L）　*244*
Q3　荷受人は法律上どのような義務を負うか？　*245*
　　運賃などの諸費用の支払義務　*245*
　　荷受人の運送品受領義務　*245*

供託　246
倉庫保管（Warehousing）　247
任意処分　247
競売　248
処分費用の立替請求ができるか　248

設問30　運送品等の撤去責任　[山下真一郎]─── 249
Q1　運送中のコンテナや材木などの貨物が航海中に船舶から流出し，海岸に打ち上げられた。撤去する責任があるのは，運送人なのか，貨物の所有者である荷主なのか？　249
　2つのポイント　249
　材木が日本の海岸に打ち上げられた場合　249
　コンテナが日本の海岸に打ち上げられた場合　250
　土地所有者が日本国や地方公共団体の場合　250
　適用法令の変化　251
Q2　運送中のコンテナや材木などの貨物が航海中に船舶から流出し，海岸に打ち上げられた。その後，土地所有者が打ち上げられた邪魔な材木やコンテナを撤去して別の場所で保管し，撤去費用や保管費用を請求してきた場合，これを支払う責任があるのは，運送人なのか，貨物の所有者である荷主か？　251
　ポイントは同じ　251
　日本の海岸に打ち上げられた場合　252
　海岸が日本国や地方公共団体の所有者である場合　252
Q3　運送中のコンテナや材木等の貨物が航海中に船舶から流出し，海岸に打ち上げられた。運送人が，材木やコンテナを現実に撤去したり，土地所有者へ撤去費用を支払った場合，船荷証券上の運送契約に基づいて，荷主へ損害賠償請求することは可能か？　逆に，荷主が材木やコンテナを現実に撤去したり，土地所有者へ撤去費用を支払った場合，船荷証券上の運送契約に基づいて，運送人へ損害賠償請求することは可能か？　253
　2つのポイント　253
　運送人が荷主に対して請求する場合　253
　荷主が運送人に対して請求する場合　253

8. カーゴクレーム―運送人の責任―

設問31　運送人の責任の体系・カーゴクレームの体系
　　　　［松井孝之］――― *256*

Q　カーゴクレームにおいて運送人が責任を負うのは，どのような場合か？　*256*

　カーゴクレームに関する運送人の責任　*256*
　堪航能力担保義務とは　*256*
　貨物に関する注意義務とは　*257*
　航海過失免責あるいは火災免責とは　*257*
　国際海上物品運送法4条2項免責とは　*257*
　「運送中に貨物が滅失・損傷したこと」の証明の内容　*258*
　冷凍コンテナ貨物　*259*

設問32　船荷証券上の運送の責任原因(1)―堪航能力担保義務
　　　　［黒澤謙一郎］――― *262*

Q　堪航能力担保義務とは何か？　*262*

　不堪航とは何か　*262*
　船舶を航海に堪える状態におくこと（船体能力）とは，具体的に何か　*262*
　船員配乗させ，船舶を艤装し，需品を補給すること（運航能力）とは，具体的に何か　*265*
　船倉等を貨物運送に適する状態にすること（堪貨能力）とは，具体的に何か　*268*
　航海中に不堪航になっても，運送人に義務違反があるのか　*272*
　不堪航と損害との間に，因果関係はあるか　*273*
　不堪航の事実は，誰が証明しなければならないのか　*274*
　堪航性を担保するための注意は，どうすれば尽くしたことになるのか　*275*
　船主は，誰の行為についてまで注意義務を負うのか　*277*
　堪航性担保義務違反は，運送人の責任・免責に関する国際海上物品運送法のその他の条項と，どう関係するのか　*278*

設問33 船荷証券上の運送人の責任原因(2)——運送品に関する注意義務 [黒澤謙一郎] ——— 279

Q 運送品に関する注意義務とは，具体的にどのようなものか？ 279
  運送人は，どのようなサービスを提供する義務を負っているのか 279
  運送人は，誰がした作業の責任を負うのか 283

設問34 運送品に関する注意義務の時間的範囲 [黒澤謙一郎]
——— 285

Q 運送人は，いつの時点から貨物に責任を負うのか？ 285
  運送人は，いつの時点から貨物に責任を負うのか 285
  船積作業の具体的にどの瞬間から，運送人は責任を負い始めるのか 287
  船積中の事故には，どのような法的問題があるのか 288
  陸揚後の貨物事故には，どのようなものがあるか 289

設問35 運送人によるカーゴクレームに対する防御(1)——免責事由 [黒澤謙一郎] ——— 290

Q 運送人が国際海上物品運送法3条2項で免責されるのは，どのような場面か？ 290
  航行上の過失によって免責されるのは，具体的にどのような場面か 290
  船舶取扱いの過失によって免責されるのは，具体的にどのような場面か 291
  船舶火災によって免責されるのは，具体的にどのような場面か 294

設問36 運送人によるカーゴクレームに対する防御(2)——証明責任軽減事由 [黒澤謙一郎] ——— 298

Q 国際海上物品運送法4条は，何を規定しているのか？ 298
  国際海上物品運送法4条2項の列挙事由には，どのようなものがあるか 298
  「海上その他可航水域に特有の危険」によって免責されるのは，どのような場面か 299
  「荷送人もしくは運送品の所有者，または，その使用する者の行為」によって免責されるのは，どのような場面か 303
  「運送品の特殊な性質，または隠れた欠陥」によって免責されるのは，どのような場面か 304

設問37　運送人の損害賠償額の範囲・責任制限［竹本みを］——— 308

Q　国際海上物品運送の運送人が賠償すべき額はどのように算定するか？　責任に限度額はあるのか？　308

　賠償額の定型化（国際海上物品運送法12条の2）　308

　責任制限（パッケージ／キロリミテーション）（国際海上物品運送法13条）　313

　損害賠償額の定型化および／または責任制限の規定が適用されない場合　317

設問38　カーゴクレームにおける荷主の対応［吉田伸哉］——— 322

Q　カーゴクレームに関するに荷主の通知義務とは？　カーゴクレームにおけるサーベイレポートの役割とは？　B/L上の運送人の荷主に対する責任に関する出訴期間の制限と期間の延長に対する実務上の留意点とは？　322

　カーゴクレームに関する荷主の通知義務　322

　サーベイレポート　325

　出訴期間の制限と期間延長に関する実務上の留意点　327

Practical tips to defend cargo recovery claims［Nick Burgess］
——— 333

Cargo recoveries—"seven deadly sins"［Simon Culhane］
——— 348

索　引 ——— 363

事例番号一覧 ——— 367

1．総論―船荷証券（B/L）の機能・種類―

設問1　船荷証券（B/L）の法的機能

> **Q　船荷証券（B/L）とは何か？**
>
> **A**　船荷証券（B/L）とは，海上物品運送を請け負った運送人が荷送人に対して発行する書類である。B/Lには，①貨物の受取りまたは船積みの証拠，②運送契約の証拠，③運送品引渡請求権を表わす書類という3つの重要な法的機能がある。

船荷証券（B/L）とは

　船荷証券（Bill of Lading：B/L）とは，海上物品運送を請け負った運送人が荷送人に対して発行する書類である。たとえば，貨物の内容と量がコンテナ数個で足りるような場合，荷送人は船会社の定期船サービスを利用してその貨物を荷受人に届けようとするだろう。このような場合，荷送人と船会社（運送人）との間では箇品運送契約と呼ばれる契約が結ばれ，そのもとでB/Lが発行されることになる（下図参照）。

　また，海上物品運送が行われる場合に運送当事者間で結ばれる契約には，箇品運送契約のほかに傭船契約と呼ばれるものもあり，この傭船契約のもとでB/Lが発行されることもある（設問3）。

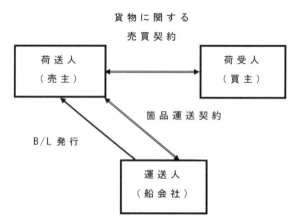

図1-1　箇品運送契約のイメージ（CIF条件の場合）

設問1　船荷証券（B/L）の法的機能

≪B/Lとは≫

・海上物品運送を請け負った運送人が荷送人に対して発行する書類。
・主に当事者間で箇品運送契約が結ばれる場面で発行されるが，傭船契約のもとで発行されることもしばしばある。

B/Lの3つの法的機能—少しだけ歴史を見てみよう

　B/Lには3つの法的機能があるといわれている。ここでは，B/Lの歴史をたどりながら，それらの機能について学ぶことにしたい。

　B/Lの起源は，14世紀頃に地中海で行われていた海上運送実務に遡るといわれている。それ以前は，運送人に対して貨物の運送を委託した商人は自らの貨物とともに船舶に乗り込んでいたが（上乗り（supercargo）），14世紀頃になるとそのような実務に変化が生じ，商人は船積港で運送人に貨物を引き渡すのみで，自ら貨物とともに船舶に乗り込むことは少なくなっていった。そこで必要となったのが，運送人が船積港でたしかに貨物を受け取ったという受取証であり，運送人が荷送人に対してこのような受取証を交付するという実務が生じた。これが現在のB/Lの起源といわれる。この受取証には，運送人に受け取られ，船積みされた貨物の種類と数量に加え，受け取られた際の貨物の状態が記載されたという。これがB/Lの1つ目の機能である。

　ところで，海上運送を行うに際し，運送人と貨物所有者との間で紛争が生じることは実務上避けられない。荷揚港に到着した貨物が想定していた品物と異なっていたとか，数量が不足していたとか，または損傷があったような場合，荷送人（ここでは荷送人＝貨物所有者と考えよう）は運送人にクレームをつける（つまり損害賠償を求める）だろう。他方，そのようなクレームを受けた場合，運送人は，荷送人との間で結んだ海上運送契約の内容に基づいた解決を望むはずである。たとえば，運送人と荷送人との間で，「航海中の荒天によって貨物が滅失・損傷した場合，運送人はそれについて責任を負わない」と約束（＝契約）していたような場合を考えてみよう。このような場合，荒天による貨物の損傷について荷送人からクレームを受けた運送人は，当然，上記の契約に基づいて免責を主張するだろう。しかし，それが書面に書き起こされていないと，運送人と荷送人との間で「言った」「言わない」の水掛け論になってしまう。そこで，貨物の受取証として発行されるようになったB/Lに海上運送契約の内容を記載するようになったのである。これがB/Lの2つ目の機能である。

さらに時代が流れ，18世紀頃になると，B/Lに最後の機能が備わることになる。海上運送はその性質上どうしても時間がかかる。ましてや当時の船舶・航海技術のもとではなおさらである。そのため，貨物の運送を委託した商人（貨物の所有者）の中には，その運送期間中にその貨物を第三者に売ってしまいたいと考える者がでてきた（たとえば，市況の変動により，海上運送中にその貨物の価格が大幅に上がったが，荷揚港に着く頃にはその価格が下がるだろうと見込まれる場合などを考えていただきたい）。しかし，貨物そのものは船上にあるから，荷送人が第三者にその貨物を売ったとしても，実際にその物を引き渡すことはできない。そこで，貨物そのものを引き渡す代わりに，その貨物の内容を表したB/Lを第三者に譲渡するという方法が考え出された。貨物を譲り受けた第三者がB/Lの譲渡を受けることで，荷揚港で運送人に対してその貨物を自分に引き渡すよう求めることができ，さらに，もしもその貨物に損傷等があれば自ら運送人に対してクレームをすることができるようにしたのである。これがB/Lの3つ目の機能である。

≪B/Lの法的機能≫

① 貨物の受取りまたは船積みの証拠
② 運送契約の証拠
③ 運送品引渡請求権を表す書類

B/Lの法的性質

これら3つの機能を支えるため，B/Lには法律上いくつかの特殊な性質が与えられており，それらがB/Lに関する実務上の諸問題にそれぞれ深く関連している。したがって，B/Lの法的性質を知ることは，B/Lに関して実務上起こりうる種々の法的問題を混乱なく整理・理解する上で役立つものといえる。以下，B/Lの主要な法的性質を概観していこう。

(1) **B/Lは一定の記載事項を欠くと法的に無効となりうる（要式証券性）**

　B/Lは，そこに記載すべき事項が法律で定められている（国際海上物品運送法7条1項）。しかし，これら法律で定められた記載事項のわずか1つでも欠くB/Lが法的に無効になるかというと，そのようなことはないと理解されている（設問13）。

設問1　船荷証券（B/L）の法的機能

> ≪B/L の法的性質(1)≫
> B/L は一定の記載事項を欠くと法的に無効となりうる。

(2) B/L は運送契約に基づいて運送人に貨物が引き渡されることを前提に発行されるべきものであり，そのような前提を欠いて発行された B/L は法的に無効となりうる（要因証券性）

　B/L は「運送品引渡請求権を表す書類」であるから，貨物が運送人に引き渡されずに B/L のみが発行された場合，その B/L は法的に無効なものと考えられてきた（ただし，学説上はさまざまな見解が唱えられている）（設問18）。

> ≪B/L の法的性質(2)≫
> 運送人に貨物が引き渡されることなく発行された B/L は法的に無効となりうる。

(3) 運送人は，原則として，B/L に記載された内容と異なる事実を主張することができない（文言証券性）

　説明を分かりやすくするため，次のような例を考えてみよう。

───── 架空の事例 ─────
　運送人は，荷送人に対し，大豆を1万トン船積みしたという内容の B/L を発行した。しかし，実際には9千トンの大豆しか船積みされていなかった。荷送人からこの B/L の譲渡を受けた第三者（運送契約の当事者でない B/L の所持人）が，運送人に対して B/L の記載どおり1万トンの大豆を引き渡すよう求めた。しかし，運送人は，実際に船積みされたのは9千トンだったのだから9千トンしか引き渡す義務はない，と主張した。

　この運送人の言い分が通るとしたら，B/L の記載を信用し，それに見合う対価を支払ってその B/L の譲渡を受けた所持人はたまったものではない。そこで，日本法上，運送契約の当事者でない B/L 所持人がその B/L を取得する際に B/L 上の記載と事実とが異なるということを知らなかった場合，運送人はその所持人に対して B/L に記載されたとおりの責任を負うものとされている（国際海上物品運送法9条）。上記の事例でいえば，運送人は，実際には

9千トンの大豆しか船積みされていないということを知らずにB/Lの譲渡を受けた所持人に対しては，B/Lの記載どおり1万トンの大豆を引き渡す義務を負い，不足する1千トン分については損害賠償責任を負うことになる。

　この法的性質はとても重要で，実務上生じる多くの問題に密接に関わっている（設問13，設問15，設問18）。

≪B/Lの法的性質(3)≫

　運送人は，B/L所持人に対して，B/Lに記載された内容と異なる事実を主張することができないのが原則である。

(4) **B/Lは，原則として，裏書によって譲渡することができる（法律上当然の指図証券性）**

　B/Lは，荷受人の表示の仕方によっていくつかの種類に分けることができるが，その代表的なものが記名式船荷証券（Straight B/L）と指図式船荷証券（Order B/L）である（設問2）。指図式が譲渡可能であることは各国法が一致してこれを認めるが，記名式が譲渡可能か否かについては国によって考え方が異なる。日本法上は，記名式であっても譲渡を禁止する旨（"non-negotiable"）の記載がない限りは裏書によって譲渡できるとされている（国際海上物品運送法10条，商法574条）。

≪B/Lの法的性質(4)≫

・日本法上，B/Lは裏書によって譲渡することができる。
・ただし，B/L上に "non-negotiable" と記載されたB/Lは譲渡できない。

(5) **B/Lが適法に譲渡および引き渡された場合，そのB/Lの引渡しは貨物そのものの引渡しと法的に同じ効力をもつ（引渡証券性）**

　日本法上，売主と買主の間で物が売買された場合，買主がその物の所有権を第三者に対して主張するためには，その物の引渡しを受けなければいけないとされている（民法178条）。したがって，運送中の貨物を売りたいと考える荷送人は，単に買主と貨物に関する売買契約を結ぶだけでは足りず，買主に貨物を引き渡す必要がある。しかし，貨物そのものは大海原を航海中の船の上であ

るから買主に引き渡すことができない。そこで，この問題を解決するために，B/Lが適法に譲渡および引き渡された場合には，そのB/Lの引渡しに貨物そのものの引渡しと同一の法的効果を与えることにしたのである（国際海上物品運送法10条，商法575条）。つまり，運送中の貨物を譲り受けた買主は，貨物そのものの引渡しを受けることができなくとも，B/Lの適法な譲渡および引渡しを受けることで，その貨物の所有権を第三者に対して主張できることになる。したがって，これにより，運送中の貨物について売買しようとする当事者は安心して取引に入ることができるのである。

また，この法的性質のおかげで，B/Lの適法な譲渡および引渡しを受けた当事者が貨物についての質権を取得することが可能となり，このことは荷為替信用状取引を支える重要な要素の1つともなっている。

≪B/Lの法的性質(5)≫
・B/Lが適法に譲渡および引き渡された場合，そのB/Lの引渡しは貨物そのものの引渡しと法的に同じ効力をもつ。
・これによって，運送中の貨物についての売買や質権の設定が法的に可能となる。

(6) B/Lが発行されている場合，貨物に関する処分はB/Lをもってしなければならない（処分証券性）

B/Lが発行されている場合，貨物に関する処分はB/Lをもってしなければその法的効力を生じない（国際海上物品運送法10条，商法573条）。ここにいう「貨物に関する処分」とは，運送人に対して貨物の返還・運送の中止・揚地の変更を要求することや，貨物の売買，貨物に対する質権の設定などをいうものと理解されている。また，「B/Lをもってする」とは，運送人に対する各種要求についてはB/Lの提示を意味し，貨物の売買や貨物に対する質権の設定についてはB/Lの譲渡および引渡しをいうものと理解される。つまり，B/Lが発行されている場合，貨物を譲り受けた買主は，B/Lの適法な譲渡および引渡しを受ける必要があり，貨物そのものの引渡しを受けただけでは第三者に対してその貨物の所有権を主張できないというリスクを負うことになる。

≪B/L の法的性質(6)≫

貨物に関する処分は B/L をもってしなければならない。
具体的には…
- 運送人に対して貨物の返還・運送の中止・揚地の変更を要求する場合
  ⇒ 運送人に対して B/L を提示しなければいけない。
- 運送中の貨物について売買や質権の設定をする場合
  ⇒ 買主・質権者に対して B/L を譲渡し，引き渡さなければいけない。

(7) B/L が発行されている場合，運送された貨物の引渡しを受けるためには，それと引換えに運送人に対して B/L を引き渡さなければならない（受戻証券性）

　B/L が発行されている場合，貨物を受け取ろうとする者は，運送人に対して B/L を交付し，それと引換えでなければ貨物を受け取ることができない（国際海上物品運送法10条，商法584条）。別の言い方をすれば，運送人は B/L を交付しない者に対しては貨物の引渡しを拒むことができる。もしも運送人が B/L の交付を受けずに貨物を引き渡した場合，後日，B/L の正当な所持人から貨物の引渡しを求められたときには，運送人は貨物を取り戻してその B/L 所持人に引き渡す義務を負い，それができなければその B/L 所持人に対して損害賠償責任を負うことになる。

―――― 事例1　東京地判平13・5・28判タ1093号174頁 ――――

　荷送人（貨物の売主）は運送人（船社）との間で香港または南京からブラジルのマナウス港までの海上物品運送契約を結び，運送人から荷送人に対して B/L が発行された。貨物がマナウス港に到着した時点で B/L は荷送人の手元にあったが，運送人は，B/L を所持していない貨物の買主に対して貨物を引き渡してしまった。そのため，荷送人は売買代金を得ることも貨物を取り返すこともできなくなった。
　裁判所は，このような場合，運送人は荷送人に対して損害賠償責任を負うと判断した。

設問1　船荷証券（B/L）の法的機能

≪B/L の法的性質(7)≫

・運送された貨物の引渡しは B/L と引換えになされる。
・運送人は，B/L を交付しない者への貨物の引渡しを拒むことができる。
・B/L と引換えでなく貨物を引き渡した運送人は，後日，B/L の正当な所持人に対して損害賠償責任を負う可能性がある。

　本項で説明した法的性質は，「サレンダー B/L」（設問5）や「保証渡し」（設問28）と呼ばれる実務が生じる原因となり，また，海上運送状（設問6）や電子式船荷証券（設問7）の利用を後押しする実務的要因の一つにもなった。

設問2　船荷証券（B/L）の分類

> **Q** 船荷証券（B/L）にはどのような種類のものがあるのか？
>
> **A** 本設問では，数あるB/Lの種類のうち，特に重要なもの，目にする機会が多いと思われるものについて解説をする。
> 本設問で重要な点は，B/Lの法的側面に影響する分類を正確に理解し，自身が手にしているB/Lにどういった法的効果が認められるのかを理解することである。

荷受人の指定と譲渡の方法

(1) 記名式船荷証券（設問10も参照）

　B/Lの荷受人欄（Consignee）に「X」と特定の荷受人名が記載されているB/Lが，記名式船荷証券（Straight B/L）である。

　日本法上，裏書禁止文言（Non-negotiable）がない限り法律上当然の指図証券とされる。すなわち，裏書によって譲渡可能である。裏書禁止文言のある場合は譲渡不可能である。なお，指図証券とは，証券上に名前が記載された者が指図（指名）した者が，証券上の権利を譲り受けて権利者となることができる証券のことである。

　一方，英米法上では，記名式船荷証券は，裏書禁止文言の有無にかかわらず，譲渡不可能である。譲渡不可能であるため，L/C決済には利用できない。したがって，実務上は，前払いされている商品の送付の際や，L/C決済を利用しない送金決済による場合に用いられる。

　記名式船荷証券で裏書禁止文言の記載がある場合は，そもそもB/Lの譲渡ができないので，B/L紛失や盗難の場合にも，他人に貨物が引き渡されてしまうというリスクは生じない。

(2) 指図式船荷証券（詳細は設問10）

　B/Lの荷受人欄（Consignee）に「to order」（単純指図人式），「to order of X」（記名指図人式），「X or to order」（選択指図人式）（Xには買主や信用状発行銀行が表記されることが多い）またはこれと類似の文言が記載されているB/Lが，指図式船荷証券（Order B/L）である。譲渡の方法は裏書である。

「to order」（単純指図人式）とだけ記載がある場合には，荷送人が B/L の最初の指図人であると解される。

B/L の所持人が，自身の名前に至るまで裏書が連続していることによって権利者としての形式的資格が認められる。

(3) 持参人式船荷証券

B/L の荷受人欄（Consignee）に「bearer」（持参人）「holder」（所持人）と記載されている B/L が，持参人式船荷証券（Bearer B/L）である。持参人式船荷証券では，その証券を所持していることだけで，その所持者に権利者としての形式的資格が認められる。譲渡の方法は，単に B/L を手渡すことだけでよく，裏書は不要である。

たとえば，持参人式船荷証券を紛失した場合や盗まれた場合でも，その B/L を所持している者に権利者としての形式的資格が認められる。したがって，持参人式船荷証券は，紛失の場合にリスクの高い B/L であるといえる。

船積船荷証券と受取船荷証券

(1) 船積船荷証券

船積船荷証券（Shipped B/L, on board B/L）とは，特定の船舶に運送品が船積された旨（shipped on board）が記載された B/L である。国際海上物品運送法 6 条 1 項には，荷送人の請求により，運送品の船積後遅滞なく船積船荷証券を交付しなければならない旨規定されている。船積の事実と日付が，B/L によって証明されているため，受取船荷証券に比べて価値が高い。信用状統一規則（UCP600）20 条も船積船荷証券を要求している。

(2) 受取船荷証券

受取船荷証券（Received B/L）とは，運送品を船積のために受け取った旨（received for shipment）が記載された B/L である。国際海上物品運送法 6 条 1 項には，荷送人の請求により，運送品の受取後は受取船荷証券を交付しなければならない旨規定されている。受取船荷証券では，B/L 上に，船名や船積日の記載がないため荷受人などは，貨物が何日にどの船舶で到着するかを B/L によって正確に知ることができない。したがって，船積船荷証券に比べて信用力が弱く，信用状でも認められないことが多い。

コンテナ積み貨物の場合に，船会社のコンテナ・ヤードで発行されるのは受取船荷証券である。なぜなら，コンテナ・ヤードで貨物を受け取っただけであ

り，船積みはまだされていないからである。

(3) 受取船荷証券と船積船荷証券の交換

国際海上物品運送法6条2項には，受取船荷証券の全部と引換に船積船荷証券の交付を請求できる旨規定されている。

もっとも，運送人が，受取船荷証券を回収して，改めて船積船荷証券を作成することは煩雑である。そこで，実際には，簡便な方法として，すでに発行されている受取船荷証券上に，「積込みを完了した旨の文言，船名，船籍，日付」を記載し発行者が署名または記名押印する（これを on board notation または on board endorsement と呼ぶ）方法で，受取船荷証券を実質的に船積船荷証券に転換する方法がとられている。

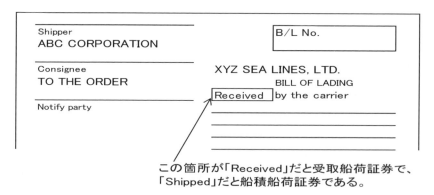

図2-1　船積船荷証券と受取船荷証券との区別

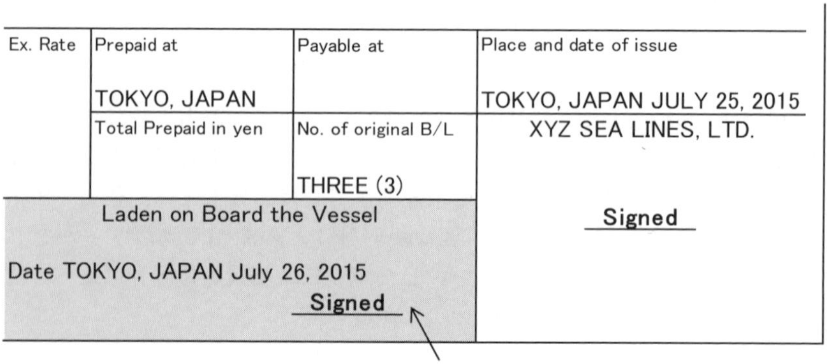

図2-2　On board notation

この方法は，国際海上物品運送法7条2項で認められている方法である。このようにして作成されたB/Lは，信用状統一規則の要求も満たしている（UCP600第20条）。

Clean B/L と Foul B/L（詳細は設問15）

(1) Clean B/L

Clean B/L（無故障船荷証券，無留保船荷証券ともいう）とは，運送品やその包装に問題がある旨の記載のないB/Lのことである。運送品の種類についての注記（「中古のケース」や「古いドラム缶」など）や数量についての注記は，B/Lを故障付にするものではない。

(2) Foul B/L

Foul B/L（故障付船荷証券，留保付船荷証券ともいう）とは，運送品やその包装に問題がある旨が記載（「case broken」など）されたB/Lのことである。運送品について外部から認められる状態を運送人自身が確認した上で，荷造り状態，運送品の湿り，変色，錆に加えて，包装の外部から感知される音や臭いなどに異常があればその旨が記載される。

信用状取引では，通常Clean B/Lが要求されるので，Foul B/Lの場合には，輸出者が船会社に補償状を差し入れてClean B/Lを発行してもらうことが多い。

Master B/L と House B/L（詳細は設問4）

Master B/Lとは，実運送人である船会社が発行するB/Lである。House B/Lとは，利用運送事業者（NVOCC）が発行するB/Lである。

NVOCCが，荷主から貨物を受け取り，実運送人である船会社に貨物を引き渡し貨物が船積みされる。この際に，実運送人からNVOCCに発行されるのがMaster B/Lであり，そのB/L上ではNVOCCは出荷主として表示される。NVOCCから荷主に発行されるのがHouse B/Lであり，そのB/L上では荷主が出荷主として表示される。貨物が目的地に到着すると，NVOCCは，Master B/Lを船会社に提示して，船会社から貨物を受け取り，受け荷主はNVOCCにHouse B/Lを提示してNVOCCから貨物を受け取る。

サレンダーB/Lと海上運送状（詳細は設問5，6）

1970年代以降，コンテナ船の高速化などによりB/Lよりも先に本船が目的

地に到着する問題が生じた（B/L の危機）。ここで説明するサレンダーB/L と海上運送状は，この B/L の危機に対処するために考えられた手段である。

(1) サレンダーB/L（詳細は設問 5）

サレンダードB/L，元地回収船荷証券，Express B/L ともいう。通常の B/L を発行した後に，その B/L を輸入地に送付することなく輸出地側で運送人が回収し，運送人は，「surrendered」「accomplished」と表示した B/L のコピーを荷送人側に渡す（この B/L のコピーは原本ではないので有価証券ではない）。B/L の原本はすでに運送人によって回収されているので，貨物の引き渡しは，荷受人が自分が運送状上の荷受人であることを証明することで行われる（B/L の原本との引き換えではない）。

ただし，元地回収に関する法律上の明確な規定が存在しない，貨物を渡す際に正当な荷受人である旨の確認方法が不明確であること，などの問題がある。

(2) 海上運送状（Sea Waybill）（詳細は設問 6）

海上運送状は B/L とは異なり有価証券ではないので，貨物引取り時に原本の提示が不要である。その他に以下の性格を有している。①貨物の受取証である。②B/L 同様に運送条件を証する書類である。③流通性がない（裏書により流通しない）。④記名式で発行される。⑤原本が 1 通しか発行されない。

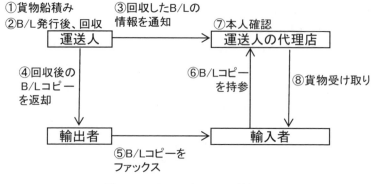

図 2-3　サレンダー B/L の仕組み

電子式船荷証券（詳細は設問7）

電子式船荷証券（e-B/L）とは，運送人が書面のB/Lを発行する代わりに，指定の登録機関にe-B/Lを登録する方式で，B/Lを電子文書として流通させるものである。

その他の種類

(1) **Direct B/L**

Direct B/Lとは，船積港から目的地まで，途中港での積替えなく同一船で運送される際に発行されるB/Lのことである。

(2) **Through B/L（詳細は設問4）**

通し船荷証券とも呼ばれる。物品が目的地に到着するまで複数の運送人によって運送される場合，最初の運送人が全運送期間について発行するB/Lのことである。

(3) **Combined B/L（詳細は設問4）**

複合運送証券，Combined Transport B/L，Multimodal Transport B/Lとも呼ばれる。Through B/Lの一種で，陸海空それぞれ異なった複数の輸送手段を組み合わせて行う貨物輸送において発行されるB/Lのことである。通常，利用運送事業者（NVOCC）によって発行される。国際フレイトフォワーダーズ協会（JIFFA）作成のJIFFA MT B/Lなどがある。

(4) **Local B/L**

複合運送において，複数の運送人が関わる場合に，一区間の運送人が自社の運送区間についてのみ発行するB/Lのことである。または，外航船に接続するために国内輸送などに発行するB/Lのことである。

(5) **Hitchment Cargo B/L・Combine B/L（詳細は設問11）**

1つのB/Lによって，2つ以上の港で船積みされた貨物をカバーする際にそのB/LをHitchment Cargo B/LとかCombine B/Lと呼ぶ。たとえば，神戸，名古屋，横浜でそれぞれ船積みしてすべての貨物をロッテルダムで荷揚げする場合に，神戸で船積みした貨物については神戸から横浜までのLocal B/Lが，名古屋で船積みした貨物については名古屋から横浜までのLocal B/Lが，

それぞれ発行される。横浜で貨物が船積みされた際に，2通の Local B/L が回収され1通の B/L が発行される。この B/L 上の船積港は横浜とされ，船積み日時も横浜での船積みの日時が使用され，Shipper's Declaration の欄（荷姿や品名などを表示する部分）には，Hitchment Cargo と表示される。

(6) Switch B/L（詳細は設問11）

　Switch B/L とは，当初発行していた B/L を別の B/L に Switch した（切り替えた）B/L のことである。三国間貿易で用いられる。たとえば，日本のB社が，中国のA社で製造されている商品を取り扱っていたとして，その商品について米国のC社との間に売買が成立したとする。この場合，C社からB社にお金が支払われ，B社からA社にお金が支払われる。一方，商品は中国から米国に輸出される。このように，お金の流れと商品の流れが異なる場合に，船積書類をお金の流れに合わせるために発行されるのが Switch B/L である。すなわち以下のように2通の B/L が発行される。

―――――― **Switch B/L の具体例** ――――――

1件目の B/L
A社が中国で船積みの際に発行
Shipper：A社　Consignee：B社
積地：中国　揚げ地：米国
2件目の B/L
1件目の B/L の運送人がB社の依頼に基づいて1件目の B/L と引き替えに日本で発行
Shipper：B社　Consignee：C社
積地：中国　揚げ地：米国

　C社は2件目の B/L と引き替えに貨物を受け取る。
　1件目の B/L において「Shipper A社 Consignee C社」としてしまうと，A社に買主であるC社の情報が伝わってしまい，A社が直接C社と交渉する危険があるため，A社にC社の情報を知られないようにするため B/L が Switch されるのである。

(7) **Ad Valorem bill（詳細は設問37）**

　B/L上に，運送品の価格が記載されている B/L を Ad Valorem bill という。そのような記載がされていると価格に応じた運賃の追加料金（Ad Valorem）が生じる。そして，運送人の責任制限の適用が排除される（国際海上物品運送法13条5項）。しかし，荷主にとっては，運賃の追加料金を支払うよりも貨物保険を付保した方が通常は安価であることや，B/L上に秘密情報である運送品の価格が記載されることを好まないことから，このような B/L はあまり使用されていない。

設問3　船荷証券（B/L）と傭船契約

> **Q1**　船荷証券（B/L）と傭船契約はどのような関係にあるのか？　また，両者の優劣はどのように考えられているか？
>
> **A1**　B/L が発行される場合，その背後には必ず運送契約（箇品運送契約または傭船契約）が存在する。そして，英国法上は，傭船契約（運送契約）の当事者間では傭船契約が，運送人と B/L 所持人との間では B/L 上の約款が優先すると考えられている。

B/L と運送契約との関係

　B/L が発行される場合，その背後には必ず運送契約が存在する。なぜなら，B/L とは運送契約の存在と，これに基づく運送品の受領・船積を証明する書面であるとともに，運送契約に基づく運送品の引渡請求権を「表章」する有価証券だからである。

　B/L の背後に存在する運送契約は，箇品運送契約である場合もあれば，航海傭船契約である場合もあり，さらにその背後に定期傭船契約が存在する場合もある。

B/L 上の約款の効力

(1) 傭船契約当事者間の場合

　B/L の発行者とその所持人が傭船契約の当事者でもある場合には，当該発行者と所持人との間には B/L 上の約款と傭船契約の両方が存在するため，両者が矛盾する場合がある。そのため，このような場合には2つの契約の優劣関係が問題となる。

――――― Case 1 ―――――
　船主 A は，本船を航海傭船契約に基づき B に傭船した。
　A は B に対して B/L を発行した。B/L の裏面には約款が記載されている。

　日本法上は，この点について判断した公刊の裁判例や確立した学説などは見

当たらない。そこで，以下では英国法の解釈を紹介する。議論はあるものの英国法上の通説的見解は，運送契約（Case 1 では航海傭船契約）と B/L 上の約款に矛盾がある場合には，原則として運送契約が優先すると考えている。なぜなら，運送契約の当事者間では，運送人が一方的に発行する B/L 上の約款は運送契約の内容を推認させる「一応の証拠」(*prima facie* evidence) にすぎず，両者の合意そのものである運送契約に優先するものではないと考えられているからである。

したがって，上記推認を覆すだけの反証があれば B/L 上の約款は運送契約としての効力を否定されるし，両者に矛盾がある場合には，B/L は運送契約の証拠としての機能を果たさず，単に運送品の受領証としての意味しか持たないと考えられているのである。

―― 事例2　Ardennes 号事件 (1950) 84 Ll. L. Rep. 340 ――

　運送人である本船の船主は，荷送人との間で，カルタヘナからロンドンまでオレンジを運送する運送契約を締結した。しかし，本船は，カルタヘナからロンドンへ直航せず，途中でアントワープに寄港したため，ロンドンへの到着が遅れた。これにより，オレンジには予定よりも高額の輸入税が課され，また，他の業者によるオレンジが先行して英国市場に流入したためその価格が騰落し，さらに，アントワープに一時陸揚げされた際にオレンジの一部が再度船積みされずに積み残されて腐敗するという事態が生じた。

　荷送人の運送人に対する損害賠償請求訴訟において，運送人の航路および寄港地選択の自由が記載された B/L 上の約款があるにもかかわらず「本船をカルタヘナからロンドンへと直航させる」旨の口頭の合意が認められるか否かが争点となった。裁判所は，運送人の提出した B/L を一応の証拠 (*prima facie* evidence) として採用した上で，荷送人による反証を許した。そして，最終的には「ロンドンに直航する旨の口頭の約束がなければ本船にオレンジを船積みすることはなかった」という荷送人の主張を合理的であるとして，口頭の合意の存在を認めた。

(2) 運送人と B/L の被裏書人との関係

　Case 1 は，運送契約の当事者間で，運送契約（航海傭船契約）と B/L 上の約款の優劣が問題となる場合であった。これに対して，荷送人から B/L を受け取った荷受人のように，運送人と運送契約を締結した直接の当事者でない者との関係では，事情が異なってくる。

―― Case 2 ――
　船主Aは，本船を，航海傭船契約に基づきBに傭船した。
　AはBに対してB/Lを発行し，Bはこれを荷受人であるCに裏書譲渡した。B/Lの裏面には約款が記載されている。

　英国法の通説的見解は，B/L上の約款は運送人と荷送人の間では一応の証拠にすぎないが，ひとたびB/Lが運送契約（Case 2では航海傭船契約）の内容を知らない荷受人などの第三者に裏書譲渡された場合は，B/L上の約款は運送契約の内容についての「確定的証拠」（conclusive evidence）となると考えている。したがって，Case 2の運送人Aと荷受人Cの間では，原則として運送契約よりもB/L上の約款が優先することになる。

―― 事例3　Leduc事件（*Leduc & Co. v Ward* [1888] 20 Q. B. D 475）――
　本船は，運送品をフィウメからダンケルクまで運送する航海の途中で海難に遭遇し，運送品とともに滅失した。B/L所持人である荷受人は，本船がダンケルクに直航せずにグラスゴーに寄港した後で遭難したことから，離路としての運送契約違反に基づき運送人である船主に損害賠償請求訴訟を提起した。
　訴訟では，運送契約の中でグラスゴーへの寄港が合意されていたか否かが争点となり，運送人はB/Lとともに，グラスゴーへの寄港予定に関する通知（Notice）を証拠として提出したが，裁判所は，B/L上にグラスゴーへの寄港の合意があるとは解釈できないとして，グラスゴーへ寄港することの合意を認めなかった。

> **Q2**　傭船契約のB/Lへの摂取とは何か？　傭船契約を摂取するためには，どのような要件を満たす必要があるか？　摂取する傭船契約に関してはどのような問題があるか？
>
> **A2-1**　傭船契約のB/Lへの摂取とは，傭船契約の効力をB/L所持人に及ぼすため，B/L上の約款に傭船契約の条項を取り込むことをいう。

傭船契約の摂取とその目的

　B/L上の約款に傭船契約の条項を「摂り込む」（incorporate）旨が記載され

ることがある。これが傭船契約の摂取（incorporation）と呼ばれるものである。

運送人（船主）は，B/L に傭船契約を摂取することで，B/L 所持人に対しても Demurrage, Dead freight または Lien などの傭船契約上の権利を確保したり，自らの責任を傭船契約の範囲内に限定したりすることができる。

摂取に関する要件

> **A2-2** 傭船契約を B/L へ摂取する要件は，(1)摂取する旨の明示，(2)摂取対象となる条項の明示および(3)傭船契約と B/L 上の約款との条項の整合性と考えられている。

日本では，B/L 上の約款中に「傭船契約書中の一切の条項条件並びに免責約款は，仲裁約款を含めすべて本証券に合体されたものとする」旨の条項が存在し，傭船契約書中には，「本傭船契約から生ずる一切の紛争は，ロンドンにおいて仲裁により解決すべきものとし，各当事者は各々一名の仲裁人を選定し，仲裁人は最終決定権を有する審判人を必要に応じて選定するものとする」旨の仲裁約款が存在していた場合に，B/L 譲受人が仲裁条項に拘束されることを認めた裁判例がある（大阪地判昭34・5・11・下民10巻5号970頁）。しかし，摂取の要件などについて日本法上の解釈は明らかではない。そこで，以下では英国法上の解釈について述べる。

B/L の所持人は傭船契約の当事者ではないため，傭船契約が B/L に摂取される場合であってもその内容を知らないのが通常である。したがって，内容を知らない傭船契約が摂取されることにより B/L 所持人の利益が不当に害されることがないよう B/L 所持人を保護する必要がある。そこで，英国法上，傭船契約の摂取には，一定の要件を満たすことが必要であると考えられている。

(1) 摂取する旨の明示

傭船契約を摂取するためには，「傭船契約を B/L に摂取する」ことが，B/L そのものに明確に記載されていなければならないとされる。つまり，運送人と荷送人との間で，B/L へ傭船契約を摂取することを別の書面などで合意したり，単に B/L 上に傭船契約の条文を参照させる文言（general reference）を記載したりするだけでは足りないのである。

(2) **摂取対象となる条項の明示（description issue）**

　摂取対象となる具体的な条項が特定されていない「傭船契約上の一切の条項をB/Lに摂取する」というような摂取文言では，傭船契約上の一切の条項を摂取することはできない。具体的には，船積み（shipment），運送（carriage）および引渡し（delivery）といった海上運送に密接に関連した条項だけがこのような文言でも摂取することができ，海上運送と密接関連性の認められないその他の条項は，摂取の対象となる条項をB/L上に具体的に記載しなければ摂取することはできないとされる。したがって，たとえば仲裁条項や管轄条項は，海上運送に密接に関連するものとはいえないから，"freight for the said goods, with other conditions as per charterparty"または"all other terms and conditions and exceptions... including the negligence clause"といった記載や，より包括的な"all conditions and exceptions"または"all the terms whatsoever"といった記載ではこれらの条項を摂取することはできないとされている。

　さらに，B/Lには裏書により人から人へと移転していく性質（流通性）があるため，上述の要件が満たされているかどうかは専らB/L上の記載から判断される。言い換えれば，たとえ傭船契約上に"all terms and conditions of this charter including the terms of the Arbitration Clause"と仲裁条項をB/Lに摂取する旨の記載があったとしても，B/L上に仲裁条項についての記載がなく，単に"all conditions and exceptions"を摂取するとの記載しかなければ，海上運送に密接関連性のない仲裁条項の摂取は認められない。

事例4　Varenna事件　[1983] 2 Lloyd's Rep. 592

　船主は，本船を傭船に出し，本船による原油の運送に関し，荷送人に対してB/Lが発行された。B/L上には"all conditions and exceptions of which charterparty including the negligence clause are deemed to be incorporated in Bill of Lading"との条項があった。

　傭船者が倒産したため，船主が荷受人に対して提起した訴訟の中で，傭船契約中の"Arbitration Clause"がB/Lに摂取されるか否かについて裁判所は，摂取文言の有効性を判断するためには傭船契約ではなくB/L上の文言を見なければならないとし，また海上運送と密接関連性がなく付随的な条項にすぎない"Arbitration Clause"は，"all conditions and exceptions of which charterparty including the negligence clause"という文言では摂取されないと判断した。

(3) 傭船契約の条項とB/L上の条項との整合性（consistency issue）

摂取される傭船契約の条項の具体的な表現は，それがB/Lに摂取された際に，B/L上の条項と整合しなければならないとされる。摂取した傭船契約の条項とB/L上の条項に矛盾がある場合には，B/L上の条項が優先する。

たとえば，傭船契約上の"All disputes under this charter shall be referred to arbitration"との仲裁条項の表現は，対象となる紛争（disputes）が，傭船契約上の紛争（All disputes under this charter）とされているために，これをB/Lに摂取して，B/Lから生じた紛争に適用することは認められない。

また，傭船契約上の滞船料の支払条項に関する"Charterer shall pay demurrage"という表現は，B/L所持人の滞船料支払義務を定める条項としては整合性を欠くためこれをそのまま摂取することはできないところ，裁判所がこれを"bill of lading holder shall pay demurrage"と整合性が保たれるように読み替えてB/Lへの摂取を認める理由はないとされた。

事例5　Miramar 号事件 [1984] 2 Lloyd's Rep. 129

船主は本船を傭船に出し，本船による石油製品の運送に関し，B/Lが発行された。その後，傭船者が倒産したため，船主がB/L所持人である荷受人に対して滞船料の支払いを求めて訴訟を提起した。

B/L上には，"This shipment is carried under and pursuant to the terms of the charter dated…, and all the terms whatsoever of the said charter except the rate and payment of freight specified therein apply to and govern the right of the parties concerned in this shipment" との摂取文言があったが，傭船契約上の滞船料の記載は"Charterer shall pay demurrage…"のみであった。

裁判所は，傭船契約上（"Charterer shall pay demurrage…"）の"Charterer"との文言を"consignee of the cargo"または"bill of lading holder"と読み替えてまで傭船契約の摂取を認めなければならない理由はないとして，傭船契約の摂取を認めなかった。

摂取の可否に関する判断の流動性

もっとも，英国法上も，上述の各要件および効果が整然と整理されているわけではなく，また判断も個別の事案の事実関係や事情に応じて流動的であって必ずしも一定ではない。

たとえば，B/Lには，傭船契約上の仲裁条項を摂取する文言として"All the terms, conditions, clauses and exceptions including Clause 30 contained in the said charter party apply to this Bill of Lading and are deemed to be incorporated herein" との記載があるものの，傭船契約上には Clause 30 ではなく Clause 32 に仲裁条項として "Any dispute arising out of this Charter or any Bill of Lading issued hereunder shall be referred to arbitration..." との記載があったという事案において，当事者が傭船契約上の仲裁条項を B/L に摂取する意図は事実関係に照らして明確であるとしてその摂取を認めた裁判例がある。

また，B/L には管轄条項を摂取する文言として "All terms, and conditions, liberties and exceptions of the Charter Party, dated as overleaf, including the Law and Arbitration clause are herewith incorporated." との条項があったが，傭船契約には，"Law and Arbitration clause" はなく "Law and Jurisdiction clause" があるにすぎなかったという事案において，傭船契約中の裁判管轄条項を B/L へ摂取することを認めた裁判例がある。

―― 事例6　Channel Ranger号事件 ［2015］1 Lloyd's Rep. 256 ――

　船主は，本船を定期傭船に出し，傭船者は，本船をさらに鉄鉱石を運送品とする航海傭船に出し，B/L が発行された。

　B/L 上には，"All terms and conditions, liberties and exceptions of the Charter Party, dated as overleaf, including the Law and Arbitration Clause, are herein with incorporated" との記載があったが，航海傭船契約上には，"This Charter Party shall be governed by English Law, and any dispute arising out of or in connection with this charter shall be submitted to the exclusive jurisdiction of the High Court of Justice of England and Wales" との条項（"Law and Jurisdiction clause"）しかなかったという事実関係のもと，傭船契約上の "Jurisdiction clause" を B/L へ摂取することが認められるかが問題となった。

　裁判所は，B/L 上の "Law and Arbitration Clause" を "Law and Jurisdiction" の意味で解釈できるかが問題であるとし，事実関係に照らしてみれば "Arbitration" という文言が傭船契約上の "Jurisdiction" を意味していることは明らかであるとして，傭船契約中の "Jurisdiction clause" の摂取を認めた。

摂取する傭船契約側の諸問題

> **A2-3**　(1)　摂取する傭船契約はB/Lの発行前に，書面で締結しなければならない。
> (2)　摂取しうる傭船契約が複数存在する場合head charterを摂取する意図が推認される。
> (3)　日付がブランクの傭船契約についても，有効に摂取しうる。
> (4)　定期傭船契約の摂取は認められない可能性が高い。

(1)　傭船契約締結の時期と様式

　上述の要件のほか，摂取対象となる傭船契約も一定の条件を満たす必要がある。摂取される傭船契約は，B/Lの発行前に，書面により締結されている必要があり，単に口頭で合意されているのみでは足りないとされる。もっとも，正式な傭船契約書が作成されておらず，re-cap telexにて傭船契約が合意されているのみであっても，書面による締結の要件は満たされるとされる。

(2)　2つ以上の傭船契約の存在

　B/L上に傭船契約の摂取文言があるものの，摂取する傭船契約が具体的に特定されていない場合に，傭船契約の摂取は認められるであろうか。
　英国法上は，少なくとも摂取対象となる傭船契約が，B/L上に記載された運送品のための航海傭船契約である限り，傭船契約のB/Lへの摂取は有効であると解されている。もっとも，摂取対象となる可能性のある傭船契約が複数ある場合には，そのいずれが摂取されるのかという困難な問題が生じる。

―――― Case 3 ――――

　船主Aは，本船をBに対して傭船し，Bは，さらに本船をCに対して再傭船した。
　B/Lへの署名は，"for the master"との記載とともにBの代理店名義の署名によって行われ，船主Aが発行するB/LとしてCに交付された。Cは，さらに，B/Lを荷受人Dに裏書譲渡した。

> 荷受人Dが取得したB/Lには,「傭船契約を摂取する」旨の記載があったが,具体的にどの傭船契約が摂取されるかについての記載はなかった。

英国法上は,摂取対象となり得る傭船契約が2つ以上ある場合,「傭船契約を摂取する」との摂取文言は,B/Lの発行者(Case 3 においてはA)が締結した傭船契約(head charter)の摂取を意図しているものと推認される。B/Lの発行者は,内容を把握していない再傭船契約(Case 3 においてはBC間の再傭船契約)ではなく,自らが締結した傭船契約(Case 3 においてはAB間の傭船契約)を摂取することを意図してB/Lを発行したと考えるのが合理的だからである。

もっとも,上記の推認は,これを覆す証拠により反証が可能であるから,結論は個別具体的な事実関係により判断されよう。たとえば,Case 3 のようにBが船長の代理人としてB/Lに署名し,これによりBとCとの間の再傭船契約の摂取が意図されていたと解釈される場合や,Case 3 と異なり,Dが取得したB/Lが,そもそもBの発行によるものである場合などには,摂取される傭船契約はBC間の再傭船契約となり得る。

(3) 日付がブランクの傭船契約の摂取

B/L上に,「＿＿＿付けの傭船契約を摂取する」という記載があるものの,傭船契約の日付がブランクのままである場合にも,これによる傭船契約の摂取は認められるであろうか。

これについては,このような摂取文言も有効であり,この場合には「傭船契約を摂取する」という一般的な摂取文言がある場合と同様に解釈される。すなわち,傭船契約についての日付がブランクであるというだけで,摂取文言が無効になるわけではなく,なるべく当事者が合意した摂取が有効になる方向で解釈されるようである。

(4) 定期傭船契約の摂取

Case 3 において,AとBとの間の傭船契約が定期傭船契約である場合,この定期傭船契約をB/Lに摂取することは可能であろうか。

まず,航海ごとに契約する航海傭船契約については,B/Lとの結びつきを認めやすく,B/Lへの摂取になじみやすいとされる。これに対して,一定の期間を定めて船舶の利用を約する定期傭船契約は,一航海ごとに発行されるB/Lとの結びつきが小さく,B/Lへの摂取になじまない。そのため,いかな

る場合も定期傭船契約はB/Lに摂取することができないというわけではないものの，定期傭船契約は上述した摂取要件のうちの整合性要件（consistency issue）を満たさず摂取が認められない可能性が高い。

設問4　複合運送船荷証券

> **Q**　複合運送B/Lとは何か？

> **A**　複合運送B/Lとは，海陸の国際複合運送を実施している複合運送人が発行するB/Lの一種であり，有価証券となり得るものである。
>
> 運送人の責任のルールとしては，国際的な条約はないが，①ネットワーク・システム（損害発生区間が判明している場合には，その運送区間に適用されるべき運送法に基づき運送人の責任を判断し，損害発生区間が不明な場合については別途定める方法）および②ユニフォーム・システム（損害発生区間にかかわらず全区間において一定の責任をあらかじめ定めておく方法）という考え方がある。

複合運送B/Lとは

　現代において海上輸送手段の近代化が図られ，それまで国際輸送といっても二港間海上輸送（port to port）が主流であったものから，異なる輸送手段においても使用可能な形態であるコンテナによる一貫輸送が可能となり，陸路・海路・空路すべての輸送手段を組み合わせ，荷送人等の倉庫から荷受人等の倉庫まで（door to door）輸送が可能となった。これに伴って，同一の運送人が2つ以上の異なる運送手段（トラック・船舶・航空機・鉄道など）を組み合わせて発送地から引渡地までの全区間を自己の責任として，貨物の引受から引渡しまで一貫して引き受ける運送である「複合運送」が生まれた。

　海陸の国際複合運送を実施している複合運送人（Multimodal Transport Operator）は一般的に，船会社とNVOCC（Non-Vessel Ocean Common Carrier：船舶を所有せず運航もしていない運送人）が実施しており，複合運送証券（Multimodal Transport B/Lただし，Combined Transport B/Lとも称される場合がある）はこの複合運送人が発行するB/Lの一種である。なお，複合運送B/Lは有価証券となり得るため，揚地，最終引渡地で原本を運送人に渡さなければ貨物を引き取ることができない。

NVOCCが複合運送を引き受けているとおり，複合運送人は必ずしも自らが運送を実施するのではなく，船会社，陸上運送業者，鉄道業者等を下請運送人として使用する一方で，荷主に対しては発行した複合運送B/Lの裏面約款に従って直接契約責任を負う。なお，下請運送人は荷主と直接の運送契約を締結するものではないため，荷主に対して下請運送人が契約責任を負うことはない。

≪複合運送≫

> 同一の運送人が2つ以上の異なる運送手段（トラック・船舶・航空機・鉄道など）を組み合わせて発送地から引渡地までの全区間を自己の責任として，貨物の引受から引渡しまで一貫して引き受ける運送。有価証券である複合運送B/Lが発行される。

フレイト・フォワーダーとは何か。NVOCCとは何か

(1) はじめに

上述のとおり，海陸の複合運送B/Lは①船会社か②NVOCCが発行するものである。一般的にNVOCCはフレイト・フォワーダー（実運送人の輸送機関を利用して，貨物の運送取次を行う業者）の一種とされている。そこで，複合運送を解説するにあたって避けては通ることのできないフレイト・フォワーダーおよびNVOCCについて解説する。

(2) フレイト・フォワーダーとは

フレイト・フォワーダーとは，日本では一般に自ら輸送手段を持たず，実運送事業者の運送サービスを利用して，荷主の貨物を輸送する者であるが，運送契約は荷主と直接に締結し，荷主に対しては自ら運送責任を負う<u>利用運送事業者</u>であるとされる。

複合運送はコンテナの出現による一貫輸送が可能となったことを契機として発展してきたが，その結果運送だけではなく，貨物の集配・混載・仕分け・保管・在庫管理・流通加工・梱包・輸出入関係書類の作成・輸出入通関手続き・輸送ルートの検討や決定といった貨物運送に関するすべての業務も一貫して担うフレイト・フォワーダーという業種が生まれることとなった。荷主にとってはフレイト・フォワーダーへ輸送業務を委託することで，自らのリスクにおいて梱包や輸送手段の選定をする必要がなくなり，輸送のための業務量およびリ

スクを軽減することが可能となるため，フレイト・フォワーダーの役割の重要性は複合運送の普及とともに増していくこととなった。

フレイト・フォワーダーという業態はもともと米国で発達してきたもので，米国では航空を除く鉄道，道路，内航海運等の利用運送人のことを意味していた。他方，欧州においては，元来運送取扱を本業とし，荷主に対して運送責任を負わないフォワーディング・エージェントが主流であった。しかし，コンテナによる一貫輸送が発達し，1960年代からこれが本格化してきたことから，フォワーディング・エージェントの大手が利用運送事業も行うようになった。

この歴史的な背景からは，フレイト・フォワーダーは①利用運送事業だけではなく，②運送取扱業をも行う事業者であるといえる。

---

① 利用運送事業：自ら運送手段を運航（または運行）しないが，荷主の需要に応じて，実運送人が行う運送サービスを利用して貨物運送を行い，荷主から運賃を収受し，荷主に対して運送責任を負う事業。

② 運送取扱業　：自己の名前で運送事業者と運送契約を締結するものの，費用は荷主が負担する運送取次業，および荷主の名前で，荷主の代理として運送事業者と運送契約を締結する運送代弁業。

---

(3) NVOCC とは

NVOCC とは，自らは船舶を運航せず，船舶を運航する海運会社に対しては荷主となるが，荷主に対しては運送人として，運賃を収受し，貨物の運送責任を負う者である。つまり，フレイト・フォワーダーのうち①利用運送事業のみを行う者が NVOCC に該当することとなる。1998年の米国改正海事法ではNVOCC が行う業務について以下のような例示がなされている（同法施行細則512.2）。

---

① Vessel Operating Common Carrier から運送サービスの購入と当該サービスを他の者への再販
② port-to-port または複合運送に係る諸料金の支払い
③ 荷主と海上貨物運送契約の締結
④ B/L または同等の運送証券の発行
⑤ 通し運送の内陸運送手配と内陸運賃・料金の支払い

⑥ OFF（Ocean Freight Forwarder）に対する適法な報酬支払い
⑦ コンテナのリース
⑧ 発地または目的地における代理人との契約締結

複合運送B/Lに関する法制はどうなっているか

(1) 条約

すでに述べたとおり、複合運送および複合運送B/Lはコンテナの普及による急速な物流の発達に伴って生まれてきたものである。しかし、その発展が急速であったが故に複合運送および複合運送B/Lを統一的に規律する条約は存在しない（発効に至っていない）。

この法の空白が顕著となるのは複合運送人の責任に関するものである。つまり、陸上・海上・航空のそれぞれ別々の法制がある場合において、複合運送の過程で貨物損傷が発生した際にいかなる法制によって運送人の責任を判断するのかが大きな問題となっている（複合運送人の責任については後述する）。

≪条約の不存在≫

ヘーグ・ルールのような複合運送および複合運送B/Lを一律に規定する国際的条約は、存在していない。

(2) 国内法制

日本法にも複合運送一般に関して規律する法律は現在まで存在しない。したがって、日本法を準拠法とする限りにおいて運送人の責任に関しては、陸上運送および国内海上輸送について商法の規定、国際海上輸送については国際海上物品運送法、航空輸送についてはモントリオール条約が適用されることとなる。

ただし、近時の商法改正中間試案において複合運送に関する規定が置かれることが公表されている。たとえば、①運送人は、複合運送を引き受けたときは、荷送人の請求により、運送品の受取後遅滞なく、複合運送B/Lの1通または数通を交付しなければならず、②複合運送B/Lの記載事項は、実務に沿って、B/Lの記載事項に「発送地および到達地」を加えたものとし、③複合運送B/Lに関する法律関係（文言証券性、処分証券性、法律上当然の指図証券性、物権的効力、受戻証券性等）について、B/Lに関する規定を準用す

ることとして，複合運送B/Lの有価証券性を明確化している。

なお，英国においても日本と同様に複合運送一般を規律する法律は現在のところ見当たらない。

(3) 国際的規範

条約ではないものの，民間団体によって複合運送一般を規律する規則が制定されている。たとえば，1973年（その後1975年に改正）に国際商業会議所が複合運送証券統一規則（Uniform Rules for a Combined Transport Document：ICC統一規則）を規定し同規則に基づいて，フレイト・フォワーダーの国際団体であるFIATA FBLと欧州の船会社の団体である国際海運同盟（BIMCO）・国際船主協会（INSA）共同作成のCOMBINED TRANSPORT DOCUMENTという複合運送B/Lが作成されている。

その後，1992年に国連貿易開発会議と国際商業会議所との共同作業による複合運送書類に関する規則（UNCTAD/ICC Rules for Multimodal Transport Documents：UNCTAD/ICC規則）が発効し，FIATAおよびBIMCOは同規則に基づいた複合運送B/Lを作成している。

その他，信用状統一規則（UCP600）は，複合運送B/Lに関する規定を置いて，同規則の定める要件を満たす複合運送B/Lを信用状発行の際の必要書類として許容している（19条）。

複合運送人の責任はどうなっているのか

(1) ネットワーク・システムとユニフォーム・システム

すでに述べたとおり，複合運送一般に関する国際的な条約は発効していない。その結果，複合運送中に運送品が滅失・損傷した場合，いかなる法によって運送人の責任を定めるのかは，各国法および複合運送B/Lの裏面約款（つまり当事者間の合意）に委ねられている。

この点，運送人の責任の定め方として基本的な考え方としては，ネットワーク・システム（Network liability system）とユニフォーム・システム（Uniform liability system）の2つの方法が一般的には用いられている。ネットワーク・システムとは，損害発生区間が判明している場合（localised damage）には，その運送区間に適用されるべき運送法に基づき運送人の責任を判断し，損害発生区間が不明な場合（concealed damage）については別途定める方法である。他方，ユニフォーム・システムとは損害発生区間にかかわらず全区間において一定の責任をあらかじめ定めておく方法である。

なお、運送人の責任については上述のとおり、当事者間の合意によって定めることも可能であり、裏面約款によって責任制限金額を各国における下請運送人の責任限度額に制限するという方法も考えられる。しかし、仮に準拠法が日本法（国際海上物品運送法）やヘーグ・ヴィスビー・ルール批准国であった場合には、海上輸送中の事故であることが判明した際には、同法および条約が強制的に適用され、同法または同条約が定める責任制限金額よりも低額となる合意は無効となる。このようにある運送区間について強制適用される法律または条約がある場合には、当該法律または条約に抵触する当事者間の合意は原則として無効または法律および条約が定める範囲に修正されることとなる。

≪ネットワーク・システムとユニフォーム・システム≫

① ネットワーク・システム
　複合運送人の貨物損害に関する責任を判断する際に、損害発生区間が判明している場合（localised damage）には、その運送区間に適用されるべき運送法に基づき運送人の責任を判断し、損害発生区間が不明な場合（concealed damage）については別途定める方法。

② ユニフォーム・システム
　複合運送人の貨物損害に関する責任を判断する際に、損害発生区間にかかわらず全区間において一定の責任をあらかじめ定めておく方法。

国際的規則、JIFFA国際複合一貫輸送約款および商法改正中間試案

　複合運送人の運送責任については上述のとおり、裏面約款によって定めることができる。そこで以下、多くの複合運送証券が裏面約款に引用するUNCTAD/ICC規則、および日本の複合運送人の多くが利用しているJIFFA（一般社団法人国際フレイトフォワーダーズ協会）国際複合一貫輸送約款の該当条項を概観する。なお、近時公表された商法改正中間試案に複合運送人の責任に関する規定が置かれていることから、同規定にも言及する。

(1) **UNCTAD/ICC規則**
(a) UNCTAD/ICC規則は、責任原則として運送品の滅失・損傷または引渡しの遅延が発生した場合の原因に関して運送人に過失がないことを運送人側

で証明しない限り責任を負わなければならないとしている（同規則5条1項）。
(b) そして、責任限度額については、ヘーグ・ヴィスビー・ルールと同様に、原則として1包もしくは1単位につき666.67SDR、または、滅失もしくは損傷された運送品の総重量の1kgにつき2SDR、いずれか高い方に相当する金額とされている（同規則6条1項）。
(c) さらに特則として、海上・内水運送を含まない場合においては、物品の総重量の1kgにつき8.33SDRに増額している（同規則6条3項）。また、引渡遅滞・間接損害の責任限度額については、複合運送契約に基づく運賃総額が限度とされる（同規則6条5項）。
(d) なお、UNCTAD/ICC規則は損害発生区間が判明している場合（localised damage）の責任制限金額の計算方法については特則を設けて、当該運送区間について適用されるべき国際条約または強行的国内法がある場合には同条約または国内法が常に適用されるとしている。そこで、この規定を根拠にUNCTAD/ICC規則はネットワーク・システムを採用していると説明することがある。しかし、これに対してUNCTAD/ICC規則も修正されたユニフォーム・システムを採用していると評されることもあり、本規則がどちらの方式を採用しているのかは判然としない。
(e) UNCTAD/ICC規則は出訴時効期間について、運送品の引渡日、引渡しがなされるべきであった日、または、同規則5条3項によって運送品引渡し不履行によりその運送品が滅失したものとみなす権利が荷受人に与えられる日から9ヶ月を時効期間としている。ただし、本規定は国際海上物品運送法およびヘーグ・ヴィスビー・ルールが定める1年間の時効期間よりも短縮されているため、上述のとおりこれらの法律または条約に準拠する場合には無効と判断される可能性がある。

(2) **JIFFA国際複合一貫輸送約款**
(a) JIFFA国際複合一貫輸送約款においても、UNCTAD/ICC規則と同様に運送証券に記載された区間で発生した運送品の滅失、損傷について、原則として運送人が責任を負うこととしており、別途定める免責事項を運送人が証明しない限り免責されない（同約款22条1項および2項）。
(b) 損害発生区間が判明している localised damage の場合には、当該運送区間に強行的に適用される国際条約または国内法が適用される（同約款22条3項）。ただし、当該運送区間が内陸運送である場合には、下請運送人

の運送契約またはタリフに基づいて賠償額が決められる（同約款22条4項）。

　他方，損害発生区間が判明していない concealed damage の場合には，運送品の滅失・損傷は海上輸送区間に起きたものとみなされ，国際海上物品運送法またはヘーグ・ルール関連条約の規定に従って運送人の責任が判断される（同規則22条5項）。

　これらの規定から JIFFA 国際複合一貫輸送約款はネットワーク・システムを採用しているものと評価できる。

(c) 運送人の責任制限金額は，UNCTAD/ICC 規則およびヘーグ・ヴィスビー・ルールと同様に，原則として1包もしくは1単位につき666.67 SDR，または，滅失もしくは損傷された運送品の総重量の1kgにつき2 SDR，いずれか高い方に相当する金額とされている（同約款23条2項）。

(d) 引渡遅滞については，原則として運送人は責任を負うものではないが，引渡遅滞に関し運送人の責任が積極的に立証された場合には，UNCTAD/ICC 規則同様に複合運送契約に基づく運賃総額が責任限度額とされる（同約款23条6項）。

(e) なお，出訴時効期間については運送品の引渡日または引渡予定日から9ヶ月とされる。ただし，これに反する国際条約または強行的国内法がある場合には，当該条約または国内法に規定されている出訴時効期間が適用されるとしている（同約款26条2項）。

(3) 商法改正中間試案

　商法改正中間試案は複合運送に関する規定を置いており，その補足説明の中で「複合運送契約の運送人も，各運送区間につき一般に適用される法令または条約所定の強行規定の内容と整合的な責任を負うことが相当であることから，基本的には，運送品の滅失等の原因が生じた運送区間に係る法令または条約の規定に従って損害賠償の責任を負うこととしている」と説明されている。この説明のとおり，複合運送人の責任に関しては商法改正においてネットワーク・システムを採用することが予想される。

2．船荷証券（B/L）に類似する運送書類・電子式船荷証券

設問5　サレンダーB/L

> **Q**　サレンダーB/Lとは何か？　サレンダーB/Lには，どのような法的問題があるか？

> **A**
> ・荷送人の依頼により，運送人が輸出地（元地）でB/L原本を回収し，荷送人にそのB/Lの内容をFAX送信等するとともに，輸入地の船社代理店にB/L原本を全通回収したことを連絡し，荷受人がB/L原本の呈示なしに貨物を受領するという慣行が行われている。このような実務は，サレンダーB/L，サレンダードB/L，または元地回収船荷証券等と呼ばれる。回収され，荷送人にFAX送信等されるB/Lには，"SURRENDERED"等のスタンプが押されていることから，これをサレンダーB/L等と呼ぶこともある。
> ・サレンダーB/Lの手法により運送された場合，無券運送の場合と同じとなるところ，その法律関係に関し，統一された国際規則はなく，当該事案の具体的事情，適用される法律等により判断は異なり得，その法律関係は不明確・不安定となる。また，信用状取引や荷為替手形による決済を利用できないという問題点もある。

サレンダーB/Lが誕生した背景

　技術革新による船舶の高速化等により輸送時間が大幅に短縮された結果，貨物が輸入地に到着しても船積書類が未着という事態が発生した。
　このような場合に荷受人が証券なしでも貨物の引渡しを受けられるよう，上記のようなB/Lの元地回収が行われるようになったと言われている。

サレンダーB/Lの裁判例：サレンダーB/LとB/Lの効力

　B/Lが発行された場合，権利の移転・行使はB/Lによってなされ，B/Lが呈示されて初めて貨物の引渡しがなされる（国際海上物品運送法10条・商法

573条（処分証券性）・同法584条（受戻証券性））。

　他方，サレンダーB/Lの手法が用いられた場合，作成されたB/L原本は元地で回収されるため，転々と流通することはない。また，貨物はB/L原本の呈示なく引き渡される。このような場合にもB/Lが存在すると言えるのであろうか。

　この点について述べた裁判例がある。

事例7　ニュー・カメリア号事件（東京地判平20・3・26海事法216号61頁）

　運送人は，冷凍魚の釜山から博多までの国際海上物品運送を請け負った。荷主の求めに応じ，運送人はサレンダーB/Lの手法をとった。B/Lの表面には「表面および裏面記載の条件に従う」との記載があり，裏面には仲裁条項が記載されていた。

　荷揚港において荷受人が貨物を受け取り，その状態を確認したところ，その多くが変色していたため，保険代位により荷受人の権利を取得した貨物保険会社は，輸送中の温度管理の不良により本件貨物に損傷が生じたとして，東京地方裁判所において，運送人に対し貨物損害賠償請求の訴えを提起した。運送人は，仲裁合意の存在を主張し，訴えの却下を求めた。

　裁判所は，本件証券の原本は，運送人から荷送人への交付，それを前提とする荷受人等への交付ならびに荷受人等による運送人への呈示および交付がそもそも予定されておらず，実際にもそれらが行われなかったものであるということができ，このような本件証券の用法に鑑みれば，本件証券は，上記交付および呈示が性質上当然に予定されている国際海上物品運送法6条のB/Lにはあたらないというべきであると判示し，同法上のB/Lが発行されているため，同証券の裏面の仲裁条項が本件に適用されるという運送人の主張を退けた（もっとも，その他の事情（事例7-2参照）から仲裁合意の存在を認め，訴えは却下された）。

　サレンダーB/Lの手法を利用した場合，上記裁判例によると，B/Lの発行がないこととなり，荷受人は証券所持人としての保護を受けられず，B/Lの文言証券性（国際海上物品運送法9条）は認められないため，証券外の特約をもって対抗され得る。

　ただし，回収されたB/L原本の内容は，運送契約の内容を認定する1つの証拠となり得る。

事例7-2　ニュー・カメリア号事件（前掲）

事例7において，裁判所は，以下の具体的事情を考慮し，仲裁合意の存在を認めた。
・荷送人代理人は，回収されたB/Lの表面のファックスを受け，裏面は受け取っていなかったが，当該表面には，本件貨物が表面および裏面記載の条件の下に運送人に受領された旨の記載があり，裏面には，仲裁条項が記載されており，準拠法，運送人の免責事由等運送契約の細部に関する約款が記載されていたこと
・本件運送契約については，運送契約の細部に関する定めは裏面約款以外に存在しなかったこと
・運送人代理人と荷送人代理人は，本件運送契約以前から，年間100件以上の貨物運送取引を行い，その際に元地回収船荷証券または船荷証券のやり取りをしていたこと
・これらの際に運送人代理人が使用していたB/Lの様式は1種類しかなく，本件に用いられたものと同じものであったこと
・荷送人代理人および荷送人は，本件表面の写しを受け取ってから，運送人代理人または運送人に対し，本件運送契約の内容について何ら問い合わせをしなかったこと

　上記の裁判例では，裏面に記載されていた仲裁合意を契約の内容として認めたが，B/Lの裏面の送付の有無，従前の取引の有無・形態等の具体的事情が異なれば，結論は変わり得る。また，同じ事例であっても，外国法上では判断が異なり得る。

サレンダーB/Lと運送契約上の権利

　B/Lが発行される場合，運送契約上の権利の行使は，B/L所持人が行う。

　しかし，サレンダーB/Lの手法が利用された場合，上記のとおり，国際海上物品運送法上のB/Lは存在しない。このような場合，誰がいつ運送人に対する運送契約上の権利を取得するのだろうか。

　この場合，無券運送の場合と同じとなり，（特約がなければ）荷受人は，運送品が到達地に届いた後，運送契約上の権利を取得する（国際海上物品運送法20条2項で準用される商法583条）。運送中は荷送人が貨物の処分権を有することとなるため，たとえば，運送途中で貨物が全部滅失してしまった場合，荷受人は運送人に対し運送契約上の権利を主張することはできない。

　もっとも，外国法上の規定は，以上と異なり得る。

サレンダーB/Lを利用するにあたっての注意点

- サレンダーB/Lの手法がとられる場合，B/Lに関する条約は一般的には適用されず，処分証券性，受戻証券性等のB/Lの効力も生じない。運送人・荷主間の権利義務関係は各国の法律によることとなるが，サレンダーB/Lをとりまく事実関係はさまざまであり，同じ事案でも判断ないし規定は各国で異なり得る。そのため，その法律関係は不明確・不安定となる。
- 運送人はB/Lを回収後，速やかに輸入港にある船会社代理店等に連絡するが，連絡がスムーズにいかない場合は，貨物の受取に時間を要する。
- サレンダーB/Lの手法をとった場合，本来B/Lが持つ荷為替手形の担保としての機能がなく，信用状取引や荷為替手形による決済は，原則として使用できない。

他の代替手段はないのか

　サレンダーB/Lは，日本・アジア地域間の輸送で多く用いられているが，欧州等では，海上運送状（Sea Waybill）を用いるのが一般的である。

　海上運送状も，貨物受取時にB/Lの呈示が必要ない点はサレンダーB/Lと同じである。しかし，サレンダーB/Lと異なり，「海上運送状に関するCMI規則」という国際的な規則が存在する。当該規則は条約ではなく，当事者が当該規則に言及しなければ契約に適用されないが，Waybillに摂取され利用されている（たとえば，JIFFA B/L第1条は，「本件運送状はCMI Uniform Rules for Sea Waybillに従って効力を有し，同Rulesは本運送状に取り込まれているものと見なす」と規定する）。この規則により，Waybillによる運送の法律関係はある程度明確となっている。

≪サレンダーB/Lの内容と実務≫

- サレンダーB/Lは，サレンダードB/L，元地回収船荷証券とも言われる。
- 輸送時間の短縮化に伴う問題に対処するため，船会社代理店等が船積地でB/L原本を全通回収，荷送人にはSURRENDERED等のスタンプが押されたB/Lのコピーを渡す一方，輸入地船社代理店等へその旨連絡し，輸入地における貨物の引渡に際しB/L原本を不要とするサレンダーB/Lの手法が用いられるようになった。

・サレンダーB/L の手法を用いた場合は，無券運送の場合と同じとなるところ，この法律関係につき，統一された国際規則はなく，当該事案の具体的事情，適用される法律等により判断は異なり得る。
・法律関係が不明確・不安定である，サレンダーB/L の手法を用いた場合信用状取引による決済等を利用できない等の注意点があるところ，輸送時間の短縮化に伴う問題への対処としては，Waybill を使用する方法もある。

設問6　海上運送状

> **Q　海上運送状とは何か？**
>
> **A**　海上運送状とは，①海上物品運送契約締結の事実，②その契約に基づき運送人が貨物を受領した事実，および③証券に表示された荷受人にその貨物を引き渡すとの運送人の約束を証する，運送人が発行する証券である。
> 　海上運送状は，B/Lと異なり①運送品処分権は原則として荷送人のみが有し，②貨物の引き取りに原本の呈示は必要ないとされ，③担保力は認められず，④印紙税法上の扱いも異なる。
> 　海上運送状を統一的に規定する国際的な条約は存在しないため，裏面約款に定める準拠法による。ただし，万国海法会が定める規則（CMI規則）が国際的な標準規則として存在している。

定義

　海上運送状（Sea Waybill）とは，①海上物品運送契約締結の事実，②その契約に基づき運送人が貨物を受領した事実，および③証券に表示された荷受人にその貨物を引き渡すとの運送人の約束を証する，運送人が発行する証券である。運送人が貨物を受け取ったことを証するために発行する貨物受取証であり，転々流通していくB/Lや手形などの有価証券とは異なり，記名式で流通することが予定されていない貨物運送状である。記載内容自体はB/Lと大差はなく運送引受条件記載書を兼ね備えたものをいう。流通性が予定されていないことを明確に示すため一般的には，「Non-negotiable」と記載されている。なお，荷送人には，海上運送状の写しが交付されることが一般である。

　定期船運送状（Liner Waybill），海洋運送状（Ocean Waybill），貨物埠頭受領証（Cargo Quay Receipt）などとも呼ばれることもある。

　B/Lと異なり有価証券ではないため，裏書きによる譲渡はできないものの，

貨物引き取り時に荷受人が海上運送状を提示する必要はなく，海上運送状に記載された荷受人（CONSIGNEE）であることが確認できれば貨物引き取りが可能となるのが特徴である。

登場の背景

　近年，コンテナ化等による輸送形態の変化および技術革新による船舶の高速化によって，貨物の荷揚港到着にB/Lが間に合わず，荷受人が貨物を運送人から引き取ることができない事例が多発するようになった（これを一般的に「船荷証券の危機」という）。この危機を回避するために実務上登場してきたのが海上運送状やサレンダーB/L（Surrendered B/L）である。

　すでに説明したとおり，海上運送状はB/Lと異なり，貨物引き取り時に提示は必要ない。貨物引き取りの際に，指名式海上運送状における荷受人であると確認されれば，荷受人は海上運送状なしに貨物を引き取ることができるのである。したがって，荷送人としても海上運送状の原本を荷受人に送る必要がなく，運送人も海上運送状原本の交換で貨物を引き渡す必要はないことから，船荷証券の危機のような状況は生まれない。

　海上運送状が発行されている場合の一般的な貨物受け取りまでの流れは下記のとおり。

---

① 本船入港前に海上運送状記載のNOTIFY PARTY宛にARRIVAL NOICEが送付される。
　　　　　　　　　↓
② ARRIVAL NOTICEに荷受人が署名をして運送人に提出する。
　　　　　　　　　↓
③ DELIVERY ORDER（D/O・荷渡指図書）が運送人により発行される。
　　　　　　　　　↓
④ 荷受人は海上運送状記載の荷受人であることを運送人に証明し，D/Oを提示して貨物を本船から受け取る。

海上運送状はB/Lと何が違うのか

(1) 総論

　上述のとおり，海上運送状は船荷証券の危機を回避するために実務上発明されたものであり，条約や法律によって認められてきたものではない。他方，

B/L は有価証券として商法および海上物品運送法等の日本法や各条約の規律を受け，船荷証券所持人に特別な法律上の権利が認められる場合もある。そのため，海上運送状と B/L との間ではさまざまな差異が存在する。

ただし，近年の海上運送状の必要性およびその普及から B/L の裏面条項と同様に国際標準化が求められるようになった結果，万国海法会（CMI）によって海上運送状に関する規則（CMI 統一規則 CMI Uniform Rules for Sea Waybill）が策定されている。本規則はあくまで万国海法会が策定した国際標準ルールであって，条約のように国家が批准すれば自動的に効力を持つようなものではない。したがって，海上運送状の裏面に CMI 統一規則を取り込む場合のみ適用がある。この CMI 統一規則によって B/L の規律と同様な規律が海上運送状にも及ぼされてきている。

以下，日本法のもとにおいて，主に運送品処分権，貨物引き渡し，銀行取引および印紙税の扱いに関し，B/L との違いおよび CMI 統一規則による規律について説明する。

(2) 運送品処分権

海上運送人は，荷送人または B/L の所持人が運送の中止，運送品の返還その他の処分を命じた場合は，その指図に従わなければならない（商法582条，国際海上物品運送法20条2項）。法律上，この荷送人および B/L 所持人に認められた指図権を運送品処分権という。荷送人が自己の費用負担で引渡場所を変更することも許される。また，信用状発行銀行が B/L を所持している場合に，本来の荷受人から代金の払い込みを受けたことから，運送人に対して本来の荷受人に対して引き渡すように指示することも可能である。つまり，法律上 B/L が発行されている場合には B/L 所持人が運送品処分権を有し，荷送人は自らが B/L 所持人とならない限り運送品処分権は認められない。

他方，海上運送状が発行されているときは，B/L が発行されていない場合に該当するため，貨物到達前は法律上荷送人のみが運送品処分権を有することになる。

ただし CMI 統一規則6条は，法律の規定と同様に荷送人に運送品処分権を認め，さらに特約により運送人が貨物を受領する前に荷受人に対して運送品処分権を引き渡すことも認めている。

> ≪運送品処分権≫
> 　運送品処分権とは，荷送人または船荷証券の所持人が有する，運送人に対して運送の中止，運送品の返還その他の処分を指示する権限。
> 　運送品処分権は法律上の権利であるため，船荷証券には認められているものの，海上運送状には認められていない。ただし，海上運送状の裏面にCMI規則を取り込んでおり，当事者間の合意があれば認められる。

(3) 貨物の引き渡し

　上述のとおりB/Lが発行されている場合，荷受人はB/L原本を運送人に提示し，それと交換でなければ貨物を引き取ることができない（商法776条，584条，国際海上物品運送法10条）。このB/Lの呈示証券・受戻証券性のために船荷証券の危機が発生しているのは上述のとおりである。

　他方，海上運送状は船荷証券の危機に対応すべく登場したものであるため，荷受人は海上運送状に記載された荷受人であることを証明しさえすれば原本を持参することなく運送人から貨物を引き取ることができる（CMI統一規則7条1項）。

　なお，海上運送状の場合，原本と交換で貨物を引き渡すわけではないため，運送人が荷受人を誤って引き渡す可能性もある。そこで，CMI統一規則7条2項は運送人に荷受人であることの証明に関し合理的な注意を払う義務を課し，合理的な注意を払っていたことの証明があった場合には運送人の免責を認め，この限度で運送人を保護している。

(4) 銀行取引

　海上運送状は有価証券ではないため，運送品を自由に処分することは原則として許されず海上運送状を有していても運送品処分権が認められないため，B/Lが備えている金融的な担保力が認められない。つまり，銀行としては荷受人から代金を回収できない場合は，担保権の実行ができないこと（運送品を処分，または裏書きによる譲渡ができないこと）から海上運送状が発行されている場合に信用状を発行するにはリスクが伴う。したがって，海上運送状による信用状取引は，代金決済が必ず行われる十分に信用のある取引先との継続的・長期的な取引においてのみ使用される傾向にある。

(5) 印紙税

B/Lについては，印紙税法別表第一の9号に課税文書として規定されており，運送契約の金額，すなわち運賃に係わりなく1通について200円の印紙税が課税される。数通発行されているときは，通達によると「Original」または「First Original」等と表示したもののみを課税文書として取り扱われる。

他方，海上運送状については解釈上，別表第一の1号文書（運送に関する契約書）として扱われ，運賃により最大60万円の印紙税が課される。さらに，海上運送状を複数作成した場合には，それぞれが課税文書に該当すると解釈されている。

海上運送状には，どのような法が適用されるのか

(1) 原則

海上運送状は船荷証券の危機回避の方法として実務上登場したものであり，海上運送状の取扱いを統一的に定める条約は見当たらない。したがって，原則として海上運送状がどのように扱われるかは裏面約款に定められた準拠法によることとなる。

> ≪海上運送状を規律する条約の不存在≫
>
> 海上運送状を統一的に規定する条約は存在しない。そのため，海上運送状を利用する場合の準拠するルールは原則として裏面によって定める。
>
> もっとも，海上運送一般を規律する条約および各国法が存在するため，海上運送状を利用した運送に当該条約および各国法が適用される可能性はある。

(2) CMI統一規則

近時は多くの海上運送状の裏面約款に万国海法会が定めた海上運送状に関するCMI統一規則が取り込まれており，国際的に統一した扱いがなされるようになってきている。

ただし，CMI統一規則においては，海上運送契約に強制適用される条約または国内法があれば，まずそれが適用され，次にCMI統一規則が適用され，当事者間の合意または約款はそれらに反しない限り許されるとしており（CMI統一規則4条），CMI規則は強制的に適用される条約または国内法の範囲で適

用が排除される。

(3) **条約**

海上運送に関するヘーグ・ルール（Hague Rules）およびヘーグ・ヴィスビー・ルール（Hague-Visby Rules）はB/Lに関する条約であるため、海上運送状に強制適用される条約には該当しない。もっとも、未発効であるがロッテルダム・ルール（Rotterdam Rules）は、「運送人あるいは履行者による運送契約のもとでの物品の受取りを証し、かつ運送契約を証するかそれを内容とするもの」に関する条約であり、貨物受取を証するものかつ運送契約を証するものである海上運送状もこの定義には該当する。そのため、ロッテルダム・ルールは強制的に適用される条約になり得る。

(4) **国内法**

我が国の商法典には、海上運送状に関する規定は存在しない。

しかし、近年の海上運送状の利用状況に鑑みて、商法改正により海上運送状を利用する海上運送契約に関する規定が置かれることが予定されている。

なお、これに対し国際海上物品運送法は「この法律（第20条の2を除く。）の規定は船舶による物品運送で船積港または陸揚港が本邦外にあるものに、同条の規定は運送人およびその使用する者の不法行為による損害賠償の責任に適用する。」（同法1条）と規定するのみで、ヘーグ・ヴィスビー・ルールのようなB/Lのみに関連する事項を規律する法律ではないため、海上運送状が発行されている海上運送契約についても適用の余地がある。

設問7　電子式船荷証券（Electronic Bills of Lading：e-B/L）

> **Q　電子式船荷証券（e-B/L）とは何か？　これにより既存の法律関係はどう変容するのか？**
>
> **A**　e-B/Lとは，従来の紙のB/Lの内容を電子情報化し，紙のB/Lにおける発行・流通・回収のプロセスを，関係者間におけるB/L情報の電子的データ交換によって行うものである。e-B/Lを用いることで，書類の作成，搬送，保存，修正，再発行などが，従来の紙の船荷証券よりも効率化すると考えられている。
>
> 　紙の船荷証券と同一の法律効果をe-B/Lによっても実現することが意図されている。

運送人がe-B/Lを発行した場合にP＆I保険でカバーされるか

　国際P＆Iグループに所属するP＆Iクラブでは，e-B/Lに対して以下のような立場をとっている。

① 2010年2月20日から，国際P＆Iグループが承認したシステムの下での積荷の運送に関する責任についてはe-B/Lであっても紙のB/L同様にてん補対象とする。

② 国際P＆Iグループが承認したシステムとは，現在のところ2つある。Electronic Shipping Solutionsが運営するシステム（ESS）とBolero International Ltdが運営するシステム（Bolero）であり，それぞれのシステムのバージョンごとに承認している。したがって，e-B/Lの利用者は，自身が利用するESSまたはBoleroのバージョンが承認されているかをP＆Iクラブに確認する必要がある。

③ 紙のB/Lで，てん補対象外とされている事項は，e-B/Lにおいてもてん補対象外である。

④ e-B/Lを利用することで，これまでの紙のB/Lとは異質の責任（電子データの守秘義務違反やコンピューターリンク維持義務違反など）を負うこと

があり得るが,こういった責任はてん補対象外であり,別途保険手配が必要である。

≪e-B/LとP＆I保険のカバー≫
・P＆Iクラブが承認したシステムとバージョンを利用する限り,紙の場合と同様にカバーされる。

BIMCO Electronic Bill of Lading Clause とは何か

BIMCO Electronic Bill of Lading Clause とは以下のような内容である。
① 傭船者が,船主によって発行されるB/Lを,紙にするか電子式とするかを選択できる。
② 船主は,傭船者の指示で,国際P＆Iグループにより承認されたシステムに申し込み,そのシステムを使用する。そのシステムへの申込みと使用において生じる費用は,傭船者が支払う。
③ 傭船者は,②のシステムの利用から生じる追加的な責任に関して,その責任が船主の過失によって生じたものでない限り,船主に損害を与えない。

≪BIMCO Electronic Bill of Lading Clause とは≫
・端的にいうと,傭船者は,船主にe-B/Lを使用するよう指示できるが,費用と危険は傭船者の負担とする条項のこと。

電子トレーディングシステムの利用から生じる追加的な責任は,通常P＆I保険でてん補されていないと考えられる。したがって,傭船契約書中に,当該条項を挿入しておけば,船主は,P＆I保険でてん補されない責任に関して傭船者からの補償を受けることができる(ただし,船主に過失がある場合には,船主が責任を負わなければならない)。

e-B/Lについては,比較的新しい制度であり,どのような責任が生じるかについて不明確な点もあるので,船主としては,そういったリスクを避けるためには当該条項を傭船契約書に挿入しておくことが望ましい。また,傭船者の立場からいえば,当該条項を挿入した場合には,この種の責任を自身が負担することになるので,場合によっては,別途保険を付保するなどの検討をする必要がある。

設問7　電子式船荷証券（Electronic Bills of Lading：e-B/L）　　　　51

　これ以降は，ボレロの運用を中心として e-B/L について説明を加えた上で，essDOCS についても若干の説明をする。

ボレロとは何か

　ボレロは，国際金融取引に関する銀行間の通信ネットワークである SWIFT（Society for Worldwide International Financial Telecommunication）と複合運送事業に従事する船会社，フレイト・フォワーダーなどの相互責任保険組合である TT CLUB（Through Transport Club）が合弁で設立したボレロ・インターナショナル（Bolero International Limited）が運営サービスプロバイダーとなり，また，メンバーによって所有されるボレロ・アソシエーション（Bolero Association Limited）が参加者の登録，ルールブックの修正手続などを取り扱うことによって組織，運営されている。

　ボレロの目的は，既存の紙ベースの書類における機能を電子の世界で再現することであり，そのために電子取引に必要な法的枠組みと基盤を提供している。

　最初に，e-B/L においてクリアすべき課題として，

> 課題①　どのようにしてシームレスで安全な電子情報交換を可能とするか。
> 課題②　紙の B/L における発行・流通・回収の場合と同様な法的帰結をどのようにして実現するか。

という点を挙げたが，ボレロはこれらの課題をクリアする枠組みを提供するにすぎず，ボレロが利用者のビジネスの中身に関与することはない。

ボレロはどのようにして e-B/L の課題をクリアしたか

課題①―どのようにしてシームレスで安全な電子情報交換を可能とするか―をどのようにクリアしたか

　ボレロでは，e-B/L が安全に伝達されるように認証機関（Certificate Authority）と登録機関（Registration Authority）を設置しており，ボレロ・インターナショナルが認証機関として機能することとなっている。また，デジタル署名技術が採用され，安全性が確保されている。

　そして，e-B/L を一括管理するデータベースとしてボレロ・タイトルレジストリー（Bolero Title Registry）を設けており，e-B/L の内容，権利移転な

どがすべてこのデータベースで管理されている。ボレロ・インターナショナルは，タイトルレジストリーとして中央登録機関の役割を果たすことにもなっている。このようにして，ボレロは課題①をクリアしている。

ボレロ・インターナショナルによると，システムの安全性は非常に高く，年間700万件以上の処理をこなしているが，過去15年間，紛失や送達間違いは1件もないとのことである。

課題②──紙のB/Lにおける発行・流通・回収の場合と同様な法的帰結をどのようにして実現するか──をどのようにクリアしたか

現時点で，e-B/Lについて包括的に規律する法令や国際条約は存在しない。また，e-B/Lが，条約や各国の法律の規定する「船荷証券（B/L）」に該当するかについては疑問がある。そこで，ボレロでは，課題②をクリアすべく，e-B/Lに紙のB/Lと同様の帰結を与えるルールブックを作成し，e-B/Lを利用する当事者全員が，そのルールブックの内容に合意するという手段をとった。すなわち，当事者間の契約によって，課題②を乗り越えたのである。

e-B/L はどのように運用されているか

(1) 法律的な枠組み

ボレロを利用する場合には，利用者は，ボレロ・インターナショナルとの間で運営サービス契約（operational service contract）を締結する。ボレロ・インターナショナルは，この契約に基づいて，利用者に通信のための通信基盤システムを提供する（利用者は，この通信基盤を利用してメッセージを伝送する際には電子署名が義務付けられる）。また，ボレロ・インターナショナルは，B/Lに関する権利登録機関（Title Registry）および利用者の電子署名についての認証機関となる。

利用者は，他方でボレロ・アソシエーションに加盟することによりボレロの法的枠組みを定めるルールブックを遵守する旨を合意する。このルールブックの準拠法は英国法とされている。

では，続いて，具体的にe-B/Lを，発行し移転しサレンダーする際の運用を見てみよう。

(2) 作成および発行

書類を電子データで取り込み，B/Lの所持人を特定する権限登録指示（Title Registry Instruction）と組み合わせてe-B/Lができあがる。

設問7　電子式船荷証券（Electronic Bills of Lading：e-B/L）　　　　53

図7-1　電子式船荷証券の構成

　作成した e-B/L に，電子署名を付してボレロ・インターナショナルに送達することで e-B/L が発行される。

　通常，積地の代理店が B/L を発行することが多い。e-B/L の場合でも，運送人が，代理店にログイン ID と電子証明書の利用権限を与えておけば，代理店が e-B/L を発行することができる。

　運送人（または代理店）は，荷送人から運送品を受け取ると，船積みがあった旨または船積みのための受け取りがあった旨の確認および運送契約の条件を含んだボレロ B/L メッセージを登録機関に送付する。運送人は，ボレロ B/L 作成の際に，荷送人の指示に従って，荷送人，B/L 所持人，および，指図人または荷受人のいずれか（あるいはこの点を白地式にする）を指定する（Title Registry Instruction）。

(3) 移転

　所持人は書面形式の B/L を持っているのと同じ立場であり，次の所持人を指定する権限がある。指図人・荷受人は，所持人から次の所持人として指定されるまでは登録機関に対して何の権限も持たない。

　現在の所持人による次の所持人の指定は，ボレロ・インターナショナルに対してなされる。ボレロ・インターナショナルは，運送人の代理人として指定の連絡を受け取る。

　次の所持人として指定された者が，所持人となることに同意した場合（指定の通知から24時間以内に拒絶しない場合は同意したものとみなされる），ボレロ B/L の所持人は変更される。

　この手続きにより，所持人が変更されると，ボレロ B/L に表示された運送品の間接占有が新所持人に移転し，運送人は，新所持人のために運送品を所持することになる。前の所持人と運送人との間の運送契約は，更改（novation）によって新所持人が契約当事者（運送契約上の権利義務の帰属主体）となり，前所持人の運送契約上の権利義務は原則として消滅する。

(4) サレンダー

ボレロ B/L がサレンダーされると運送人はボレロ・インターナショナルから自動配信されるメールを受け取る。このメールを受けたら，運送人は，システムにログインしてサレンダーされたかどうかを確認できる。また，この際に，電子裏書の履歴も確認できる。運送人は，ボレロ B/L の最終所持人に対して貨物を引き渡せばよい。

紙の B/L と比べてどのような利点があるか

(1) スピーディーさ＆管理コストの削減

すでに述べたように，e-B/L では，紙の場合のように B/L 自体を郵送したり，管理する必要はない。これらはすべて電子的な手続きで行われる。したがって，B/L をスピーディーに流通させることが可能であり，紙の B/L 自体を管理するコストも節約できる。もっとも，ボレロを使用する際に荷主は一定の使用料を支払う必要がある。一方，運送人，代理店，オペレーターには課金されない。

(2) 偽造リスクの減少

e-B/L では，紙の場合に比べて偽造のリスクが少ないといわれる。e-B/L においても，ボレロのシステムに不正アクセスすることや，各当事者が管理している ID や電子署名の情報が盗まれることで偽造のリスク自体は存在する。しかし，すでに説明したように，ボレロによるとシステムの安全性は非常に高いとのことであり，現にこれまでに e-B/L の偽造が行われたといった話は聞いたことがない。したがって，e-B/L では，紙の場合に比べて偽造リスクは減少していると考えられる。

(3) B/L の combine, split, 予定された揚地以外での引渡しの容易さ

紙の B/L では，B/L を combine, split する場合には，発行済みの B/L を運送人に提出して原本破棄をし，それと引き換えに combine, split された新たな B/L を発行してもらうことになる。紙の B/L は通常複数通発行されており，そのすべての B/L を運送人に提出する必要がある。

紙の B/L では，予定された揚地以外での引渡しの場合，発行されたすべての B/L を運送人に提出する必要がある。

以上のように，紙の B/L では，複数通ある B/L のすべてを運送人のもとに郵送する必要がある。

設問 7　電子式船荷証券（Electronic Bills of Lading：e-B/L）　　　55

　e-B/L では，所持人が登録機関を通じて運送人に変更（combine, split, 予定された揚地の変更）を要請できる。運送人が，変更を受け入れる場合には電子的データを通じて e-B/L の内容が変更される。e-B/L では，原本は電子データとして存在するのみであるから，紙の場合のように原本を運送人に提出して破棄するといった作業は不要である。このような作業が不要であることから，B/L の combine, split, 予定された揚地以外での引渡しでは，e-B/L の方が，紙の B/L に比べて容易である。

e-B/L を利用すると LOI は不要なのか

　まず，e-B/L の譲渡は紙の場合に比べてスピーディーなので，B/L なしの引渡しという事態は生じにくい。もっとも，インターネット環境の不具合や端末のウイルス問題などで，ボレロに接続できない場合には，e-B/L を譲渡できない，あるいは運送人に提示できないといった問題が生じ得る。このような場合は，LOI と引換えに B/L なしの引渡しをする必要性が生じる。
　次に，P&I 保険でてん補対象外となっている事項については，e-B/L の場合であっても，紙の場合同様に運送人は LOI を要求する必要がある。たとえば，運送契約に定められた港または地以外での積荷の荷揚げ，日付を繰上げもしくは繰下げた電子書類や記録の発行，作成などである。

≪e-B/L と LOI の関係≫
・e-B/L を用いても LOI は依然として必要である。
　ただし，紙の B/L の場合と比べて，LOI に頼らなければならない確率は減少する。

e-B/L にはどのような難点があるか

(1)　**全員がボレロのシステムに参加している必要がある**

　ボレロの e-B/L では，荷送人，銀行，運送人，荷受人の全員がボレロのメンバーとなり，全員がボレロのルールブックに従うという契約をすることによって，e-B/L の作成，発行，移転，サレンダーをコンピューターシステムで行うというものである。したがって，関係者の内一人でもボレロのシステムに参加していない者がいると利用できないという難点がある。
　なお，e-B/L が，一旦作成，発行された後に，ボレロのシステムに参加していない者に譲渡される場合には，現在の e-B/L の所持人は，運送人に対し

て紙のB/Lの発行を依頼できる。この場合，e-B/Lは，運送人にサレンダーされたことになり，それと引き換えに紙のB/Lが発行されるので，同一の貨物についてe-B/Lと紙のB/Lが同時に存在することはない制度設計となっている。

(2) **法律的な不明確さ**

e-B/Lに関する裁判上の紛争（e-B/Lであることが問題とされた裁判上の紛争）はまだ起こっていないようである。e-B/Lに関する争いは色々な国で起こり得るので，裁判になった際に，その国の裁判所が，ボレロが意図した「当事者間の合意によってe-B/Lを紙のB/Lと同様に扱う」という点についてどのような判断をするか不明確な点は残されている。

essDOCSとは

essDOCSとは，essDOCS Exchange Limitedの略である。essDOCSは，貿易当事者や政府の関連会社ではなく，中立的な立場の私企業であり，貿易書類（特にe-B/L）の電子化を目的として，オンラインプラットフォームを提供している。

essDOCSのシステムは，電子貿易書類の作成，利用を管理する「CargoDocs」と呼ばれるウェブベースのシステムを用いて貿易書類を電子書類に置き換えるというものである。各利用者は，当該システムの利用に先立って「The Databridge Service and User Agreement（DSUA）」に合意することが要求される。DSUAは参加者の全員が，e-B/Lを，紙のB/Lと同様の機能と法律効果を持つものとして取り扱うことを内容としている。これは，ボレロのルールブックに似たものといえる。

essDOCSのe-B/Lは，主に欧米で利用されており，2014年以降アジア地域での普及にも注力しているようである。

3．船荷証券（B/L）の発行・譲渡・変更・紛失

設問8　不定期船の船荷証券（B/L）発行の実務

はじめに

　不定期船というのは定期船に対する概念で，定期船が決まった航路を航海することを前提としているのに対し，一般的には航路を定めず，貨物のポジションに合わせて航海するものをいう。また，定期船は箇品輸送契約が主となるが，不定期船は満船での輸送契約が主となる。

　不定期船にもいろいろな種類があるが，大きく分けて固体物を運ぶばら積船（バルカー）と液体物を運ぶ油槽船（タンカー）とに分けられる。その各々において船のサイズ，積む貨物によっていくつかの種類に分けられる。

　本設問においては，このうち，一般的なバルカーの船積みにおけるB/L発行までの実務について具体例に沿いつつ，概説する。

実務の流れ

　ある貨物輸送契約を決めてから本船を積地に差し向け，そこで契約に基づいて積荷を行い，貨物数量を確定させてB/Lを発行するまでの概略の流れは以下のとおり。

　貨物輸送契約にも大きく分けて定期傭船契約と航海傭船契約とがあるが，本設問においては航海傭船契約の場合を例とする。

1．輸送契約の締結
　　↓
2．傭船契約書（C/P：Charter Party）の作成
　　↓
3．本船に対する航海指図
　　↓
4．積数量の確認
　　↓
5．Mate's Receipt の作成と発行
　　↓
6．B/L の作成と発行

　以下，各々の段階について説明する。

(1) 輸送契約の締結

 傭船者と船主間で輸送条件などを交渉し，合意に達したところで，成約内容を確認するために，合意内容の概略を取り交わす。これを成約メモ（Fixture Note と称する）と呼ぶ。成約メモには，傭船者，船主，使用船腹，貨物の種類と量，積地と揚地，積ラン，揚ラン，Lay/Can，運賃および積揚条件，滞船料／早出料，使用する航海傭船契約書の様式を記載し，これに傭船者や当該航海などに特有の付加条項として加えられる。さらに B/L についての条項として

(1) 傭船者の要求があれば電子式船荷証券（e-B/L）を使うこと
(2) CONGEN BILL の様式で B/L を発行すること

が付加されているものが見られる。

 (1)については昨今のペーパーレス化の動きを受けて，資源系大手傭船者を中心に e-B/L を使うケースが増えてきていることを反映している。

 (2)CONGEN BILL とは傭船契約の規定を取り込んで発行する B/L で Charter Party B/L などとも称されている。箇品輸送契約などで使う B/L と大きく異なるのは裏面約款で，輸送条件としては傭船契約の規定を援用するため，必要最小限のものだけとなっている。

BIMCO	CONGEN BILL 2007
	船荷証券
	傭船契約に基づいて使用
	1 ページ
荷送人	B/L 番号	参照番号
荷受人	船名
通知先住所	積港
	揚港
荷送人による貨物の詳細		総重量
（甲板上に積載された貨物は荷送人の危険負担；運送人は貨物の滅失，損害について責任を負わない）
運賃は以下余白の **傭船契約**に基づいて 支払われる	外観上良好な状態で，荷揚港またはその最寄港へ運送され，上記の通り外観上良好な状態で安全に引き渡すために積港で**船積み**した。

	重量，測定，品質，数量，状態，容積及び価格はわからない 本船の船長もしくは代理店が下記申請した数量と申請日を示したと証明する，署名された複数のB/Lのいずれか一通が引換えた日に，残るB/Lは無効となります。 運送条件については裏面を参照されたし		
運賃前払い 次の口座に入金された	船積日	発行場所及び発行日	B/Lの発行枚数
	署名 (i) ＿＿＿＿＿＿＿＿＿＿＿＿＿＿＿＿＿＿船長 　　船長の氏名と署名 または (ii) ＿＿＿＿＿＿＿＿＿＿＿＿＿＿＿＿＿＿船長の代理として 　　代理店の名前と署名 または (iii) ＿＿＿＿＿＿＿＿＿＿＿＿＿＿＿＿＿＿船主の代理として 　　代理店の名前と署名 　　＿＿＿＿＿＿＿＿＿＿＿＿＿＿＿＿＿＿船主 　＊もし(iii)を選択した場合，船主の名前を上記に記載すること。		

図8-1　CONGEN BILL様式のB/L

(2) **傭船契約（C/P：Charter Party）の締結**

　これは，「成約メモ」で確認された内容を指定された傭船契約の様式に落とし込んで作成するもので，傭船者と船主が署名することになる。傭船契約は本来諾成契約であり，契約書は契約が成立する要件ではないが，実務的には問題が発生した際，証拠書類として必須のものとなっている。

(3) **本船に対する航海指示**

　航海傭船契約を締結した後，その契約内容に基づき，具体的な指示を航海指示書（Voyage Instruction）として本船に送ることになる。航海指示書には，傭船者，Lay/Can，貨物の種類と数量，積地と揚地，NORの条件，代理店の連絡先等が記載されている。

設問8 不定期船の船荷証券（B/L）発行の実務

B/L の発行について，傭船契約の規定，傭船者からの要請および船主の立場を守るために次のような指示を加えることがある。

3-1 本船へ指示
(1) 積地の代理店に B/L への署名権限を与えてもいいこと。
(2) Mate's Receipt の内容と厳正に一致していること。
(3) 積荷完了後24時間以内に署名すること。
(4) CONGEN BILL の様式を使うこと。
(5) B/L には"Clean on Board"と記載すること。
(6) 同様に運賃は該当する傭船契約に基づいて払われること，前払い"Prepaid"であることを記載。
(7) B/L のコピーを保持しておくこと。

3-2 代理店への指示
一方，積地の代理店に対しては以下の指示が出ている。
(1) B/L には「運賃は，傭船契約に基づき支払われる」"Freight Payable as per Charter Party"と記載されていることを確認すること。
(2) 万一「運賃前払い」"Freight Prepaid"のみと記載されていた場合には船主の承認をとること。
(3) B/L の草案を船主に送り，承認と確認をとること。

これらの指示のうち，主に傭船契約もしくは傭船者の要請に基づくものは本船あての指示(1)，(3)，(4)，(5)，(6)および代理店あての指示(1)となり，主に船主の立場を守るものとして，本船あての指示(2)と(7)，代理店あての指示(2)と(3)になる。

(4) 積数量の確認
バルクカーゴの場合，積数量の確定はドラフト（喫水）サーベイによってなされる。

通常は到着時に一度 Initial Survey を行い，本船の到着時のコンディションを確認しておく。その後，貨物を積みきったところで Final Survey を行い，そこで出てきた数字を本船，シッパーが確認して積数量を確定させる。
シッパーが手配した Surveyor が本船の各ポイントの喫水を確認し，（本船乗組員立会いで）そこから本船の排水量を計算する。その排水量から本船の軽貨重量（何も積んでいない状態での本船そのものの重量）および本船が保持す

3．船荷証券（B/L）の発行・譲渡・変更・紛失

①Initial Draft survey
本船の到着時の状態を記載

②Final Draft survey
荷役終了時の状態を記載

Draft Survey

Ship Name: XXXXXX　　　　　　of: Panama　　　　　　Master: XXXXX
Ship No.:　　　　Gross Tonnage: 30,811　　Net Tonnage: 18,122　　Summer Draft: 12.530

Initial Survey:	06/02/2015 12:35		Final Survey:	08/02/2015 12:30	
	Metric Tonnes			Metric Tonnes	
Ballast:	14,994		Ballast:	150	
Fresh Water:	226		Fresh Water:	208	
Fuel Oil:	684		Fuel Oil:	677	
Diesel Oil:	28		Diesel Oil:	28	
Light Ship Displacement:	9,037		Light Ship Displacement:	9,037	
Other Cargo:	0		Other Cargo:	0	
KNOWN WEIGHTS INITIAL:	24,969		Constant:	299	
Constant:	299		KNOWN WEIGHTS FINAL:	10,399	

Drafts:

For'd (P):	4.250	For'd (S):	4.250
For'd Initial:			4.250
Stem Corr Initial:			-0.069
Corr Fwd Initial:			4.181
Aft (P):	6.480	Aft (S):	6.480
Aft Initial:			6.480
Stern Corr Initial:			0.112
Corr Aft Initial:			6.592
Mean of F & A:			5.3367
Midship (P):	5.290	Midship (S):	5.290
Midship Initial:			5.290
Midship Corr Initial:			0.000
Corr Midship Initial:			5.290
Mean of Mean Initial:			5.3384
Quarter Mean Initial:			5.3142
Displacement Initial:			25,640
Trim Core Initial:			-248
Sub Total Initial:			25,392
Density:	1.0200		124
Initial Displacement:			25,268

Drafts:

For'd (P):	12.220	For'd (S):	12.220
For'd Final:			12.220
Stem Corr Final:			0.000
Corr Fwd Final:			12.220
Aft (P):	12.220	Aft (S):	12.230
Aft Final:			12.225
Stern Corr Final:			0.000
Corr Aft Final:			12.225
Mean of F & A:			12.2226
Midship (P):	12.230	Midship (S):	12.240
Midship Final:			12.235
Midship Corr Final:			0.000
Corr Midship Final:			12.235
Mean of Mean Final:			12.2288
Quarter Mean Final:			12.2319
Displacement Final:			62,775
Trim Core Final:			0
Sub Total Final:			62,775
Density:	1.0200		306
Final Displacement:			62,469

Cargo Loaded = 51,247 LongTons　　　　52,070 MetricTonnes

Weather condition initial survey　　　　Weather condition final survey
Smooth seas　　　　　　　　　　　　　Smooth seas

Subject to the Particulars supplied by the vessel as being correct, the following tonnages were loaded into each hatch.

Hatch No	Tonnes
1	10077
2	10561
3	9333
4	10685
5	11414

COMMENTS:

Dated: XXXX XX, 20XX　　　　　　Port Agent XXXXXXXXXXX

図8-2　ドラフトサーベイ

る燃料油，水，コンスタント（付帯重量，当初の軽貨重量から増えた本船の重量，補強に使った鋼材や後で付けた設備，バラストタンクや燃料タンク内に付着した泥やスラッジなども含まれる）の重量を引いたものが貨物数量となる。なお，積高を計測する前提となる海水比重は1.025となっているので実際の積地において海水比重の違いがあれば補正を行うことになる（この場合は積地の海水比重が1.020となっており，それにともなう計測数字の補正が行われている）。

(5) Mate's Receipt の作成

ドラフトサーベイで貨物数量を確認した後，本船がシッパーに対して発行する。

日本語で本船貨物受取書といわれるもの。形の上では Mate's Receipt と交換する形で B/L が発行される。それゆえ，B/L の発行件数とその各々の数量その他記載内容に対応する形で Mate's Receipt も発行されている。下記の例は船長（Master）が署名を行っているが，もともと Mate's Receipt の署名は一等航海士が行うことになっており，一等航海士（Chief Mate）の受け取りという意味で Mate's Receipt という。

(6) B/L の発行

Mate's Receipt に表示された記載内容を指定された B/L の様式に転記して，船長もしくは権限を与えられた代行者（本例では積地代理店）が署名をした上で，シッパーに対し発行される。前述のとおり，Mate's Receipt との引き換えが前提となる。一般バルカーで多く使われる CONGEN BILL の様式を使用する場合，重要なことは Charter Party の日付である。もし，これが明記されていないと，再傭船がされている場合に，摂取される傭船契約が「"Charter Party under which goods are carried"（その下で貨物が輸送される傭船契約）」となり，通常の場合は Head C/P（再傭船される前のもともとの傭船契約）の規定が適用されることになる。

おわりに

航海傭船契約の下での一般バルカーの船積みから B/L 発行までの実務の流れを概説したが，その中で触れているように，特徴的なこととして，B/L の電子化が広がっていることと，ほとんどの B/L が CONGEN BILL の様式で作成されていることがある（そもそも B/L を使わず，Waybill を使うこともある

MATE'S RECEIPT

SHIP REF No: XXXX

MATES RECEIPTS No: 5

ITEM No:

MOTOR VESSEL: XXXXX

PORT OF LOADING: XXXXX

PORT OF DISCHARGE: XXXXX

Received onboard in apparent good order and condition

XXXXX   WMTS

of:

Manganese Ore (GL-01)
Packing : In Bulk

Bills of Lading to be issued only in exchange for this Mate's Receipt dated at
on:
XXXX XX, 20XX

MASTER M.V. XXXXX

図8-3　Mate's Receipt の例

が)。電子化については設問7で触れられており，ここでは特に触れないが，CONGEN BILL の場合は前述のように，傭船契約を取り込む性質上，本船が再傭船された場合や傭船契約の内容に変更があった場合などに問題が出る可能性があると思われる。そのあたりの問題点の整理が必要と考える次第である。

設問9　コンテナ船の船荷証券（B/L）発行の実務

はじめに

　コンテナ船のB/L発行業務とは，端的にいえば「輸出者」あるいは「輸出者から輸出関連業務を委託された者」が，船を運航する会社に対してB/Lの作成を依頼し，運航会社はその依頼の内容に沿ったB/Lを発行することである。一見単純なやり取りに見えるが，実務上ではさまざまな関係者の意思が交錯している。本設問を読み進めるにあたっては，単純にその発行プロセスを学ぶのではなく，そういった関係者の状況を想像していただければ面白くご理解いただけると思う。B/Lは関係者間の「見えない対話」により作られている。たとえば以下のような具合である。

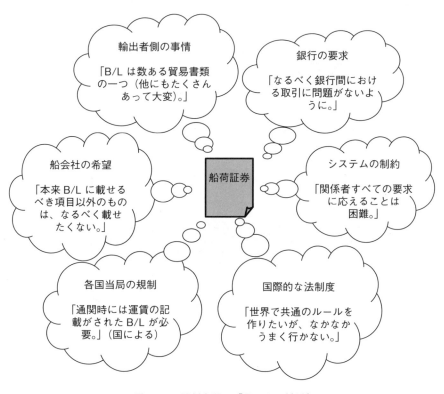

図9-1　関係者間の「見えない対話」

B/L の構成について

B/L の構成・内容はどのようになっているのか。マースクラインが発行しているB/Lの表面を以下のように3つに分けて順に見ていくことにする。

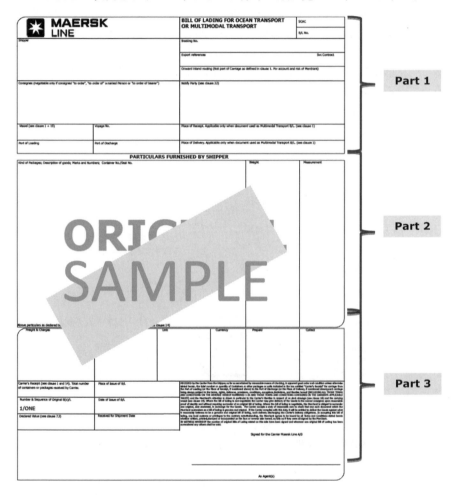

設問9　コンテナ船の船荷証券（B/L）発行の実務　　　67

Part 1の内容について

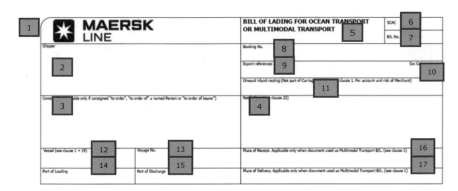

| 1 | 運送人（Carrier）のロゴ商標。運送人の会社名ではなく，ブランド名の場合もある
| 2 | 荷送人（Shipper）
| 3 | 荷受人（Consignee）
| 4 | 着荷通知先（Notify Party）
| 5 | 海上輸送もしくは複合輸送のための運送証券であることを示している
| 6 | 「スキャック」と言われる。Standard Carrier Alpha Code の略。端的には米国における運送会社識別コードのこと。マースクラインの場合「MAEU」
| 7 | B/L番号
| 8 | ブッキング番号（船腹予約の際に与えられる番号）
| 9 | 海外において主に海貨業者側の参照番号を記載する欄として使用される
| 10 | 契約番号（Service Contract）
| 11 | 主に荷主側での通関上の要求により，運送人の責任範囲外の内陸輸送を示す必要がある場合に使用される
| 12 | 本船名（Vessel）
| 13 | 航海番号（Voyage No.）
| 14 | 積出地（Port of Loading）
| 15 | 船卸地（Port of Discharge）
| 16 | 荷受地（Place of Receipt）
| 17 | 荷渡地（Place of Delivery）

Part2の内容について

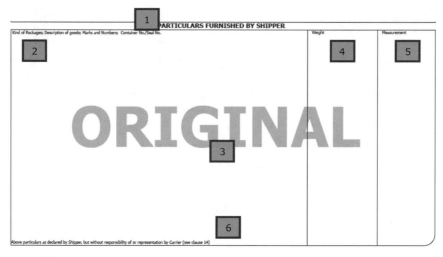

1. 個々の内容は Shipper により与えられたものであることを示している（いわゆる「不知約款」）
2. 物品の内容，個数，ケースマークなど，Shipper が Shipping Instruction にて申告したもの
3. 「Original」というウォーターマークが入っている。コピーの場合，「Copy」と入る
4. 物品の重量
5. 物品の容積
6. ここにも1と同様の記載がある。すなわち，物品の詳細に関してはすべて Shipper により申告されたもので，Carrier としては一切責任を負わず，また，Carrier により表記されたものではないことを示す

設問9　コンテナ船の船荷証券（B/L）発行の実務

Part 3 の内容について

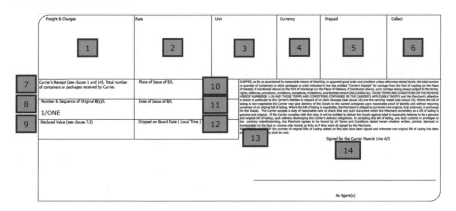

- ①　運賃および諸チャージの項目（Basic Ocean Freight, Terminal Handling Charge など）
- ②　金額
- ③　単位（Per Container, Per bill of lading など）
- ④　通貨
- ⑤　前払いの分については，上記2に加えここにも金額が表示される
- ⑥　後払いの分については，上記2に加えここにも金額が表示される
- ⑦　Carrier が受け取ったコンテナ本数（1 Container など）
- ⑧　全部で何通の B/L が発行され，本証券がそのうちの何通目かが記載される（2/THREE など）
- ⑨　品物の申告価額。一般的には使用されない。使用するには一定の条件が必要
- ⑩　B/L 発行地
- ⑪　B/L 発行日
- ⑫　船積日
- ⑬　表面の約款内容。主にどのような場合に Carrier による貨物の引き渡しが行われるかが記載されている
- ⑭　Carrier もしくはその代理人によるサイン

B/L 発行の実務について

　本書は初学者や実務関係者を対象にしており，この設問では特に実務の内容がまとめられている。よって本設問を読み進めるにあたり，まず使用する用語を定義しておきたい。

　海運業界の実務レベルにおいては「荷送人」や「運送人」といった表現はほとんど使われていない。「Shipper」や「Carrier」といった，英語での表現が一般的である。さらに「Shipper」というと，厳密には B/L などのいわゆる「運送書類」上の Shipper のことになるが，実際の輸出関連業務は Shipper 自身ではなく，彼らの海貨業者や通関業者が行っていることが多い。よって本設問では B/L 発行の実務の流れを説明する上で，読者にとって理解しやすいよう，Shipper と Consignee にそれぞれの海貨業者などを含めて「輸出者側」「輸入者側」と表現することにする。

表9-1　用語の定義

正式な名称	英語での名称	本設問での言い回し	本設問で含む意味
荷送人（ニ オクリニン）	Shipper	輸出者側	Shipper だけでなく，その海貨業者なども含む
荷受人（ニ ウケニン）	Consignee	輸入者側	Consignee だけでなく，その海貨業者なども含む
運送人（ウンソウニン）	Carrier	船会社	
船荷証券（フナニ ショウケン）	Bill of Lading	B/L	

　コンテナ船の B/L 発行における実務について，本設問では以下の構成にて説明している。これは B/L 発行における「指示」「作成」「発行」「訂正」の全体的な実務の流れに即するものであり，各段階における基本的な業務の内容と，それにまつわる現状と今後の展望などについて分かりやすくするためである。

(1) **輸出者側が船社に S/I（船積み指示書）を送る**
a) S/I とは何か？
　S/I とは Shipping Instruction の略で，「誰が」「誰に」「何を」「どの港から」「どの港まで」「どの船で」などといった情報を盛り込んだもののことである。

設問9　コンテナ船の船荷証券（B/L）発行の実務

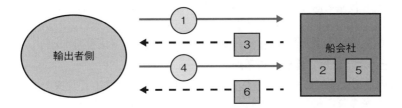

1. S/I（船積み指示書）を送る　※1
2. S/I に基づいて，B/L・Waybill の作成を行う
3. B/L・Waybill を発行する

※2
4. B/L・Waybill 訂正を依頼する（B/L の場合は発行済みの分を一旦回収）
5. 訂正作業を行う
6. 訂正後の B/L・Waybill を再発行する

※1　S/I＝Shipping Instruction
※2　輸出者側の要望がある場合のみ

図9-2　B/L発行の流れ

他にもドックレシート（D/R），B/Lインストラクション（B/I），シッピングアプリケーション（S/A）などという言い方がされるが，基本的には同義である。

このS/Iの情報がB/Lの作成の基となる。よって輸出者側にとっても船会社にとっても，このS/Iの内容は大変重要なものとなる。たとえばその内容が理解しづらかったり，事実と一致していなかったり，スペルミスなどがあったりすると，後に修正が必要になったり，場合によっては荷渡地（輸入地）でのトラブルにつながってしまう。例として，B/Lの情報は船卸港の税関に提出する積荷目録（マニフェスト）にも掲載されるため，その内容に不備があれば船卸港で降ろすことが認められないこともある。

B/L発行前にそういった問題に気づくことができればまだ良いが，発行後に発覚すると，すでに発行済みのB/Lをすべて回収せねばならず，それは輸出者側にとっても船会社にとっても時間と労力が必要になる。そのため，S/Iの内容は正確であることが求められる。

b）S/Iはどのような内容が含まれているか？

前述のとおり，S/Iの内容は基本的にはB/L作成の基となる情報である。昨今のS/Iはシステムを通じEDI形式で船会社に提出されてくることが多い（図

9-3)。しかし従来のS/Iをご覧いただく方がS/Iのイメージが掴みやすいように思われる（図9-4）。形としてもB/Lに近いものになっているため，どこにどういった情報がB/Lに掲載されることになるのかイメージがしやすい。

c) S/Iはどのようにして提出されるか？

　従来S/Iの提出はすべて紙で行われていたが，ITの発達によりインターネットを通じて多種多様な提出方法が可能となった。紙で提出される方法もまだ行われているが，業界全体として最も使用されているのはSea-NACCSにより提出する方法である（図9-3）。Sea-NACCSとは，入出港する船舶・航空機および輸出入される貨物について，税関や関係行政機関に対する手続や，それ

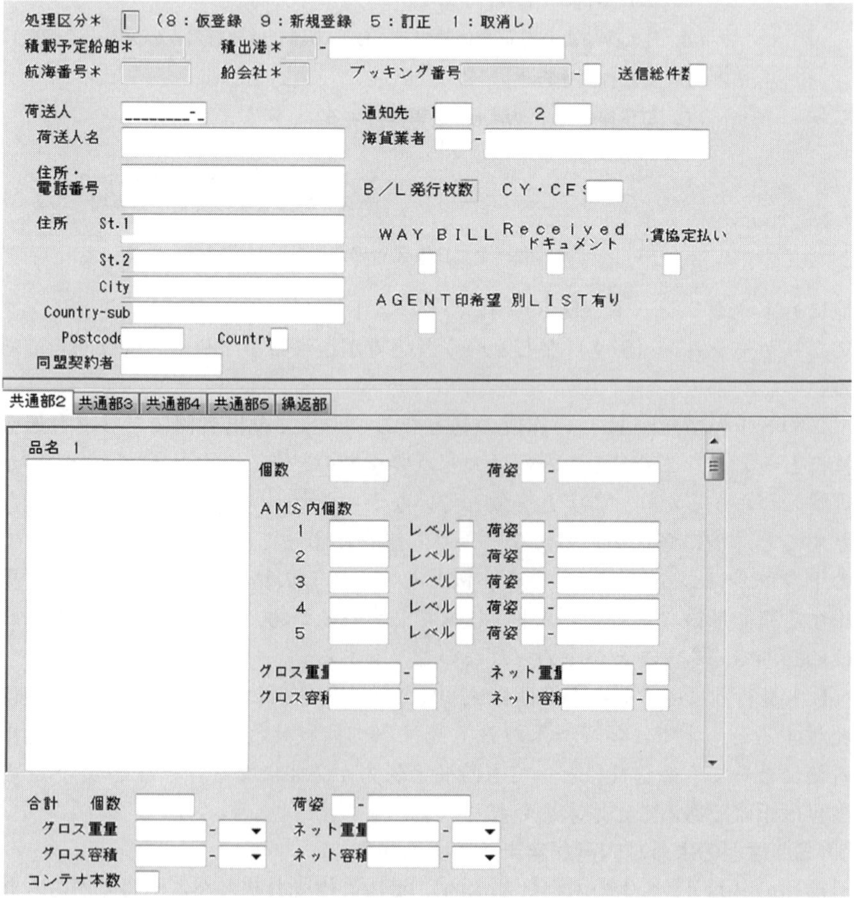

図9-3　Sea-NACCSのACL01画面（EDI形式でのS/I提出例）

設問9　コンテナ船の船荷証券（B/L）発行の実務　　73

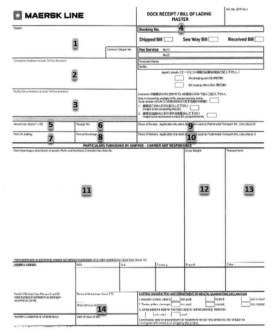

1. 荷送人 (Shipper)
2. 荷受人 (Consignee)
3. 着荷通知先 (Notify Party)
4. ブッキング番号
5. 本船名
6. 航海番号
7. 積出港
8. 船卸港
9. 荷受地
10. 荷渡地
11. 品名（物品の詳細）
12. 総重量
13. 容積
14. B/L発行地

図9-4　従来のS/I

に関連する民間業務をオンラインで処理するシステムである[1]。このシステムは税関や行政機関への手続きだけではなく，さまざまな機能を備えている。輸出者側から船会社へ提出されるS/Iについても，Sea-NACCSより行うことができる。マースクラインで受け取るS/Iは実に8割近くがこのSea-NACCSを通じて送られてくる（図9-5）。Sea-NACCSでS/Iの情報をデータ登録し，送信するまでの一連業務のことをSea-NACCSの用語でACL業務（船積確認事項登録）と呼ぶ。ACL業務を行うことが実質S/Iの提出である（厳密には，「ACL01業務」がコンテナ船用の業務であるのに対し，「ACL02業務」は在来船および自動車船用の業務である。本設問はコンテナ船のB/Lについて述べているため，「ACL01業務」を前提としている）。

　Sea-NACCSより，S/Iの内容が主にデータとしてEDI送信されてくるため，船会社としてもB/L作成や管理が容易になった。また，データをそのままB/L作成の情報として転用できることから，かつて船会社がタイプ入力で行って

---

[1] http：//www.naccs.jp/aboutnaccs/aboutnaccs.html

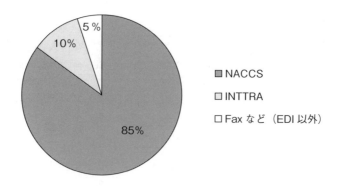

図9-5　S/I送信手段の割合（マースクラインの場合）

いたために発生していたタイプミスなどのエラーも少なくなった。また，輸出者側にとっても，過去のACL情報を再利用することで船積みデータを関係者に送信することが容易になった。

　ACL01業務では，Sea-NACCSにおいて必要項目を埋めていく作業を行う（図9-3）。船会社がこの画面を直接見ることはなく，この入力に基づいて送信されてくるデータを自社システムにて受け取り，そのデータを編集してB/L作成を行っている。

　ACL情報の訂正・取消しについては主に以下のように3段階に分かれる：

ⅰ．ACL送信期限前[2]
　原則としてACLによる訂正・取消しが可能（しかしブッキング番号など主要項目を間違えた場合は不可）。

ⅱ．ACL送信後，B/L発行前
　ブッキングを依頼した船会社によって対応が異なる。ACLにて送信されたデータがすでに船会社上のシステムに取り込まれているような場合はACLによる訂正は不可能で，船会社に直接訂正を依頼する必要がある場合もある。

ⅲ．B/L発行後
　船会社に連絡をする。船会社のB/L発行カウンターなどの窓口が直接対

---

[2] ACLの提出期限はS/Iの提出期限。後述の「S/Iの提出期限」を参照のこと

応する。

d) S/I の提出期限はいつか？

　実務上，船会社への「S/I の提出」，「CLP（Container Load Plan）[3]の提出」，「実入りコンテナを CY に搬入させておくこと」，および「輸出通関」は，すべて本船出港の数日前には終えていなければならない（図9-6）。この締め切りのことを「CY カット」「カット日」または単純に「カット」などと呼ぶ。CY とは「Container Yard」の略称だが，これは港だけに限られず，たとえば港以外の場所にコンテナを蔵置するヤードがあれば，そこも「CY」である。しかし業界では内陸の CY については一般的な「港の CY」と表現を分けるために「オフドック」または「インランドデポ（Inland Depot）」などといった呼び方がされている。

　CY カットについては通常，「コンテナを積載する予定の本船が港に入港する XX 日前」という基準で定められている。従来，CY カットについては多くの船会社で「入港予定日の1営業日前」といった基準が設けられており，例外規定はあまり見られなかった。しかし，2001年9月11日の米国同時多発テロ事件を受けて状況が一変した。さまざまな国がテロ防止対策の一環として，通称「24時間ルール」を輸出国側に課し始めたためである。これは自国へ輸入されてくる（あるいは自国を経由する）物品につき，その船積み24時間前までにその船積み情報を申告することを輸出者側に強制するものである。

　しかし，船会社側の現実的な問題として「船積み24時間前」を CY カットとしていては到底申告に間に合わない。その理由として，たとえば輸出者側から必要なデータが届いていなかったり，システムの誤作動などでうまくデータが送受信できないこともありうるためである。ゆえに各船会社では，申告に漏

図9-6　CY カットについて

---

[3] コンテナ単位での情報がリストされたシート。コンテナナンバー，中身の個数，重量，容積など

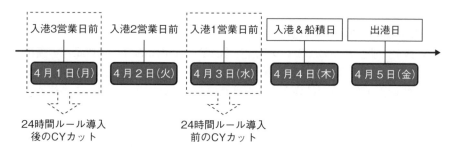

図9-7　マースクラインの場合のCYカット設定例

れや遅れが出ないように配慮するための時間が余分に必要になってくる。また，「船積みが行われる日」とは入港日もしくは出港日のいずれかになり，本船が2日以上同じ港に滞在する場合においては，同じ船に載るコンテナであっても実際の「船積日」は異なる可能性がある。よって，24時間ルール対象国への輸出については，各船会社ではCYカットを従来の「入港予定日から1営業日前」とせず，安全のためそれからさらに数日前にCYカットを設けている。マースクラインの場合のCYカット設定例は図9-7のとおりである。

しかし，たとえ24時間ルール対象国への船積みであったとしても，各船会社が同じCYカットを設けているとは限らない。実際には各社異なったCYカットを設定しているため，詳しくは各船会社のホームページなどを参照していただきたい。

e) Sea-NACCSにおける実務的な問題点

Sea-NACCSには便利な点も数多いが，一方で以下のようなシステム上の制限がある。これらの制限は2017年10月に更改予定の次期（第6次）NACCSにて解消される予定のものもあり，今後の改善が期待されている。

i. $ ～ ! | などの禁止文字

Sea-NACCS上に入力できないため，どうしてもこの文字をB/Lに載せたいという場合には，一旦B/Lを発行した上で，船会社による手修正を行う必要がある。具体的には訂正箇所に手書きを加え，そこに船会社の訂正印およびサインを行うといった手法である。

ii. ケースマークなどの図柄についてはSea-NACCSへ入力できない

ケースマークとは，荷物の箱，袋または梱包の見やすいところに，貨物を特定できるように表示されている荷印のことである（図9-8）。貿易に関

わっていなくとも，ダンボールにこのような表示がされているのを見かけることは多いかと思われる。

輸出者側によってはこのケースマークをB/L紙に載せることを希望するが，Sea-NACCSでは図柄を入力できない。よってACL業務とは別に，輸出者側は各船会社に対して直接メールやファックスなどでケースマークの図柄を送る必要がある。しかし船会社のシステ

図9-8　ケースマークの例

ムもSea-NACCSと同様に図柄の登録はできないため，システムから出力される「B/L紙面」に載せることができない。よって白紙にケースマークを印刷し，B/Lを発行する際にホッチキスで止めてB/Lに添付し，割印を押して発行するという形式を取っている（いわゆる「Attached Sheet」である）。

iii．桁数制限

以下のような文字数制限があり，制限を超えて入力はできない。

・「積出港（Load port）」：35桁
・「船卸港（Discharge port）」：30桁
・「品名」：875桁

よって制限を超えて入力する必要がある場合には，積出港・船卸港に関しては以下のように「**」で括り，品名欄にて「**」とつなげて入力することでカバーしている（図9-9）。これはB/Lにも同じように記載されることになる。

積出港　| IDTPP | － | TANJUNG EMAS SEAPORT SEMARANG **

** INDONESIA

NEW AUTO PARTS
SPARE PARTS (INVOICE NO. 1-2-34-A)

図9-9　積出港の記載を品名欄へつなげる場合の例

しかし，品名の875桁についてはそういった例外対応は設けられていない。よって前述のケースマークの場合と同様，輸出者側は各船会社に対して直接メールやファックスなどで品名内容を送る必要がある。船会社ではその内容を各社独自のシステムに入力し，B/Lに出力されてくるように設定する（あるいは，輸出者側の要望によってはB/LにAttached Sheetを添付することもある）。

(2) S/Iに基づいて，B/L・Waybillの作成を行う

a) 実際の作成作業について

前述のとおり，S/Iは多くの場合EDIによりデータ送信され，そのデータは船会社のシステムに登録される。船会社によっては，そのデータ管理や，B/L・Waybillの作成はすべてドキュメンテーション・センターにて行われる。マースクライン日本支店の場合，中国とインドにあるドキュメンテーション・センターが一括管理し，データ修正作業などもすべて同センターにて行われる。これは業務効率化・コスト削減・知識の集積など，さまざまな点でメリットがある（図9-10）。

b) 顧客によるB/L発行前の内容確認

B/LはS/Iに基づいて作成されるが，S/I作成者の意図がそのままB/Lに反映されているかというと，残念ながら必ずしもそうではない。S/I作成者あるいは船会社による入力漏れ・ミス・余分な文字などが含まれる可能性がある。

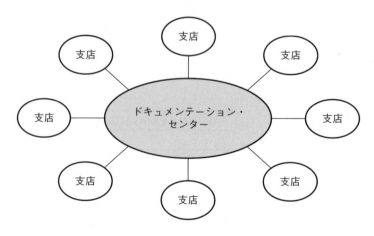

図9-10　マースクラインのドキュメンテーション・センターと支店

設問9　コンテナ船の船荷証券（B/L）発行の実務　　　79

図9-11　マースクラインのB/Lドラフトの例

　原因は人為的な場合もあるが，Sea-NACCSと船会社側のシステムの互換性によって発生することもある。よってB/Lの発行前に，その内容を事前に確認することが望ましい。そのため，マースクラインでは「Verify Copy」という名前でB/Lのドラフトを輸出者側に送り，内容の事前確認を依頼している。問題がなければ，そのまま発行することになる（図9-11）。

c）Attached Sheetによる弊害

　Sea-NACCSが主なS/I提出方法であるにもかかわらず，その品名欄に「As per attached sheet」とだけ記載され，実際の品名の詳細についてはファックスなどの別紙で船会社に送られてくるケースがある。特にHouse B/Lを発行しているようなNVOCC[4]から船会社に届くS/Iにはそういったケースが多く

---

[4] Non-Vessel Operating Common Carrierの略。船や飛行機などの輸送手段は自社では所有せず，他の船会社や航空会社などに実際の輸送を依頼し，自社のB/L（House B/L）を荷主に発行する。

見られる。これは彼らが実際の輸出者側（Actual Shipper）から入手した貨物の詳細をそのまま船会社にファックスで転送してくるためである。

　船会社としても B/L に As per attached sheet とだけ記載できれば良いのだが，以下のような理由から船会社は自社システムに入力せざるを得ない。

・船卸港の税関に提出することになるマニフェスト（積荷目録）はデータ化されていなければならない。主な理由としては，税関に提出する情報は通常すべてデータ送信されるためである。マニフェストに必要な情報は Attached Sheet に記載されていることが多いため，内容を各船会社のシステムに入力する必要がある。

・荷渡地によっては「Attached Sheet 不可」とする国がある。すなわち，すべての詳細は B/L に掲載されていなければならず，船会社側での入力負担となる。

　しかし，特にファックスで送られてくる Attached Sheet については印字のかすれや汚れがあったり，そもそも受信エラーということで適切に船会社で受け取れないケースもある。そうすると船会社での記載ミスや B/L 発行の遅延につながってしまうこともある。

d) B/L への記載ができない文言について
　輸出者側の依頼により，以下のような文言を B/L に載せたいという要望が時折ある。

　　　i. Clean on board/Actually on board/Confirmed on board
　　　ii. New cases/Strong cartons/Seaworthy packing
　　　iii. Handle with care/Use no hooks
　　　iv. US origin/Made in Spain/Manufactured in China
　　　v. For direct delivery only/Transshipment prohibited
　　　vi. Insurance to be covered by sellers

　これらは輸出者と輸入者の売買契約のために B/L に挿入されなければならないと輸出者側は主張する。その中でも「信用状取引（注1）のために，これらは B/L に記載される必要がある」というケースが多い。さらに言えば，その内容が B/L に記載されていないと銀行が受け付けないなどという理由から，

船会社に対して依頼をかけてくる。

> 注1：信用状取引
> 　輸出者と輸入者の間における売買契約にて，信用状（Letter of Credit）が開設されている場合の取引方法。信用状とは貿易取引にて用いられる決済方法のひとつで，端的には「輸入者の銀行」が「輸出者の銀行」に対し，支払いを確約または保証する手段として開設される。貿易においては輸出者と輸入者は離れた場所にいるため，本当に品物の代金を支払うかどうかを確証する手段に乏しい。しかし銀行が間に入り，輸入者へ支払いを確約または保証することによって貿易取引が円滑化されるという狙いから，この取引方法が生まれた。

　しかしこれらの文言については，コンテナ船の会社が発行する B/L には原則として記載するべきではない。日本が批准しているヘーグ・ヴィスビー・ルール（通称「船荷証券統一条約」）において，B/L に記載される内容は，反証がない限りその内容のとおりの物品を船会社が受け取ったことを「推定する証拠」となるとされている。また，B/L が善意の第三者に移転された場合には，その効力は「確定的な証拠」となり，船会社として「そのような物品は受け取っていない」ということができなくなってしまう。また，ヘーグ・ヴィスビー・ルールが国内法化された「国際海上物品運送法」においても同様に，B/L の記載が事実と異なることを以て善意の B/L 所持人に対抗することはできないとしている。

　ちなみに B/L には「不知約款」と呼ばれる免責条項がある。特に B/L で物品の詳細を記載する欄に関しては，「この内容は Shipper により宣告されたもので運送人（船会社）は一切責任を負わないものとする」などと謳われている。しかし実情として，世界中へ輸送を行っているがゆえに，どこの国でどういった裁判が行われるか分からない。よって不知約款があるにもかかわらず，B/L に記載されている内容は「船会社の裁量で記載することを決定したもの」と捉えられる危険性もある。また，海事に関する法律は複雑で，裁判官が常にその内容を把握しているとも限らない。そのような中で重要な証拠書類となりうる B/L は，たとえ不知約款があってもその内容には依然慎重である必要があるといえる。

i. Clean on board/Actually on board/Confirmed on board
これは特に信用状取引のため，この文言を載せることを希望する輸出者側がいる。外観上損傷のない状態で船に載ったことの証明を求めるためである。しかしコンテナに入っている限り，その中身について船会社は確認できない。よって物品の状態について，コンテナ船会社が発行するB/Lに「Clean on board」と記載することは混乱を招く。さらに最新の信用状統一規則（UCP600）Article 27によれば，たとえ信用状がClean on boardであるべきことを要件にしている場合にも，「Clean」という言葉がB/Lなどの運送書類上に現れる必要はないものとしている。

ii. New cases/Strong cartons/Seaworthy packing
こちらも上記の例と同様，物品だけではなくその梱包の性質や状態についても，船会社側は確認することはできない。仮にその記載がB/Lにあり，かつ，そのB/Lが善意の第三者に移転された場合には，その記載されているとおりの物品を船会社（運送人）が受け取ったという確定的効力を持つと判断される場合もある。

iii. US origin/Made in Spain/Manufactured in China
こちらも(i)と同様，船会社としてはコンテナの中身にある物品について，原産地や加工地などといった情報は一切知りえない。

iv. Handle with care/Use no hooks
これらは特に基準が不明確である。仮に明確にされていたとしても，航海というものはそもそも非常に危険なもので，合理的な手段により危険を回避することができない場合にはあらゆる緊急手段を取ることになる。そのため船会社が「どのように運ぶか」について事前に保証することはできない。船会社が発行しているB/Lの裏面約款では通常「あらゆる運送もしくは保管の手段を利用すること」が謳われている。

v. For direct delivery only/Transshipment prohibited
こちらも輸出者側と輸入者側の信用状取引によって，その信用状に積み替えを禁止している場合がある。しかしUCP600（Article 20）では，コンテナでの船積みに関しては，積み替えが行われること（またはその可能性があること）を示しているB/Lであっても，銀行側での受理に問題はな

いとされている。すなわち，信用状で積み替えを制限する必要性は乏しいと言える。さらに，現実的にも上記条項を挿入することが決して輸出者および輸入者の利得になるとは言えない。たとえば悪天候の影響のためやむを得ず途中の港でコンテナを降ろし，代替船にて運ぶということは起こりうる。しかし「Transshipment prohibited」に準拠するとなると，同じ船で再度その港に寄港する時期を待つしかなく，到着予定が数ヶ月遅れてしまうようなことも考えられる。

vi. <u>Insurance to be covered by sellers</u>
こちらについては輸出者側と輸入者側の契約内容に関するものである。海上運送契約とは全く関係のないものとなるので，B/Lに記載することはできない。

(3) **B/Lの発行について**
a) 発行が行われるのはいつか？
B/Lの発行が可能になるタイミングは，以下のように「運賃」と「発行予定のB/Lの種類」によって異なる。

なお，支払いに関しては，船会社と与信（クレジット）契約のある輸出者側は支払いが猶予され，期日までにまとめて支払うということが行われている。

また，コンテナが船積みされたタイミングについては，昨今ではインター

表9-2　B/Lの発行可能なタイミング

運賃	前払いの場合 （Freight Prepaid）	「基本運賃」および「日本側の諸チャージ」支払い後 （荷渡地における諸チャージは，コンテナが荷渡地に到着した後に支払い）
	後払いの場合 （Freight Collect）	「日本側の諸チャージ」支払い後 （「基本運賃」および「荷渡地における諸チャージ」は，コンテナが荷渡地に到着した後に支払い）
B/Lの種類	船積船荷証券の場合 （Shipped B/L）	コンテナが船積みされた後
	受取船荷証券の場合 （Received B/L）	コンテナがターミナル（コンテナ・ヤード）に搬入された後

ネットの普及により，本船が出港したことがすぐに各船会社のホームページにて公開され，大変便利である。マースクラインのウェブサイトでは，直近２週間分の入出港情報が港ごとに掲載されており，各船における入出港時間が記載されている。時間の記載は黒字の段階では「予定」で，赤字になれば「確定」を示すという仕組みである。また，各船をクリックすることにより寄港するターミナルの名称や換算レートまで確認できる（図9-12）。

b) 発行部数について

発行部数については実際のところ制限はない。しかし慣習的に，オリジナル３部とコピー複数部数という形で発行される。有価証券としての性質を持つのはオリジナル分のみであり，B/L にウォーターマークで「ORIGINAL」と記

http：//www.toyoshingo.com/maersk/

図9-12　マースクラインの入出港情報が掲載されているサイト

載される。たとえ何部発行されようが，船会社としては適切な方法で差し入れられたオリジナル1部の回収を以て，荷渡地においてコンテナを引き渡すことになる。

c）割印およびAttached Sheetについて

　顧客によっては，S/Iに（主に物品の詳細として）「As per attached sheet」と記載している場合があり，その場合はB/Lの発行時に別紙を添付する必要がある。その別紙とは，S/Iとは別に輸出者側から船会社にファックスやメールで送付されてきているもので，白紙に印刷される。B/Lが印刷されるとそれにホッチキスで添付されて発行されるため，Attached sheetと呼ばれる。Attached sheetに関しては，それがたしかに発行されたB/Lと同じ船積みのものであることを示すため，添付される際に割印が付される。

d）サートについて

　サートとは「Certificate（証明書）」を略したもので，これも多くの場合，船会社のB/Lカウンターで発行されるものである。この要求の多くは荷主側の保険会社によるものであったり，信用状によるものだったりする。こちらはどのような内容でも，また，どのような場合でも発行できるというわけではなく，主にB/Lでの証明が難しい特別な場合に限定される。よくあるケースとしては船の建造年月日や船籍の証明である（図9-13）。そのような内容をB/Lに掲載できない主な理由としては，たとえば船の建造年月日をB/Lにあらかじめ記載しておいたにもかかわらず，航海途上において急遽別の本船に積み替えられた場合，内容の不一致が発生する可能性があるためである。そのため，サートという形で行われる。

e）各国における規制について

　B/LおよびWaybillについては，国によっては運賃を必ず記載することを求めていたり，Attached Sheetを認めていない国があったりする。その多くは中南米もしくはアフリカで，規制に反した場合には当地で通関が切れなかったり，税関による処罰の対象となる可能性があったりする。2016年8月現在の主な例は下記のとおりである。

ⅰ．B/Lへの運賃の記載が必要な国
　　Argentina
　　Bolivia
　　Brazil
　　Chile

3．船荷証券（B/L）の発行・譲渡・変更・紛失

　　Costa Rica
　　Ecuador
　　Guatemala
　　Honduras
　　Nicaragua
　　Peru

ⅱ．<u>Attached Sheet が認められていない国</u>
　　Bangladesh
　　Bolivia
　　Brazil
　　Chile
　　Colombia

図9-13　サートの例

設問9　コンテナ船の船荷証券（B/L）発行の実務　　　　　　　　　*87*

    Indonesia
    Kenya
    Peru
    Venezuela

iii. Order B/L が認められていない国
    Algeria（ただし物品引取り人の詳細が掲載されていれば可）
    Paraguay
    Suriname
    Venezuela

iv. Received B/L が認められていない国
    Brazil
    Venezuela

v. Waybill が認められていない国
    Angola
    Argentina
    Bolivia
    Brazil
    Colombia
    Costa Rica
    Dominican Republic
    El Salvador
    Ecuador
    Guatemala
    Honduras
    Mozambique
    Nicaragua
    Paraguay
    Suriname
    Venezuela

(4) B/L の訂正について
a) B/L訂正の現状

　B/L の訂正については，B/L 発行業務の中でも船会社にとって悩みの種のひとつである。さまざまな依頼があるが，船会社からしてみれば最初の S/I は一体何だったのかと思ってしまうくらいの依頼もある。

　S/I が提出され実際に B/L のドラフトができ上がると，輸出者側がその内容を確認するが，その後でスペースや改行の位置などを細かく変更してくるものも少なくない。特に多いのは中古車関係の商売は，船卸港に到着した後で Consignee を変更することもあるので，そのような場合にも B/L 訂正が入る。

　海運業界は歴史が長いこともあり，慣習をあまり変えたがらない関係者は多い。いまだにファックスは重要な伝達手段のひとつで，B/L 訂正依頼に関してもファックスを多用する。しかしファックスで送られてくると印字に汚れやかすれがあり読みにくいことや，送信者側も本当に相手に届いたのかが分からない場合がある。さらに紙で出力されるため，整理も大変である。

　そういった事態を改善するため，マースクラインではウェブサイトから訂正の依頼を行うことを推奨している。このことは船会社が B/L 訂正を行いやすくなりタイプミスが減ることのみならず，輸出者側にとってもデータ化することで転用がしやすくなり，都合が良いと思われる。

b) B/L訂正が可能なタイミング
ⅰ. システム上の制限

　　Sea-NACCS は多くの海運関係者が使用しているシステムである。しかし，Sea-NACCS のデータがいつ・どのように各船会社の社内システムとして取り込まれるかは，船会社によって異なる。

　　マースクラインの場合，ACL 業務を行うと15分前後でそのデータが同社のシステムに取り込まれるため，それ以降は直接 B/L カウンターに訂正を依頼する必要がある。ただし，本船名，航海番号，積出港コード，船卸港コード，荷受地コード，荷渡地コードを誤った場合については，訂正の依頼は不要である。ブッキングの段階で船積みのデータがすでに同社のシステムにて登録されているため，ACL のデータは B/L に反映されない（ただし，ブッキング番号もしくは船会社を分別する SCAC Code を誤っている場合にはデータ送信先が異なってしまうため，取消しおよび再返信を行う必要がある）。また，ACL 業務を前提としない訂正についても基本的には同じである。つまり同社のシステムに船積み情報が取り込まれた時

点で，直接 B/L カウンターに訂正の依頼を行う必要がある。

ⅱ．輸入国へのマニフェスト提出

訂正が可能か否かが検討される最も重要な点として，輸入国の当局にすでにマニフェスト（積荷目録）が提出されているかどうかを確認しなくてはならない。マニフェストの提出とは，本船が輸入国に到着する直前に，同国の当局に対しその本船単位での積荷内容を申告することである。これはその船の運航を行っている船会社が，その国の当局に対して行う。

マニフェストがすでに当局に提出されている場合は，原則として輸入国側の了承なく B/L の訂正を行うことはできない。なぜならその場合は B/L 訂正だけではなく「マニフェスト訂正」となり，輸入国の当局に申告されている内容も変更する必要が出てくるためである。時によってはマニフェスト訂正は当局による課金対象となる。

参考までに，日本への輸入についてマニフェスト提出の対象となる項目は以下である（逆に言えば，以下に該当しない項目については，マニフェスト提出後に変更があったとしても，その訂正を税関に申告する必要のないものである）。

- 積出港
- 船卸港
- 貨物の番号
- 品名
- 数量
- 荷送人（Shipper）
- 荷受人（Consignee）
- B/L もしくは Waybill の番号
- コンテナ番号

(5) **Waybill について**

これまで B/L（船荷証券）について述べてきたが，Waybill の作成・発行・訂正方法は 2015 年 6 月時点では，ほぼすべて B/L と同じである。B/L の用紙を使って刷るか，白紙を使って刷るか，実務上の対応はその違いだけである。

一方で，そもそも「Waybill を船会社のカウンターで発行する必要があるか」というところは議論の余地がある。有価証券である B/L に対し Waybill は運送状でしかない。現在 B/L カウンターでも普通の白紙に Waybill 内容を印刷して発行している。しかし PDF などの形で船会社から輸出者側に送信し，

輸出者側でプリントアウトして Waybill を入手するという方法でも全く問題ない。むしろその方が輸出者側にとってもわざわざ B/L カウンターに Waybill を取りに行く手間が省けて大変便利である。マースクラインにおいては，すでに Waybill を B/L カウンターでは発行しておらず，同社のウェブサイトでダウンロードするか，メールで受け取ることのできるサービスを提供している（図 9-14）。つまり，輸出者側はわざわざ B/L カウンターに Waybill を取りに行く必要がない。IT が発達してきた現在において，将来的に Waybill はすべてこのような形に移行していくことが期待されている。

おわりに

　このように，コンテナ船の B/L 発行業務は，船会社だけではなく輸出者・輸入者・銀行・当局など，さまざまな関係者の事情が関わってくる。しかしこのことは実務レベルにおいて煩雑な思考プロセスを要することを意味しており，発行者である船会社は時間と費用と手間がかかっている。よって経営の観点からは，早急な改善が必要な部分である。特にコンテナ船業界は船腹の需給バランスが難しいことから，部門にかかわらず安定的な運営のための業務改善は常に迫られている。B/L 発行業務に関しては，いかにして業務を単純化かつ恒常化し，大量の案件を一括して処理できるようにするかが，今後も重要な課題である。

設問9　コンテナ船の船荷証券（B/L）発行の実務

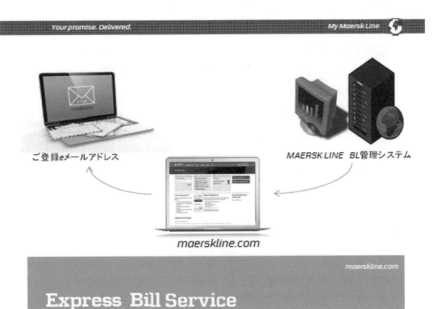

図9-14　マースクラインの Express Bill Service

設問10　船荷証券（B/L）の譲渡

> **Q　船荷証券（B/L）は，どのように譲渡されるか？**

> **A**　B/Lの譲渡方法は，その種類および準拠法により異なる。指図式船荷証券（Order B/L）は裏書（endorsement）により譲渡される。記名式船荷証券（Straight B/L）も，準拠法が日本法である場合は同様であるが，準拠法によっては，裏書による譲渡ができない場合がある。無記名式船荷証券（Bearer B/L）は，証券現物の交付により譲渡される。

総論

　B/Lは，運送契約の証拠，貨物の受取・船積の証拠としての機能に加え，運送人に対する貨物引渡請求権が載った有価証券としての機能を有している。したがって，B/Lを譲渡することは，貨物引渡請求権を譲渡することを意味するものであり，実質的には，対象貨物の所有権自体の譲渡と見ることも可能である。

　B/Lには，指図式船荷証券（Order B/L），記名式船荷証券（Straight B/L）および無記名式船荷証券（Bearer B/L）の三種があるので，以下，B/Lの種類ごとに譲渡の方式を解説するとともに，前二者の譲渡の方法として用いられる裏書についても解説する。

指図式船荷証券（Order B/L）の譲渡方法

> 指図式船荷証券の譲渡は，裏書（endorsement）によって行われる。

　指図式船荷証券（Order B/L）とは，B/Lの荷受人欄に，特定の荷受人名ではなく，「to order」，「to order of shipper」，「to order of XXXX Bank」などと記載し，荷受人を荷送人等の指定に委ねる方式のB/Lである。実務上，最もよく見られる種類のB/Lである。

　指図式船荷証券の譲渡は，裏書（endorsement）によって行われる。B/Lの譲渡方法としての裏書は，B/Lの裏面に，荷受人を指定することができる者，

または，当該B/Lに載った貨物引渡請求権の権利者が，第三者に当該貨物引渡請求権を移転させる意思で署名することにより行われる。実務上，B/Lの裏面に，印刷約款が読めるように，斜めに社名のゴム印を押し，責任者が署名することが一般的である。

この署名をする者を「裏書人」(endorser) といい，「to order」「to order of shipper」と記載された指図式船荷証券の shipper（荷送人），shipper により荷受人として指定された者，荷受人から裏書により貨物引渡請求権を譲り受けた者などがこれに該当する。後述する記名式船荷証券の consignee（荷受人）もこれに含まれる。

他方で，裏書により貨物引渡請求権の移転を受ける相手方を「被裏書人」(endorsee) という。

記名式船荷証券（Straight B/L）の譲渡方法

> 記名式船荷証券も，我が国の法律の下では，裏書（endorsement）によって譲渡することができる。ただし，譲渡の効力が否定されている国もある。

記名式船荷証券（Straight B/L）とは，荷受人欄に特定の輸入者や銀行の名称が記入されたB/Lである。

我が国の法制においては，国際海上物品運送法10条が準用する商法574条により，記名式船荷証券であっても，証券に裏書禁止とする記載（non-negotiable）がない限り，裏書による譲渡が可能とされている（法律上当然の指図証券性）。B/Lの譲渡方法としての裏書の意義については，指図式船荷証券（Order B/L）について上述したとおりである。

他方で，たとえば英国・米国のように，記名式船荷証券については，裏書譲渡の効力を否定している法制度も見られる。

ある B/L にどこの国の法律が適用されるかという問題は，いわゆる準拠法（governing law）の問題であるところ，一般的には，B/Lの裏面約款に準拠法の定めが設けられており，通常，その準拠法規定に基づき決定される。

記名式船荷証券を裏書により譲り受けようとする者や，自社のフォームでないB/Lを裏書により譲り受けたとする者から貨物の引渡請求を受けた運送人などは，そのB/Lの準拠法が，記名式船荷証券について裏書譲渡の効力を認めているかを確認することが要求される。

無記名式船荷証券（Bearer B/L）の譲渡方法

　無記名式船荷証券（Bearer B/L）とは，B/Lの荷受人欄が白地（ブランク）のB/Lである。無記名式船荷証券は，証券の現物の交付によって譲渡することができる。

B/Lの裏書譲渡の方法

　上述のとおり，指図式船荷証券，および，日本を含む一部の国における記名式船荷証券は，裏書により譲渡される。裏書には，被裏書人の表示の仕方により，実務上，以下(1)ないし(3)の3つのいずれかの方法が多く用いられている。

(1)　**記名式裏書（full endorsement）**

　荷送人その他の指図権者（指図式船荷証券の第一譲渡の場合），荷受人（記名式船荷証券の第一譲渡の場合），B/Lを適法に譲り受けた者が裏書人となり，被裏書人を特定してその名称・氏名を記載してする裏書である。

　以下は，AAA Corporationを裏書人，XXX Co., Ltd.を被裏書人とする記名式裏書の例である。

　この裏書により，裏書人であるAAA Corporationから被裏書人として記載されたXXX Co., Ltd.に対して，当該B/Lに載った貨物引渡請求権が移転し，XXX Co., Ltd.は，運送人に対して自ら貨物引渡請求権を行使し，または，第三者に対してさらに裏書することにより，B/Lを譲渡すること等ができることとなる。

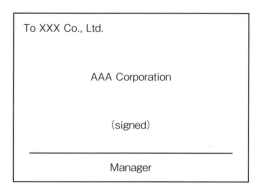

図10-1　記名式裏書の例

(2) 指図式裏書

被裏書人自体は特定しないものの，被裏書人を指定する指定権者を特定して行う裏書である。

以下は，BBB Corporation を裏書人，被裏書人を YYY Co., Ltd. が指定する者として行う指図式裏書の例である。

この裏書により，裏書人である BBB Corporation から，YYY Co., Ltd. が指定する被裏書人に対して，当該 B/L に載った貨物引渡請求権が移転することとなり，YYY Co., Ltd. は，被裏書人を指定し，その者に貨物引渡請求権を行使させ，または，第三者に貨物引渡請求権を譲渡してその者を被裏書人に指定すること等ができることとなる。

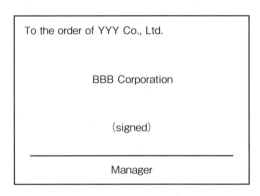

図10-2　指図式裏書の例

(3) 白地式裏書 (blank endorsement)

被裏書人もその指定権者も記載せずに行う裏書である。

以下は，CCC Corporation を裏書人として行う白地式裏書の例である。

CCC Corporation が，この白地式裏書をした上で B/L を第三者に交付することで，当該 B/L に載った貨物引渡請求権が移転することとなり，この B/L は，実質的には上述の無記名 B/L (Bearer B/L) と同様の形で流通することとなる。

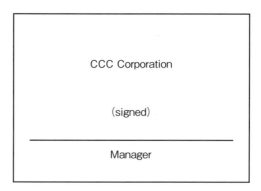

図10-3　白地式裏書の例

　信用状取引においては，B/L の作成方法として"made out to order and blank endorsed"とされることが一般的であるが，この指定は，B/L を指図式（to order）とし，裏書は白地式裏書（blank endorsement）とせよ，というものである。この方法に基づき作成された B/L については，以下に示すとおり，(1)まず荷送人（shipper, DDD Corporation）が第一の白地式裏書をして荷送人側の銀行（EEE Bank）に証券を交付し（この白地式裏書により，荷送人側の銀行は，荷受人側の銀行から支払を受けられない場合には B/L を第三者に譲渡して代金を回収できることとなり，担保としての意味が生じる），(2)次いで荷送人側の銀行が第二の白地式裏書を行って荷受人側の銀行（FFF Bank）に交付し，(3)さらに荷受人側の銀行が荷受人（ZZZ Co., Ltd.）を指図権者とする指図式裏書をするという処理が行われるのが一般的である。

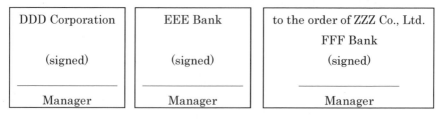

図10-4　信用状取引における B/L

B/L の最終所持人と裏書の連続

> 記名式裏書については，裏書の連続を確認しなければならない。
> 指図式裏書については，次の裏書の裏書人が指図式裏書における指定権者から指定を受けた者かの調査・確認に難点がある。
> 白地式裏書については，裏書の連続は問題とならない。

　B/L を譲り受けようとする者，および，B/L に基づく貨物の引渡請求を受ける運送人としては，自己に対して B/L を譲り渡そうとし，または，貨物引渡のために提示する者（以下「証券所持人」という）が，B/L を適法に所持する者か否かを確認する必要がある。

　仮に，証券所持人が B/L の適法な所持人でないにもかかわらず，その者から B/L を譲り受けた場合には，他の適法な権利者との間で B/L 上の権利の帰属について争いが生じることとなり，また，運送人が証券所持人に貨物を引き渡した場合には，適法な権利者から貨物の引渡を求められた場合にこれを履行できず，損害賠償責任を負うこととなるからである。

　裏書によって譲渡される指図式船荷証券および記名式船荷証券のうち，記名式裏書がなされているものについては，証券上の荷受人またはその指図権者（「to order」または「to order of shipper」の場合は荷送人）が第一裏書の裏書人になり，以下，その被裏書人が次の裏書の裏書人となり，かつ，最終の裏書の被裏書人が証券所持人であること（裏書の連続）を確認することにより，証券所持人が当該 B/L の適法な所持人であることを確認することができ，また，その確認が要求される。

　これに対し，指図式裏書は，上述のとおり，被裏書人の指定権者が特定されているにすぎないところ，直後の裏書は，指図式裏書における指定権者から指定された者が裏書人として署名をするものの，その裏書人が指定権者から指定を受けた者かを運送人等が事後的に確認することは困難である。よって，実務上，この点の調査・確認には限界があるが，指図式裏書を含む裏書がなされた B/L も現実に使用されている。

　また，白地式裏書は，被裏書人が特定されておらず，上述のとおり証券の交付により貨物引渡請求権が移転するものであるから，裏書の連続を確認することは不可能であり，結局，証券所持人を適法な所持人として扱わざるを得ない。証券の交付により貨物引渡請求権が移転するという点で白地式裏書と共通点のある無記名式船荷証券についても，同様である。

設問11　Switch/Commingle/Combine B/L

> **Q1　Switch B/L とは何か？　Switch B/L を発行する際に注意すべきポイントは何か？**

　主に三国間貿易において，当初発行していた B/L を別の B/L に Switch した（切り替えた）B/L が発行されることが見受けられ，そのような B/L を Switch B/L と称することがある。

　たとえば，日本の A 社が取り扱っている，中国の B 社で製造されている商品につき，米国の C 社との間に売買が成立したとする。この場合，商品の代金は，C 社から A 社に支払われ，A 社から B 社に支払われることになり，一方で商品の流れとしては，中国から米国に向けて輸出されることとなる。このような場合，船積み時に A 社を荷受人とするオリジナルの B/L が発行され，その後に運送人はオリジナルの B/L を回収し，A 社を荷送人，C 社を荷受人とする新たな B/L を発行するのが Switch B/L である。背景には，A 社はその商品に関わる B 社との取引を C 社に知られたくないといった事情があり，そのために A 社が運送人にこのような B/L の変更を要請するということがある。このような場合，運送人は，変更を要求する A 社から，変更により生じうる運送人の損害を補償する旨の LOI の発行を受けるべきである。

> ・Switch B/L は，当初発行していた B/L を回収し，新たに荷送人，荷受人などの記載を切り替えて発行される B/L を意味する。
> ・Switch B/L をやむを得ず発行する場合には，運送人は LOI の発行を求めるべきである。

　Switch B/L を発行する際に特に注意すべきリスクとして，以下のようなものが挙げられよう。

(1) 荷渡違い—Switch B/L に記載された荷受人に貨物を引き渡した場合に，オリジナル B/L の荷受人からクレームを受ける。
(2) 不実表示—オリジナル B/L に記載された情報に変更を加え，荷受人から不実表示であるとのクレームを受ける。

設問11　Switch/Commingle/Combine B/L

荷渡違い

　Switch B/L を発行する場合，運送人が最も注意すべきなのは，オリジナル B/L の発行通数のすべてを回収する必要があるということである。すなわち，Switch B/L を新たに発行する際には，オリジナル B/L を取り消す必要があるが，この時すべてのオリジナル B/L が回収されなければ，同一の貨物に対して二種類の B/L が存在することになり，引渡しにおいて競合する複数の B/L 所持人からクレームを受ける可能性がある。

　この荷渡違いのリスクが顕在化した場合に，運送人がどのような解決方法を取るべきか，検討を要するところであり，また，相応のコストの問題も生じる。運送人が代理人を通じて2種類の B/L を順次発行したが，クレームの競合を受けて，運送人が競合権利者確認手続を取ったところ，その手続費用は，運送人の過失により発生したものであるとして，運送人が負担するものとされた事例もあるようである。

　別のケースでは，運送人の代理人が詐欺的に Switch B/L を発行したため，Switch B/L の被裏書人からのクレームを受け，貨物は留置されることとなったが，運送人はオリジナル B/L の被裏書人に対して貨物を引き渡さなかったことについて責任を負うと判断された事例があるようである。

不実表示

　また，運送人にとっては，Switch B/L の被裏書人に対して，B/L に記載された船積みの日付や場所が間違っているとして責任を負うというリスクもある。すなわち，Switch B/L の被裏書人は，その不実表示に依拠して損害を被ったことを示せば，かかる損害につき損害賠償請求ができる。

　この点につき，Switch B/L との関連ではないが，B/L 記載事項の不実表示に警鐘を鳴らす事例として，下記の事例が参考になる。

―――― 事例8　Saudi Crown号事件 [1986] 1 Lloyd's Rep. 261 ――――
　荷受人は1982年4月29日付売買契約で4,500トンの米ぬかを購入したところ，当該契約上，B/L は，1982年6月20日から7月15日の間に発行され，B/L の日付は船積みの日付の証拠とされるとの記載があった。1982年7月15日に5通のB/L が発行されたが，実際に船積みが完了したのは同年7月26日であった。荷受人は8月中旬に貨物を必要としていたが，7月26日の船積み完了では8月中旬の引渡しは不可能だったため，荷受人は他の売主から1,200トンの米ぬかを

別途購入した。荷受人は貨物が船積みされた日付に不実表示があり，正確に記載されていれば拒否できたとして運送人に損害賠償を請求した。かかる不実表示は運送人の代理人により詐欺的になされたものであるとして，かかる損害賠償請求は認められた。

このように，B/L において記載される船積港や荷揚港，船積日などに不実表示があれば，運送契約は記載どおりには履行されず，運送人はこれによる責任を問われることになる。また，関係国の法令を潜脱する（例：関税を逃れる，通商規制を免れる）目的で船積港や荷揚港，船積日について不実表示をすることも違法ないしは無効と判断される可能性がある。

運送人が B/L の記載が事実に反すること，またかかる記載を他者が信頼すると認識しつつ，不実表示を含む Switch B/L を発行した場合には，運送人は，LOI に基づく補償を受けられないと判断されることがあろう。このように，故意による不実表示の場合には，運送人が責任を負うリスクはさらに大きいと言える。たとえば，以下の事例が参考になる。

―――― 事例9　Titania 号事件　[1957] 2 Lloyd's Rep. 1 ――――

船主は，樽積み濃縮オレンジジュースを運んでいたところ，荷送人が LOI と引き換えに無故障船荷証券の発行を要求したため，船主は樽が古くて痛んでいることを知りつつ，**外観上**良好な状態にあるとして無故障船荷証券を発行した。船主はオレンジジュースの一部が樽から漏れていたことを理由としてクレームを受けたため，荷送人に LOI に基づく補償を求めた。裁判所は，船主は B/L の記載が誤りであり，第三者がそれを信頼すると知りつつ B/L に誤った記載をした以上，LOI に基づく補償を受けることはできないと判断した。

その他

その他，Switch B/L に関するリスクとして，スイッチ前の B/L とスイッチ後の B/L で適用されるルールが異なることがあり得るという問題もある。以下の事例は，運送人の Switch B/L に関する責任について直接判断したものではないが，参考になると思われる。

設問11 Switch/Commingle/Combine B/L

―― 事例10 Atlas 号事件 ［1996］1 Lloyd's Rep. 642 ――

　1991年12月末から1992年1月初旬にかけて，船主Yと傭船者A間での航海傭船契約に基づき，鋼片がナホトカで Atlas 号に船積みされ，台湾への運送が予定されていた。Yの代理店が発行した B/L には，ロシアの輸出者が荷送人，Aの関連会社Xが"Notify address"とされており，貨物は鋼片1380束，12,038.20トンと記載されていた。Xは台湾の買主に鋼片を売却したが，ロシアの輸出者の身元を知られたくなかったため，Switch B/L を発行させた。オリジナル B/L および Switch B/L には，重量や数については不知と記載されていた。

　台湾で荷揚げ後，Xが，鋼片が1348束，10,756.97トンしかないとして，不足分につき船主Yに損害賠償請求をした。Xは，B/L はオリジナル B/L であっても Switch B/L であっても，ヘーグルールが適用され，その記載情報は一応の証拠となるなどと主張した。

　本件は主に B/L の不知約款に基づく運送人の免責の可否が主たる争点ではあるが，判決文中で言及されているとおり，オリジナル B/L はヘーグルールが適用されるが，Switch B/L は香港でヘーグ・ヴィスビー・ルールの下で発行されており，適用されるルールが異なっていた事例であり，Switch B/L の適用ルールの問題について注意を惹起するものである。

・Switch B/L を発行する場合には，オリジナル B/L の発行通数のすべてを回収する必要がある。
・証券上の記載が事実に反することにより荷受人が被る損害について，運送人は責任を問われることがある。

Q2　Commingle B/L とは何か？

　傭船者は，船主Xに対して，荷揚港をA港とするB港積み液体貨物bとC港積み液体貨物cについて，貨物bをB港で船積し，貨物cをC港で船積みし，貨物bと貨物cは本船上で混合することを指示した。船社Xは，どのようなリスクを負うのか。

　上記事例のように，石油その他のばら積み液体貨物に関して，異なる港で異なる日に船積みされた，また仕様も異なる液体貨物を本船上で混合させるということが実務上見られるようである。これにより，たとえば，以下のような問題が惹起される。

すなわち，たとえ貨物の仕様が同じでも，複数の荷主がいる場合には，これら荷主は混合された貨物を共有して所有することになる。また，貨物の仕様が異なる場合には，混合されることによりその性質および仕様自体が変化する。このような場合，本来的には，貨物ごとに積地および船積日を正確に反映したB/Lを発行すべきであり，これらを1通のB/Lにまとめてしまう場合には，貨物の原産地を偽ることになりかねず，たとえば通商規制の潜脱とみなされる可能性がある。

さらに，法的性質として，このような混合を前提とした「船荷証券（B/L）」は，果たして運送契約を表象するB/Lとして位置付けることができるか否かという疑問がある。すなわち，ヘーグ・ルールやヘーグ・ヴィスビー・ルールが適用されない余地があるものと思われる。

船主は原則として，このような本船上での貨物の混合に応じる義務はない。よって，多くの場合，混合が行われるとすれば，傭船契約上に根拠規定が存在し，これに基づいて行われることになる。実務上見られるものとして，たとえば以下のような趣旨の条項が規定されることがあるようである。

> 船主は，傭船者の請求があれば，常に厳格な安全規則を順守し，本船の技術的特性がそれを許すことを条件として，船長に対して船積みされた貨物の混合を指示することができる。
> 　傭船者は，船上で混同または調合されるすべての貨物は安定性，和合性があって，貨物タンク，パイプ，ポンプ，バルブに固体析出物の沈殿が発生しないことを保証する。
> 　傭船者は，船上で混合または調合する旨の傭船者の指示に従ったことによって，船主に生じたあらゆるコスト，損害，クレーム，および費用につき，その全額を船主に補償する。その他の混合／調合の実行により発生したあらゆる費用は傭船者が負担する。
> 　船上での混合または調合の場合，傭船者は3通のB/Lの原本のすべてを船主に返還しなければならない。前記のB/Lの原本の返還を受け，船主は傭船者の記述に基づき，元のB/Lに記載された貨物の性質，船積みされた量，船積みの日付と場所を含む情報，および混合または調合が行われた場所および日付を記載して，代わりのB/Lを新たに発行する。
> ＊＊＊＊＊＊＊＊＊＊＊＊＊＊＊＊＊＊＊＊＊＊＊＊＊＊＊＊＊＊＊＊＊＊＊＊＊
> 　傭船者は，本船の技術的能力の範囲内であって，船長が安全であると判断する

ことを条件として，傭船者の合理的な要求により，貨物を混合し，調合し，染料または添加剤を加え，またはそのような他の貨物作業（カーゴ・オペレーション）を遂行する選択権を有する。

傭船者は，これらの本船上での調合を行った直接の結果として生じる，第三者からのクレームを含む貨物の品質に関するあらゆるクレームについて，船主，本船および船長に対して補償する。

傭船者がこのようなカーゴ・オペレーションをすることから直接生じる追加費用は傭船者が負担する。

調合作業を行う場合，傭船者は未調合貨物についての B/L の原本のすべてを船長に返還するものとし，船長は調合作業の完了をもって，実際に調合された品質を反映した B/L を新たに発行する。

このような混合を行った場合，荷受人からは貨物の品質などに関して，揚地でクレームを起こされる可能性がある。当初に発行された B/L に基づいて，その後，混合により仕様が変更したことについて責任追及された場合には，船主は責任を免れない。そのための手当てとして，上記の条項に見られるように，傭船者から当該貨物の混合に係る指示があり，受荷主が混合について承諾している旨の確認，混合に伴い船主に生じる費用・責任などに対する傭船者の補償を明示的に取り付けておく，当初発行した B/L はあらかじめ回収し，従前の記載事項からの変更・混合した旨を記載した新たな B/L を発行するといった対応がされる。ただし，このように傭船者の補償を取り付けるなどした場合であっても，たとえば通商規制の潜脱といった違法性を帯びる要因がある場合にまで，なお傭船者に対して当該補償を履行請求できるかについては，その有効性について疑問の余地があろう。

Q3　Combine B/L とは何か？

荷揚港を A 港とする B 港積み貨物 b と C 港積み貨物 c がある。貨物 b を B 港で船積し，貨物 c は C 港で船積みする。船社 X は，貨物 b について，B 港を船積港，C 港を荷揚港とする Local B/L を発行し，これを C 港で回収した。そして，貨物 c の船積み完了後に貨物 b と貨物 c を合わせて，C 港を船積港，A 港を荷揚港とする一本の B/L を発行した。

上記事例に見られるように，同一航海にある同一船舶に同一荷主の貨物を分

けて複数の船積港から積む場合に，これを一本に統合してB/Lが発行されることが見受けられ，そのようなB/LをCombine B/L（合併船荷証券）と称することがある。この場合，最初または途中の船積港から最後の船積港までは，最後の船積港を仕向港に，荷受人を船会社にしてLocal B/Lが発行される。そして，最後の船積港でLocal B/Lを回収し，併合される貨物の受取，船積み完了の上，貨物全部に対して一本のB/Lを発行する。

　Combine B/Lはその本質において，Switch B/Lの応用と位置付けることができるため，前述と同様のリスクを包含するものである。少なくとも，運送人は，Combine B/Lを発行する際には，Local B/Lを確実に全通回収すべきである。また，その記載内容がLocal B/Lとの間に相違ないものであることを確認する必要がある。

・Switch B/L, Commingle B/L, Combine B/Lについては，オリジナルB/Lすべての回収を確実に期するようにする。
・特殊なB/Lの発行形態をとる場合には，事案に応じて慎重にリスクを検討する必要がある。

設問12　船荷証券（B/L）の紛失

> **Q** B/L を紛失した場合，どのような対応が求められるか？
>
> **A** 実務的には，運送人が預託金や保証状の提供を受け，貨物を引き渡す場合が多い。貨物引渡し後も，B/L 所持人から貨物引渡し請求や損害賠償請求を受けるリスクが残るため，このリスクの分析や対応が必要である。具体的には，除権決定の取得や保証状の返還が問題となる。

問題の所在

　B/L は，貨物の引渡請求権が表章された有価証券であり貨物の引渡しを請求する場合には B/L 原本を提出しなければならない受戻証券なので，荷受人が貨物の運送人から貨物の引渡しを受けるためには，B/L の原本を，運送人に提出しなければならない。ところが，何らかの事情により，B/L が紛失し，荷受人が B/L の原本を運送人に提出できない場合，どうすればよいか。

　荷受人としては，当然，早く貨物の引渡しを受けたい。
　一方，運送人（船会社）としても，いつまでも貨物を引き渡さないままでは，本船を次の航海に従事させることができないので，できれば貨物を引き渡したい。しかし，B/L の原本の提出なしで貨物を引き渡した場合，後に，B/L の原本を所持する者が現れ，貨物の引渡しを請求されれば，運送人（船会社）はこれに応じる義務があり，当該 B/L 原本所持人に貨物を引き渡せない運送人（船会社）は損害賠償義務を負うことになる。また，B/L 原本の提出を受けずに貨物を引き渡したことに起因する賠償責任については，通常，P&I 保険の填補の範囲外となっている。したがって，運送人（船会社）としては，簡単に貨物の引渡しに応じるわけにはいかない。

実務的対応

　上記のとおり，非常に悩ましい状況になるのであるが，実務的には，下記1または2の形で，貨物が引き渡されることが多いようである。

(1) 銀行の連帯保証付き保証状（BANK L/G）の発行

荷主が船会社に対して、銀行の連帯保証付き保証状（BANK L/G）を発行することで、荷受人に貨物を引き渡す。銀行の連帯保証付き保証状（BANK L/G）とは、B/L原本の提出なしで貨物を引き渡したことにより船会社に発生するすべての損害を、荷主が船会社に補償することを約し、荷主の当該補償債務を銀行が連帯保証するものである。当然ながら、かかるBANK L/Gの発行に際して、荷主は銀行に対して、保証料を支払うことになる。

(2) 預託金（CASH DEPOSIT）の提供および荷主の保証状（SINGLE L/G）の発行

荷主が船会社に対して、預託金（CASH DEPOSIT）を提供するとともに、保証状（SINGLE L/G）を発行することで、荷受人に貨物を引き渡す。預託金（CASH DEPOSIT）は、通常、引き渡される貨物のCIF価格の150％程度である。また、保証状（SINGLE L/G）は、B/L原本の提出なしで貨物を引き渡したことにより船会社に発生するすべての損害を、荷主が船会社に補償することを約するものであるが、BANK L/Gと違って、銀行の連帯保証は付いていない（銀行の保証が付いておらず、荷主単独の保証状であることからSINGLE L/Gという）。

≪B/L紛失の場合の貨物引渡し（実務的対応）≫
① 銀行の連帯保証付き保証状（BANK L/G）の発行
　　　　　　　　　　　または
② 預託金（CASH DEPOSIT）の提供および荷主の保証状（SINGLE L/G）の発行
を受けて引き渡す。

貨物引渡し後に残る問題

上記1または2の対応で、貨物が無事、引き渡されれば、ひとまずは一段落である。しかし、当然ながら、それですべての問題が解決したわけではない。B/Lの原本を紛失しているのであるから、貨物引渡し後に、B/Lの原本を所持する者が現れ、運送人（船会社）に対して、貨物の引渡しを請求してくる可能性がある。船会社は、このようなB/L原本所持人に対して、貨物を引き渡すことができないので、損害賠償義務を負うことになるが、通常、このような

損害については，保証状に基づき，保証状発行者（BANK L/G の場合の銀行も含む）が負担することになる。

B/L に基づく貨物引渡請求権／損害賠償請求権の時効／除斥期間／出訴期限

　そこで，B/L 原本所持人からの貨物引渡し請求や損害賠償請求の可能性について考える必要が出てくる。まず，B/L に基づく貨物引渡請求権や損害賠償請求権が時効にかかったり，除斥期間や出訴期限が経過したりした場合には，たとえ B/L 原本を所持していても貨物引渡し請求や損害賠償請求をすることができなくなる。したがって，B/L 原本所持人による船会社への貨物の引渡し請求や損害賠償請求のリスクはなくなり，ひいては保証状発行者の船会社への保証状に基づく補償義務が現実化することもなくなるといってよいだろう。B/L に基づく貨物引渡請求権については，ヘーグ・ヴィスビー・ルールおよび我が国の国際海上物品運送法では，運送品が引き渡されるべき日から起算し，1 年以内に裁判上の請求がないときには消滅する（ヘーグ・ヴィスビー・ルール 3 条 6 項，国際海上物品運送法 14 条 1 項）。

　ただし，理論的に厳密に考えると，B/L に基づく貨物引渡請求権や損害賠償請求権の時効期間・除斥期間・出訴期限（以下，まとめて「期間制限」という）にどのような法律が適用されるか（どこの国の法律が適用されるか。準拠法という）については，B/L 所持人が訴訟を提起する国の国際私法（国際的事案にどこの国の法律を適用すべきかについて定めた規則。我が国では「法の適用に関する通則法」）によることになるので，(B/L 所持人がどこで訴訟を提起するか完全に予測することは不可能である以上）期間制限に適用される法律を理論的にただ一つに確定することはできず，そのため，たとえば，上記 1 年が経過したとしても，理論上，請求される可能性がゼロになるとはいえない。また，同一の法律においても，具体的な期間制限について，法解釈上，複数の見解があることもあるので留意が必要である（たとえば，英国法上，B/L 原本の提出なしに貨物を引渡した運送人の B/L 所持人に対する損害賠償債務の期間制限を，上記ヘーグ・ヴィスビー・ルール上の 1 年とする見解と，ヘーグ・ヴィスビー・ルールは貨物の船積みから荷揚げまでに発生した損害につき適用されるものであり，B/L 原本の提出なしでの貨物引渡しは，荷揚げ後に損害が発生したものとして，この場合の損害賠償請求権について，ヘーグ・ヴィスビー・ルールではなく，一般法たる Limitation Act 1980 を適用して，期間制

限は6年とする見解があるようである)。

公示催告・除権決定

次に、日本を含む大陸法系の国では、一般に、B/Lのような有価証券を紛失した場合に、当該有価証券を無効化する公示催告・除権決定の手続がある(英米法系の国にはこのような手続はない)。除権決定後は、紛失したB/Lが無効となるので、基本的に、除権決定後に当該B/Lを所持するに至った者がB/Lに基づく貨物引渡請求権や損害賠償請求権を取得することはない。したがって、除権決定を得ることで、船会社がB/L原本所持人から貨物引渡し請求や損害賠償請求を受けるリスク(ひいては、保証状発行者がそのような損害を負担するリスク)がかなり下がることになる。

日本における公示催告・除権決定の手続の概要は、以下のとおりである。もちろん個々の事案によるが、一般的には、公示催告の申立てから除権決定まで6ヶ月程度かかる。

日本における公示催告・除権決定の手続(非訟事件手続法114~118条)

| 簡易裁判所への公示催告の申立て |
↓
| 公示催告 | 一定の期限までにB/Lを提出しないと当該B/Lが無効になる旨のB/L所持人に対する催告を裁判所の掲示板に掲示する。
　　↓　*2週間~1ヶ月くらい*
| 公示催告官報掲載 |
　　↓　*最低、2ヶ月(非訟事件手続法117条2項、103条)。*
　　　　(実務的には、4~5ヶ月程度)
| 上述のB/Lの提出期限 |
　　↓　*提出期限までにB/Lの提出者がいなければ……*
| 除権決定 | 当該B/Lが無効になるとともに、公示催告申立人が、当該B/Lに基づく権利者(形式的資格)となる。

除権決定取得の要否

では、実際に、公示催告・除権決定の手続を取るべきか否かはどのようにして判断すべきか。これはもう事案ごとに個別具体的に検討の上、判断する他ない。

当然ながら，判断の際の大きなファクターとして，引き渡した貨物の価格が挙げられる。引き渡した貨物の価格が極めて高額である場合には，B/L原本所持人からの請求に，万全の態勢で臨むことが必要であり，やれることはできる限りやっておくということになろう。

緻密に検討する際の基本的な視点は，B/L原本所持人から運送人（船会社）に対して，貨物の引渡し請求や損害賠償請求があった場合の防禦（反論）において，除権決定の取得がどの程度，有効に機能するか，ということになろう。具体的には，B/L原本所持人が運送人（船会社）に対して提起してくるであろう訴訟や仲裁において，除権決定がどのように取り扱われるかを予測・検討するということである。

たとえば，B/Lにおいて，管轄は英国裁判所，準拠法は英国法，と合意されている場合であれば，準拠法を英国法とした英国裁判所で，除権決定がどのように扱われるかを考え，除権決定が有用であると考えれば除権決定を得るということになるし，そうではないと考えれば除権決定を得る必要はないということになる（英米法系の国には除権決定の制度がないので，外国で得た除権決定が承認される可能性は高くなく，基本的には除権決定を得てもあまり効果はないのではないかとも思われる）。他方，B/L上の管轄合意が無効になると考えられるような場合（傭船契約の仲裁条項のB/Lへの摂取が無効とされる場合など）には，B/L所持人が運送人（船会社）に訴訟を提起する場所を予測し（運送人の住所地，B/L上の荷揚地，船積地，B/L発行地，等々），その場所で除権決定がどのように取り扱われるかを考えることになる。

また，上記の検討の中で，除権決定を得るとして，どの国で除権決定を得るべきかも同時に検討することになる。たとえば，訴訟や仲裁が想定される国に除権決定の制度があれば，その国で除権決定を取得するのが有効であろう。

除権決定を取得しようとしている国で除権決定を取得する手続に要する期間と，B/L所持人の請求権の時効期間・除斥期間・出訴期限の比較も一つの要素になる。たとえば，仮にB/L所持人の請求権が1年で時効にかかるという前提であれば，除権決定の取得に1年以上かかる場合には，除権決定を取得してもあまり意味がないということになる。

上記のような検討には，具体的事案ごとの個別の分析が必要となり，かつ，国際民事訴訟法（国際裁判管轄や外国裁判の承認）や国際私法（準拠法）が関連するかなり複雑かつ専門的分析が必要となるので，特に，引き渡した貨物の

価格が極めて高額であるような場合には，海事弁護士等の専門家に相談するのが得策と思われる。

保証状の返還

　B/L 原本の遅着のような通常の保証渡し（設問28参照）の場合，荷主側から運送人（船会社）に対して，事後的に B/L 原本を提出し，それと引き換えに運送人（船会社）から保証状の返還を受けるのが通常である。たとえば，国際 P & I グループの保証渡しの際の保証状の標準書式（INT GROUP A および INT GROUP AA）の5条は，次のように規定している。

5．As soon as all original bills of lading for the above cargo shall have come into our possession, to deliver the same to you, or otherwise to cause all original bills of lading to be delivered to you, whereupon our liability hereunder shall cease.

（試　訳）
5．我々は，上記貨物のすべての B/L の原本を回収し貴社に引き渡すか，または，すべての B/L の原本が貴社に引き渡されるようにする。すべての B/L が貴社に引き渡された時点で，我々の本保証状に基づく責任は終了する。

　当然ながら，B/L を紛失した場合は，すべての B/L の原本を船会社に提出することができないので，上記条項による場合，法的には，保証状の返還を求めることができないことになろう。
　したがって，保証状を発行する荷主側とすれば，B/L 紛失による保証渡しの際には，上記条項をそのまま利用するのではなく，たとえば，どこそこの国で除権決定を得れば保証状に基づく責任は終了する等，何らかの形で限定を加えたいところである（しかしながら，船会社がこれに容易に応じない場合が多いと思われる）。
　他方，船会社としては，荷主とのビジネス関係上，B/L 紛失の場合の荷主の保証状の責任の終期について，上記条項に比して荷主に有利な規定にせざるを得ない場合や，必ずしも保証状の記載上，保証状に基づく責任が明確に消滅しているとはいえない場合でも，荷主からの保証状の返還の要求に応じざるを得ないことも考えられる。このような場合に，荷主とのビジネス関係を考慮して

設問12　船荷証券（B/L）の紛失

どこまで譲歩するかは，これまで本設問において検討してきたB/L原本所持人からの貨物引渡しの請求／損害賠償請求の可能性を踏まえて，具体的事案ごとに個別に検討・分析することになろう。

≪貨物引渡後の問題≫

1．いつまで，どの程度，B/L原本所持人からの請求のリスクが残るのかが問題。
　① B/Lに基づく請求の時効／除斥期間／出訴期間
　② 除権決定取得の有無／要否
　の検討が必要。
2．上記リスクを念頭において，保証状の返還について考える。

4．船荷証券（B/L）上の記載

設問13 船荷証券（B/L）の記載事項

> **Q** B/L には何が記載されなくてはならないか？
>
> **A** B/L の記載事項は，法律で定められている。もっとも，それらの事項の記載を一部欠いても，常に B/L が無効になるわけではない。また，法律が定める事項以外の記載をしてもよいため，多種多様な事柄が記載されている。

はじめに――B/L の構成

　B/L の記載事項は，商法や国際海上物品運送法などに定められているが，記載事項に関する具体的な説明の前に，B/L の大まかな構成について確認しておこう。どのような B/L であっても，その構成はおおむね以下のようなものとなっている。

① B/L であることの表示
　冒頭部分に運送人の商号や「BILL OF LADING」とのタイトルが記載され，B/L であることが明らかにされる。

② 前文
　B/L は運送契約を証明する機能を有している。そのため前文は，運送品を受取りまたは船積みしたこと，運送品を契約条件に従って運送し陸揚港において引き渡すことが記載される。その中に運送人の責任減免を図るさまざまな文言が挿入され，複雑な文章となる。

③ 運送品等の詳細
　運送契約の目的となる貨物の種類・数量等が記載される。

④ 運送約款（裏面約款）
　運送人の責任を減免するための約款等が記載される。通常，B/L の裏面に記載されていることから，裏面約款とも呼ばれる。

　B/L の記載事項は，大きく，法定記載事項と任意的記載事項に分けられる。

法定記載事項と任意的記載事項とは何か

(1) 法定記載事項

　法定記載事項とは，法律で記載しなくてはならないと定められた事項である。国際海上物品運送法7条1項は，次の①〜⑫の項目を記載事項として規定している。また，同項柱書は運送人等の署名または記名押印（⑬）も必要としており，これも記載事項となる。このように一定の事項の記載が法律上要求されるという性質を「要式証券性」という（設問1）。

≪船荷証券の法定記載事項≫

① 運送品の種類
② 運送品の容積もしくは重量または包もしくは個品の数，および運送品の記号
③ 外部から認められる運送品の状態
④ 荷送人の氏名または商号
⑤ 荷受人の氏名または商号
⑥ 運送人の氏名または商号
⑦ 船舶の名称および国籍（受取船荷証券の場合を除く）
⑧ 船積港および船積の年月日（受取船荷証券の場合を除く）
⑨ 陸揚港
⑩ 運送賃
⑪ 数通の船荷証券を作ったときはその数
⑫ 作成地および作成の年月日
⑬ 運送人，船長または運送人の代理人の署名または記名押印

　もっとも，これらの記載事項の一部が欠けていたからといって，そのB/Lは直ちに無効となるわけではない。

　上記のように記載事項が法律で決まっているのは，B/Lを取得する第三者にその記載のみから運送契約の内容と運送品の同一性を知ることを可能にし，これにより物品運送中の取引の安全を保つためである。にもかかわらず，この要式証券性を厳格に捉え，すべての法定記載事項が記載されない限りこれを無効とすることはかえってB/L取引の安全を害する結果となり妥当でない。

　そのような理由から，法定記載事項の一部を欠いていたとしても，B/Lの

本質を害さない限り B/L は有効であるとされている（大判昭7・5・13大民集11巻943頁等）。解説書などにおいては「緩やかな要式証券性」などと説明される。

　では，どの事項を記載しておけば有効と判断されるのか。これについては，運送品の同一性を表示し，かつその運送品が特定の日に，特定の地において，特定の運送人によって受取り，あるいは船積みされたことを証明するとともに，その物品が特定の目的地においてその運送人から B/L 所持人に引き渡されるべきことを知りうる程度の記載があれば十分であるとされる（このように，法的に欠くことのできない記載事項のことを絶対的記載事項という）。どの程度詳しく記載すべきかは，各運送品の種類・性質等に応じ，一般商慣習によって決するしかない。

　他方，荷送人，荷受人，運賃，B/L の作成地等は後に見るように，これを欠いても B/L の効力に影響はない。

(2) 任意的記載事項

　また，法定記載事項以外にも，当事者（特に運送人）が任意に記載できる事項がある。これを任意的記載事項という。任意的記載事項として記載されるのは，着荷通知先（notify party）やさまざまな免責約款，紛争となった場合の管轄，準拠法等である。

　それらの記載事項も B/L の本質や強行法規に反しない限りで効力が認められる。

法定記載事項において，具体的にどのような記載がされるのか

　それでは，各記載事項について国際海上物品運送法7条1項各号に規定された順に従い見ていこう。

① 運送品の種類

　この運送品の種類とは，たとえば「鉄コイル」とか「車」といった運送品の一般的な種類のことである。この記載がなければ運送品の個性を知ることができず B/L も流通しえないことを理由に，多数説はこれを絶対的記載事項としている。

② 運送品の容積もしくは重量または包もしくは個品の数，および運送品の記号

　運送品に関する記載である。B/L は特定の運送品の引渡請求権が具体化された有価証券であるから，運送品に関する記載事項は B/L の記載事項としては最も重要なものである。

②-1　容積・重量・包・個数

　これらは運送品の同一性の判断のために重要であり，運送品の種類と同様 B/L が有効となるために欠くことのできない記載事項である。もっともこれらすべてを記載しなければならないというわけではなく，運送品の種類・性質・性状に応じ，運送品の同一性を認識する上で必要な範囲において記載すればよいとされている。

　たとえば，国際的な規格があり，運送品の種類と個数の記載によっておのずから重量・容積が決まるような場合もあり（電車のレールなどは規格により長さあたりの重量が決まっている），そのような場合は重量・容積の記載を欠いても有効とされている。次に，実際に判例において容積・重量等の記載の必要性が争われた事例を紹介する。

事例11　大判昭10・8・30民集14巻1625頁

　B/L に「㊤印松中丸太１万2094本，内上甲板積4144本」とだけ記載され，重量・容積の記載がなかった（㊤印とは，荷送人である亜細亜林業株式会社に由来する印と思われる）。大審院は，B/L に運送品の重量もしくは容積の記載を欠いても，その他の記載によって，慣習上その物の同一性を確認しうべき場合には，これをもって直ちに B/L の効力がないものとすることはできないとした。

事例12　大判昭12・12・11民集16巻1793頁

　B/L に「一等朝鮮白米二百叺（かます）」「朝鮮白米二十九袋」などとだけ記載され，重量・容積の記載がなかった（ちなみに叺とは，藁でできた袋のことである）。大審院は，このような記載方法を用いるときは，一般取引の通念上運送品の個性と数量とを知ることができるので，このような記載により B/L の要求する運送品の種類重量もしくは容積およびその荷造りの種類個数ならびに記号の記載は満たされたものということができるとして，有効とした。

　このように，容積重量等は常に記載が必要というわけではないが，実務上は，運送賃の計算や荷主の貿易取引上の必要から，重量・容積等も併せて記載

される。この物品の重量や容積を運送人が検査確認することは実際上困難であるため，運送人は，B/L 約款に，重量・容積の不知を表明する付加文句を入れた上で荷送人の通告に従った記載をしている（詳細は設問15参照）。

②-2　運送品の記号

運送品を識別するために必要な荷印（Mark）のことである。B/L 表面の Marks/Numbers（記号・番号）の欄に記載される。一般に円，四角形，三角形などの図形に文字・数字などを組み合わせて表示される（設問9．図9-8も参照）。

この記号は，通常，運送品の外装にも記載されるため（ヘーグ・ヴィスビー・ルール3条3項(a)），これにより運送品の同一性を確認することができる。そのため重要な記載であり，記号は原則として記載を要すると解されているが，運送品の種類によっては記号を付しえないもの（石炭，穀物，液体など）や不定形で荷づくりができないもの（鉄くず，解体品など），記号を必要としないもの（木材，鉄材など）もあり，いかなる場合にも記載されるわけではない。

③　外部から認められる運送品の状態

たとえば，荷づくり状態の良否，運送品の湿り，変色，錆，破損などのほか，包装の外部から五感をもって感知される音（ガラス製品等の割れている音など）や臭気などの異常も含まれる。このような運送品の状態は，運送品の外観が良好な状態にあるか否かを運送人自身が確認して記載すべき事項である。絶対的記載事項とされている。

実務上は，B/L の前文に "Shipped [or Received] in apparent good and condition unless otherwise indicated herein"（「別段の記載がない限り外観良好な状態で船積［受取］した」）などの文言があらかじめ印刷され，異常等がある場合にその旨を摘要（Remark）として記載するという方法が通常である。特に摘要が記載されていない限り運送品が外観上良好な状態で船積み・受け取られたことが表示される。

このような外観の状態が要求されるのは，B/L の記載のみによって運送品の取引をする者にとって，運送品の状態は重大な関心事と言えるからである。詳細は，設問15に譲る。

④　荷送人の氏名または商号

　運送契約を締結した一方の当事者を明らかにする趣旨の記載事項である。ただし，必ずしも運送契約の当事者が記載されるとは限らない。たとえば，Aが運送取扱人Bに運送取扱を委託し，運送取扱人Bが運送人Cと運送契約を締結した場合，法的には運送契約上の荷送人はBとなるが，B/L上の荷送人欄にAとの記載をしても差し支えないとされる（事例12）。

　この記載は，B/Lを取得しようとする者に対して運送品の発送者が誰かを明示し，証券の価値を判断する上での資料を与えるために要求されるものにすぎず，本質的な記載事項ではない。そのため，この記載を欠いてもB/Lとしての効力は否定されないというのが通説である。ただし，荷送人を指図人とする指図式船荷証券（設問2）の場合は，荷送人の名がなければ裏書の連続を欠くことになるため，この記載が必要となる。

⑤　荷受人の氏名または商号

　ここでいう荷受人とは，「B/Lにより最初に物品の引渡しにつき権利行使することができる者」をいう。荷送人は運送契約の締結に際して誰を荷受人とするかを自由に定めることができる。本店から支店に物品を運送するためや，荷為替を取り組むために，自己を荷受人とすることも行われている。

　記載の仕方は，記名式船荷証券（Straight B/L），指図式船荷証券（Order B/L），持参人式船荷証券・無記名式船荷証券（Barer B/L）で異なる。詳細は，設問2や10に譲る。

　このうち，Barer B/Lの方法は，国際海上物品運送法や商法に規定がなく，有効性が問題となるが，学説は有効と解している。したがって，荷受人の記載がなくともB/Lの効力は妨げられないとされている。

⑥　運送人の氏名または商号

　これは運送債務を負担している者を証券上明らかにするための記載である。通常，B/Lの頭書（ヘディング，レターヘッド）または署名欄に記載された会社名によって示されている。この記載事項は絶対的記載事項とされている。

　ただし，B/L書式の頭書に表示された会社が運送人ではないとされる場合もあるので注意が必要である（詳細は設問19参照）。

⑦　船舶の名称および国籍（受取船荷証券の場合を除く）
⑦-1　船舶名称
　この記載事項は，船積船荷証券（船積船荷証券と受取船荷証券の区別については設問2参照）において要求されている（国際海上物品運送法7条1項柱書）。

・船積船荷証券
　B/L は本来一定の運送品を特定の船舶に船積みしたことを証するものであり，その意味で船舶の名称は船積みした運送品を特定する手がかりとなる重要な記載と言える。では絶対的記載事項といえるか。この点について，その重要性を重視し，絶対的記載事項とする見解と，他の記載により運送品の同一性が識別できる限り，船舶の名称を B/L の本質的記載事項と解する必要はないとして否定する見解がある。
　なお，一般に B/L においては，運送人が他船その他の運送手段への積み替えをなしうる旨が規定されている（代船積替約款）。そのため，船名の記載があってもそれは最初に積み込まれた船舶を明らかにするにすぎず，当該船舶により陸揚港まで一貫して輸送されることまで意味するものではない。

・受取船荷証券
　受取船荷証券の場合は，船名の記載は任意であり，たとえ船名が記載されても，代船積替が認められるため，船積み予定船の表示という趣旨にすぎない。

⑦-2　国籍
　船舶の国籍は，船舶の特定や，その船舶が規制される国際法上の問題（国籍によって船舶がある国への入港，荷役などを禁止・制限されていることもある）を決定する関係で重要である。もっとも，運送品の特定は船名や船積年月日，運送人や荷送人などの明記により可能であるため，絶対的記載事項とは解されておらず，これを記載しなくても無効とはならない。

⑧　船積港および船積の年月日（受取船荷証券の場合を除く）
　船積港の記載は，運送品の産出地に関する情報を提供するとともに，運送品の同一性を明らかにする意味を持つ。また，船積年月日は，貨物の到着日を予測させる意味がある。もっとも，これらの記載が欠けていても運送契約の履行に支障はないから，B/L は無効とはならない。

⑨ 陸揚港

ここでいう陸揚港とは，運送人が証券所持人に運送品の引渡しを約している港を指す。今日一般に使用されるB/Lフォームによれば，陸揚港と合わせて引渡地（place of delivery）が記載事項として加えられている。陸揚地と引渡地が異なったときは，両者を記載する必要がある。

この陸揚港の記載により，証券所持人は運送品の引渡しを受けられる地を知ることが可能となる。そのため，この記載は運送契約上の債務の履行地を示す本質的な記載と言えるので，通説は絶対的記載事項としている。

⑩ 運送賃

運送賃は貨物の運送に対して支払われる対価であり，運送賃が支払われなければB/L所持人は運送品を引き取ることができない。そのため，運送賃の記載は運送品引渡請求権に関わる重要な記載ではある。しかし，運送賃の記載がなくとも，運送品の取引価格や運送賃市場により判断が不可能ではないから，その記載がなくとも直ちにB/Lが無効となるわけではないというのが通説・判例（事例12）である。

⑪ 数通のB/Lを作ったときはその数

本来B/Lは1通の発行でもよく，その方が安全であるが，実務上は，盗難，延着，紛失などの事故に備えて，複数通を一組として発行するのが通常である。これら各通は全通がそれぞれ独立にB/Lとしての効力を有するから，そのうちの1通が呈示されて貨物が引き渡されれば他の証券は効力を失う。

この記載がなくてもB/Lの本質を損なうわけではないので，B/Lが無効となるわけではない。

⑫ 作成地および作成の年月日

作成地とは，B/Lに署名した地をいう。作成地はB/Lの発行行為につき国際私法の問題が生じた場合，その準拠法の決定に際して意味を持つ。

作成年月日は，船積日付の記載が省略されている場合，運送品の船積日を推定させる機能がある（設問14）。

しかし作成地や作成年月日の記載が欠けていても，これによりB/Lが無効となるわけではない。

⑬　運送人，船長または運送人の代理人の署名または記名押印

　国際海上物品運送法7条1項柱書に規定されている。絶対的記載事項である。B/L作成者が氏名または商号を手書きにより署名するか，タイプやゴム印で記名押印する。今日の海運実務では，運送人の陸上の営業所や代理店がB/Lを作成することが多い。

任意的記載事項には，どのようなものがあるか

　法定記載事項以外にも，任意的記載事項として次の記載がなされるのが通常である。

　①　本船航海番号（voyage number）：本来，船名と船積日で航海を特定することも不可能ではないが，運送人の事務処理の便宜上航海番号が記載される。

　②　着荷通知先（notify party）：運送品が仕向地に到着した場合に荷渡しを促進する目的で貨物到着通知を発送するために記入する。この通知先となるのは必ずしも荷受人とは限らず，通関業者などの場合もある。

　③　B/L番号：運送人の書類取扱い等の事務処理の便宜のため記載される。

　④　免責約款など：運送人の責任を免除・軽減するためにさまざまな規定が盛り込まれる。たとえば，天災や海上危険等に起因する損害の免責，戦争危険の免責，航行上の過失の免責，離路約款（設問24），不知約款（設問15），ニュージェイソン約款（設問22），双方過失衝突約款（設問22），裁判管轄・準拠法条項などがある。

記載に関して運送人が注意すべきことは何か

(1)　**記載の省略について**

　B/L上記載を欠いても効力を否定されない事項もあるとはいえ，そのような事項についても特段の事情がない限り，省略せず記載すべきである。記載事項に省略があると，B/L上運送契約の内容等に疑義が生じ，紛争の原因となるほか，そのようなリスクのあるB/Lは流通しにくい。また，たとえば通数の記載は絶体的記載事項ではないとはいえ，その記載を欠いている場合，為替銀行はそのようなB/Lを買い取らないと言われている。そのようなリスクを回避

するためにも，できる限り省略せずに記載すべきである。

(2) **記載の正確性について**

　運送人としては，B/Lの記載の中でも運送契約の内容に関する部分（数量，運送品の内容等）については特に注意すべきである。

　たしかに，①運送品の種類，②運送品の容積・重量，包・個品の数，運送品の記号について，荷送人の書面による通告があったときは，それに従って記載しなければならない（国際海上物品運送法8条1項）。荷送人が信用状を利用する場合，信用状条件と船積書類（B/L等が含まれる）との間に不一致があると銀行は荷為替手形を買い取らないため，そうならないよう荷送人がこれらについて通告をした場合，運送人が荷送人の通告に従った記載を原則として拒めないこととしている。

　しかし，そうだからといって運送人は荷送人の通告に漫然と従って記載すればよいというわけではない。というのも，運送人は，B/Lの記載が事実と異なるとき，それについて無過失でも，記載と事実が異なることを知らないB/L所持人に対しては，B/Lの記載に従って責任を負うからである（国際海上物品運送法9条：設問18）。そのため，荷送人の通告に従って事実と異なる記載をした場合に，運送人が責任を負うことがある。

　ただ実際上，短期間に大量の運送品を船積みしなければならない運送人としては，運送品の種類，容積または数量などを正確に検査することは現実的に極めて困難である。そこで，実務上，運送人は，通告どおりに記載をした上で，"said to contain" や "shipper's weight, load and count" などというように「内容不知」・「重量不知」といった不知文言を付している。そうして，不実記載による責任を免れようとしている。このような文言は，国際海上物品運送法8条2項の要件を満たす場合には有効と考えられている（以上，詳細は設問15）。

設問14　船荷証券（B/L）の日付

> **Q**　傭船者からB/Lの日付のバックデイトが求められた場合，それに応じてよいか？
>
> **A**　その求めには応じないことをお勧めする。

　船積が完了すると，完了した日付のB/Lを発行する（国際海上物品運送法7条1項8号）。しかし，荷送人から，船積完了日よりも前や後の日付で発行してほしいと依頼されることがある。その理由としては，貨物売買契約や信用状条件の中で，ある一定期間のうちに発行されたB/Lでなければならないと定めていることがあり（インコタームズ2010のCFR A-8），その期間外の発行となると売買の値段が大きく変わってきたり，L/C決済ができなくなったりするからである。また，B/Lの日付によって関税率が異なることがあり，それを避けたいという場合もある。このように，B/Lの日付は，荷主にとって非常に重要な意味を持つ（神戸地判昭37・11・10判時320号4頁）。

　そのため，運送人もB/Lの日付に注意する必要がある。買主が，バックデイトB/Lの日付を信頼してB/Lを買い取ったが，実際の船積日が異なっていたために損を被ることもありえる。その場合，買主は，運送人が詐欺に加担したとして，賠償を求めてくるかもしれない（事例8）。その際，運送人は，詐欺と因果関係のある一切の損害を賠償する責任を負うので（事例13），賠償額は高額になり得る。また，関税に関して，運送人が不実記載のB/Lを発行したことについて税関から罰金を科されるかもしれない。

　そのような賠償責任や罰金は，P＆I保険では原則としてカバーされない。また，傭船者が補償状（LOI）を提供すると申し出ることもあるが，船長は不実記載を認識しているので，その補償状は公序良俗に反して無効になる可能性がある（Almak号事件［1985］1 Lloyd's Rep. 557, 561参照）。よって，日付の不実記載に応じないことをお勧めする。

―――― 事例13　Lalazar号第2事件［2003］1 AC 959 ――――

　売主と買主はビチューメンの売買契約を結び，買主が信用状を開設した。信用状条件の中で，1993年10月25日までに船積みされることなどが定められていた。しかし，この期日までに船積みが完了しなかった。そこで，船主は，売主による補償状と引き換えに，バックデイトしたB/Lを発行した。売主は，当該B/Lを確認銀行に提示し，代金の支払いを受けた。その後，確認銀行が発行銀行に支払いを求めたところ，発行銀行は，信用状条件の不一致を理由に支払いを拒否した。そこで，確認銀行は，売主と船主に対して，詐欺に基づく損害賠償（売主への支払額と揚地での貨物売却額との差額）を求めた。船主は，信用状条件の不一致のため，そもそも確認銀行は売主に代金を支払う必要がなかった以上，その支払いは確認銀行自身の不注意であるから，船主に賠償責任はないと主張した。しかし貴族院は，船主敗訴とした。船主は，信用状決済に利用されることを知った上でバックデイトB/Lを発行した。そして「詐欺的不実表示」がなければ代金を支払わなかったという関係がありさえすれば，自己の不注意でその代金支払いをした場合でも，船主は詐欺の責任を負い，過失相殺も認められない。

設問15　無故障船荷証券（Clean B/L）と不知約款

> **Q**　無故障船荷証券とは何か？　不知約款とは何か？
>
> **A**　無故障船荷証券とは、運送品の数量の不足や欠陥について故障摘要（リマーク）が付されていないB/Lである。B/Lの文言性により、無故障船荷証券を発行した運送人は、善意のB/L所持人に対し、B/Lの記載が事実と異なることを主張できない。
> 　不知約款とは、荷送人の通告に従って記載すべき事項（種類、数量等）について、荷送人の通告の正確性を確認できない場合に、荷送人の通告どおりに記載した上で、運送人はその内容について不知であり、責任を負わないとする約款である。

故障付船荷証券・無故障船荷証券

　B/Lには、国際海上物品運送法7条1項所定の記載事項を記載しなければならない。このうち、運送品の種類、容積もしくは重量または包もしくは個品の数および運送品の記号については、荷送人の通告に従って記載しなければならないが（同法8条1項）、荷送人の通告が正確でないと信ずべき正当な理由がある場合および通告が正確であることを確認する適当な方法がない場合には、同条項は適用されず（同条2項）、記載義務を免れる（もっとも、実務では、後記の不知文言を付した上で通告どおりに記載している）。

　また、B/Lには、「外部から認められる運送品の状態」も記載しなければならない（国際海上物品運送法7条1項3号）。「外部から認められる運送品の状態」とは、運送人、船長その他の被用者が、船積に際し、相当の注意を払い、現実に経験するところに従って、運送品につき外部から感知される状態および外観であって、中身の運送品の品質はこれに含まれない。したがって、B/L上の「運送品を外観上良好な状態で船積した」（"in apparent good order and condition"）旨の記載は、運送品が包装ないし荷造されていて運送品自体を外

部から見ることができない場合には，①右包装ないし荷造が外観上異常なく，かつ運送品を目的地に運送するに十分な状態であること，および②運送品そのものが相当な注意をもってしても外部からは何らの異常も感知できない状態であることを運送人が認めるにとどまり，運送人において相当な注意をしても外部から感知できない運送品そのものの状態に異常がないことまでも認めたものではない（最判昭48・4・19民集27巻3号527頁）。

このような記載事項につき，たとえば数量が不足していたり，物品または包装に欠陥がある旨の故障摘要（remark）が付されたB/Lを故障付船荷証券（"Foul B/L"ファウル・ビーエル）といい，このような故障摘要が付されていないB/Lを無故障船荷証券（"Clean B/L"クリーン・ビーエル）という。故障付船荷証券の具体的な摘要例は，"5 bags short in dispute"（5袋不足詮議），"Broken"（破損），"Case damaged"（箱損傷），"Discoloured"（変色），"Leaking"（漏れ），"Wet by sea water"（海水濡れ）などである。

国際海上物品運送法9条により，「運送人は，B/Lの記載が事実と異なることをもつて善意のB/L所持人に対抗することができない」とされる。したがって，無故障船荷証券を発行した運送人は，B/L記載の運送品の引渡しを請求してきた善意のB/L所持人に対し，「実際は受取の時点で数量が不足していました」とか「実際は受取の時点で包装に損傷がありました」というように，B/Lの記載が事実と異なることを主張することはできない。平成4年の国際海上物品運送法改正前は，運送人は自らの無過失を立証すれば，B/Lの記載が事実と異なることを善意のB/L所持人に主張できるとしていたが，現行の国際海上物品運送法は，B/Lの流通性を高めるため，運送人の無過失による反証を許さないものとし，B/Lの文言性ないし証券的効力を規定したのである。

事例14　コア・ナンバーセブン号事件（東京高判平12・10・25金判1109号43頁）

耐火煉瓦材料の運送に関し，「本件貨物は外観上良好な状態で船積された（shipped in apparent good order and condition）」旨記載された無故障船荷証券が発行されたが，運送品が荷揚港で荷揚げされた際，濡れ損が生じていた。荷受人に保険金を支払った貨物保険者が運送人に損害賠償を請求したところ，運送人は，「外観上良好な状態」との記載は運送品そのものの状態を指すものではない

から，運送品内部の状態について責任を負わない旨主張したが，東京高裁は，国際海上物品運送法9条により，運送人は善意のB/L所持人に対して本件濡れ損事故が船積前に生じたものであることを主張することができず，本件濡れ損事故は航海中に発生したことを前提にしなければならないとして，貨物保険者の損害賠償請求を認めた。

不知約款・不知文言

このように，善意のB/L所持人に対してはB/L記載のとおりの責任を負わされることになるため，運送人としては，B/Lの記載には慎重にならざるを得ず，運送品に何らかの問題があれば，しっかりと留保を付しておきたいと考えるのは当然である。しかしながら，多種多様な貨物をタイトなスケジュールで受け取り，船積みしている海運実務において，運送品について荷送人が梱包などしている場合に，いちいち開封してその中身を確認するなど事実上困難であるし，運送品の重量・容積なども逐一検査・確認することは物理的にも経済的にも極めて困難である。そこで，国際海上物品運送法8条2項は，①荷送人の通告が正確でないと信ずべき正当な理由がある場合，②通告が正確であることを確認する適当な方法がない場合には，運送人はこれらの事項を記載しなくてもよいと定めている。しかしながら，運送品の数や重量等を確認するのが困難だからといって，これらの事項に関する記載が全くないB/Lを発行した場合，そのような書類にはおよそB/Lとしての効力が認められず，商取引上の要求に応えることができない。そこで，商取引上の要求に応えつつ，B/Lの記載に関する運送人の厳格な責任を免れるため，荷送人の通告どおりに記載した上で，以下のような内容の約款（不知約款）や，"shipper's load and count"（荷送人の計算および詰込によるもので運送人は不知），"said to contain"（……が詰め込まれていると言われるが運送人は不知）といった内容の不知文言を付すのが一般的慣行である。

不知約款（SHUBIL-1994(A)10条等参照）
① B/L上の物品の数，容量，重量，種類，価額その他の明細は，商人（通常は荷送人）の申告によるものであり，運送人はその正確性について責任を負わない。
② 商人は，上記申告の正確性を保証し，申告が不正確であるために運送人が損害・責任を負ったときは，運送人に補償する。

③ 貨物が商人によってコンテナ詰めされたときは，その内容物の状態や数，量，容積，種類，価額については，運送人は不知であり（知らない），運送人は何ら責任を負わない。

事例15　東京地判平10・7・13判時1665号89頁

荷送人によりコンテナ詰めされた貨物につきB/Lには，「梱包の種類・荷物の明細」欄に"SHIPPER'S LOAD AND COUNT"および"SAID TO CONTAIN"という不知文言が付されていた。運送人が当該B/Lと引き換えることなく当該運送品を第三者に引き渡したため，B/L所持人は，当該B/Lに記載された運送品の時価相当額の損害賠償を請求したが，運送人は，本件B/Lには不知文言が記載されているので，証券上記載されたとおりの種類および数量の運送品を引き渡す義務はないと主張した。

東京地裁は，①運送品の中身を確認できない場合に，B/Lに不知文言を付した上で，荷送人の通告どおりに記載したB/Lを発行するという慣行が行われてきたこと，②国際海上物品運送法8条2項は，荷送人の通告どおりに記載しなくてよい例外を定めており，この例外にあたるときは，不知文言，留保文言などを付してB/Lの記載どおりの義務から免れることができること，を理由に不知文言の効力を認め，B/Lに記載された運送品の価格ではなく，現実に存在した運送品の価格の限度で損害賠償請求を認容した。

事例15の判旨のとおり，不知約款・不知文言は，商取引上の要求に応えつつ，B/L上の記載に対する運送人の責任を免れるため広く行われてきた慣行であり，国際海上物品運送法8条2項が適用される場合である限り，有効であることに異論はない。なお，不知約款の記載は個別的になされるべきであり，あらかじめ印刷された不知約款は無効であるという議論もあるが，あらかじめ印刷されているという理由のみで不知約款を無効とすべきとまでは解されない。

不知約款・不知文言は故障摘要を付したものでなく，これらの記載が付されたB/Lは故障付船荷証券とはならない。UCP600（信用状統一規則）26条も，不知文言の付された運送書類は受理される旨定めている。

なお，B/Lに不知約款・不知文言が付された場合の責任制限（パッケージ・リミテーション）の算定においては，B/L上に記載された数量によって算出すべきとされている（設問37）。

補償状慣行とその有効性

　前記のとおり，国際海上物品運送法9条は，善意のB/L所持人に対してはB/Lの記載が事実と異なることを対抗できないという強い効力（B/Lの文言性ないし証券的効力）を規定している。しかしながら，実際には，運送品の欠陥，異常を認識していても，故障付船荷証券が発行されることはほとんどなく，無故障船荷証券が交付されるのが通常である。というのも，信用状統一規則は，無故障船荷証券でなければ受理しないと定めており，故障付船荷証券は買取銀行から買取りを拒絶されるからである。

> **UCP（信用状統一規則）600第27条（日本語訳）**
> 　銀行は，無故障運送書類に限り受理する。無故障運送書類とは，物品または梱包に瑕疵のある状態を明示した条項または注記の付されていないものをいう。信用状が運送書類につき無故障で船積みされたものであることを要求している場合でも，「無故障」という文言が運送書類上に表示される必要はない。

　そこで，運送品の数量や状態について何らかの欠陥・異常がある場合は，荷送人から，運送人に補償状（Letter of Indemnity，頭文字をとってLOIとも言われる）を差し入れて，無故障船荷証券を発行してもらうという慣行が定着している。その場合，事実に反して無故障船荷証券を発行するのであるから，運送人はB/L所持人に対して，運送品の損傷や数量不足を理由に損害賠償責任を負うことになり，補償状に基づき荷送人に求償していくことになるが，この求償請求は裁判上認められるか。この点について，英国法は厳しい立場を明らかにしている。

> **事例9　Titania号事件　[1957] 2 Lloyd's Rep. 1**
> 　荷送人が樽詰めされたオレンジジュースの運送を依頼したが，当該樽が古くて漏れやすい状態であったため，運送人はその旨の故障摘要を付したB/Lを発行しようとしたが，荷送人は運送人に対し，補償状を差し入れる代わりに無故障船荷証券を発行してほしいと申し入れた。運送人はこれを受け入れ，補償状と引き換えに「外観上良好なる状態」で受領した旨記載した無故障船荷証券を発行した。その結果，運送人は，荷送人に対して運送品の損傷に対する損害賠償責任を負ったため，補償状に基づき荷送人に対して補償を求めた。英国貴族院は，当該補償状は詐欺の目的のために発行された違法なもので，公序良俗に反して無効であるとし，荷送人に対する求償請求を認めなかった。

補償状は，もともとは誠実な商業上の需要から生まれたものであるが，その後，実際には数量が不足していたり，運送品に瑕疵が存在しているのに無故障船荷証券を発行させ，これを第三者に譲渡・質入れして，善意の B/L 所持人に不測の損害を与えるというように，詐欺的に利用されるという弊害が生じるようになった。そこで，このような詐欺的な目的で発行された補償状の効力は，制限的に解されるようになったのである。

日本では，無故障船荷証券の発行と引き換えになされる補償状の効力については，詐欺的な通謀に基づいて発行された場合や，明らかに故障摘要の留保を付すべき状態であるにもかかわらず無故障船荷証券を発行した場合などには，公序良俗（民法90条）に反し無効であるが，そうでない限りは有効と考えられている。ただし，補償状の有効性について真正面からこれを肯定した裁判例はない。

傭船契約下における無故障船荷証券の発行

定期傭船契約や航海傭船契約においては，一般に，船長は傭船者から呈示されたとおりに（"as presented"）B/L に署名しなければならないと定められている。

> **GENCON 1994　第10条**（日本語訳）
> B/L は，本傭船契約の効力を害することなく，1994年版「コンジェンビル」B/L 書式により，船長が署名し発行するか，または船主代理人が署名し発行する。この場合の代理人は船主より書面による授権を受け，その写しは傭船者に提供される。傭船者は呈示された B/L に署名したことから生じる一切の結果または責任について，その B/L の諸条件が，本傭船契約の下で船主が負う責任を超えて船主に責任を課す限度において，船主に対して補償するものとする。

> **NYPE 1946　第8条**（日本語訳）
> 船長は，メイツ・レシートまたは検数人の受取書の記載に従って，呈示されたとおりに B/L に署名しなければならない。

上記各条項は，船長の B/L への署名義務について定めているが，逆に傭船者が船長の代理人として自ら署名する権限については，何ら明示していない。しかし，英国法では，次の事例16のとおり，上記文言のような条項（具体的には NYPE1946第8条）の効果として，傭船者が船主の代理人たる船長の署

名を得るべく B/L を船長に呈示する代わりに，傭船者自らが船主の代理人として，B/L に署名する権限をも有するとされている。

事例16　Berkshire 号事件　[1974] 1 Lloyd's Rep. 185

高密度コットンの運送に関し，定期傭船者（NYPE1946による定期傭船契約）の代理人が，デマイズ・クローズが付された定期傭船者の B/L フォームに "As Agent" として署名した。当該運送品の荷揚げの際，海水濡れが生じていたため，荷主は船主に対して損害賠償を請求したが，船主は，当該 B/L は荷送人と傭船者との間の契約を表章するものである，仮に荷送人と船主との契約を表章するとしても，船主は傭船者に対して署名権限を与えていないと主張した。裁判所は，デマイズ・クローズの有効性を認めた上で，NYPE1946第8条のような条項の効果として，傭船者は，B/L を船長に呈示して署名を求めることができるだけでなく，自らが船主の代理人として B/L に署名することもでき，いずれの場合であってもその B/L は船主を拘束するとして，荷主の請求を認めた。

船長は，傭船者から呈示されたとおりに B/L に署名しなければならない。ただし，傭船契約と明らかに矛盾する内容の B/L，たとえば，傭船契約上の就航区域外の港を仕向港とするものや，傭船契約上 B/L に挿入しなければならない条項が記載されていないものについては，署名を拒絶することができる。また積込数量や積荷の状態等について事実と反する記載がある場合や，外観上欠陥・瑕疵が明白であるにもかかわらずその旨の摘要の記載のない場合（無故障船荷証券）には，署名を拒絶できるだけでなく，署名を拒絶しなければならないとされる。

このように，傭船者から B/L の呈示を受けた場合は，船長はその内容を吟味して，署名に応じるべきか否か判断することができる。しかし，前記のとおり，傭船者は明文の規定の有無にかかわらず船主に代わって自ら B/L に署名する権限があるとされているが，傭船者が自ら B/L に署名する場合，商業上の理由などから，メイツ・レシートに故障摘要があるにもかかわらず，これを B/L に転記することを拒むことがある。この場合，一般に傭船契約では，傭船者の船主に対する補償義務が明記されているし（GENCON1994第10条参照），またこのような明文の規定がなくても，傭船者は船主に対し，黙示的に補償義務を負うと解されている。しかし，これらはあくまでも，傭船者が事実に反する B/L に署名した後，事後的に補償を受ける権利を定めたにすぎない。この点，NYPE1993は，以下のとおり，傭船者による B/L への署名は，船主

から書面による事前の授権を受けなければならない旨規定しており，また実務上，Rider Clause において，B/L の記載とメイツ・レシート等との strict conformity（厳格な一致）を要求したりしている。

> **NYPE 1993　第30条(a)（日本語訳）**
> 船長は，メイツ・レシートまたは検数人の受取書の記載に従って呈示された B/L または海上貨物運送状に署名しなければならない。ただし，傭船者は，<u>事前に船主から書面による授権を受け，常にメイツ・レシートまたは検数人の受取書に従って発行される B/L または海上貨物運送状に</u>，船長に代わって署名することができる。（下線筆者）

　無論このような規定があっても傭船者がメイツ・レシートと一致しない B/L に署名するのを完全に防ぐことは難しいが，一定の抑止効果はあるかもしれない。また，近時，米国連邦第5巡回区控訴裁判所で，メイツ・レシートと一致しない B/L に傭船者代理店が署名した事案について，傭船者はメイツ・レシートと一致しない B/L への署名権限を有していなかったのであるから，船主を拘束しない（船主は運送人としての責任を負わない）とする判決が下された（QT Trading, L. P. v M/V SAGA MORUS, 641 F. 3d 105, 108（5 th Cir. 2011））。このような場合，たしかに傭船者にはメイツ・レシートと一致しない B/L に署名する実際の権限（actual authority）はないが，表見的権限（apparent or ostensible authority）は認められるため，英国等他の jurisdiction においても上記判決が支持されるか否かは定かでないが，メイツ・レシートの注記が厳格に転記されていないことを理由に，船主は運送人としての責任を負わないと主張する余地もないわけではない。船主としては，メイツ・レシートと B/L との厳格な一致を求めるクローズを定期傭船契約上適切に組み入れておくことが重要である。

設問16　錆約款（Retla条項）

> **Q**　錆約款（Retla条項）とは何か？
>
> **A**　主に金属製品については，「外観上良好な状態」との記載は視認できる錆または湿気を含まない（運送人は当該貨物について錆・湿気がないことを担保しない）とする錆約款が付される。錆約款は無故障船荷証券を求める荷主側の求めに応じて広く利用されているが，有効性には争いがあり，注意を要する！

　B/Lには，外部から認められる運送品の状態を記載しなければならず，運送品の外観上の欠陥，瑕疵について何ら摘要を付さずにB/L（無故障船荷証券）を発行した場合，運送人は「B/Lの記載が事実と異なること」，すなわち，船積当時当該運送品に外観上認識できる欠陥・瑕疵があったことを善意のB/L所持人に対して主張することはできない。しかしながら，故障付船荷証券は信用状取引において買取を拒絶されるため，荷主側は無故障船荷証券の発行を求めてくるのが通常である。運送品の数や重量・容積については，不知約款・不知文言を付した上で無故障船荷証券を発行する方法で対応できるが（設問15），「外部から認められる運送品の状態」はまさに外部から認められる状態であるから，これを確認できないはずはなく，運送人は必ず記載しなければならない（国際海上物品運送法8条1項および2項は，同法7条1項3号「外部から認められる運送品の状態」に関する記載には適用されない）。

　ところで，鉄鋼品やその他金属製品についてはその性質上，特別に製造・加工されない限り，空気に晒されると酸化することは自然なことであり，船積時点において表面にある程度の錆が認められるのは一般的であるし，製造の過程などにおいて不可避的に発生する軽微な錆自体は，製品としての品質に重大な影響を及ぼすものではない。そのため，船積時点において存在する表面的な錆について，的確に注記を付すことは容易ではない。「錆汚れあり」（Rust Stained）とか「船積み前に濡れあり」（Wet Before Shipment）といったリマークを付していれば無故障船荷証券ではないと思われるが（事例17），同様

のリマークが付されていても無故障船荷証券であるとした裁判例（事例18）もあり，錆に関するリマークは運送人にとって悩ましい問題である。

事例17　Kapitonas Gudin号第1事件2002 FCT 100

熱延鋼コイルの運送に際し発行されたB/Lには「錆汚れあり。船積み前に濡れあり」とのリマークがあった。荷揚地で腐食が発見されたため，荷受人は，腐食の原因は運送中にコイルが海水と接触したことにあると主張して，船主に損害賠償を求めた。

カナダ連邦裁判所は，上記B/Lのリマークから，「船積前に貨物の状態は良好であった」との一応の（prima facie）証明はないとした（ただし，それでも本件腐食は運送中の激しい暴風雨により海水が船倉に浸入したことが原因であるとの証明が十分になされているとして，運送人の責任を認めた）。

事例18　Eurounity号事件［1994］AMC 1638（2nd Cir.）

熱延鋼コイルがアントワープから米国まで輸送された。B/Lには「錆汚れ・部分的錆・船積前の濡れあり」とのリマークがあった。その航海中，本船は非常に強いサイクロンと遭遇し，海水が船倉内に浸入し（この点に争いなし），当該貨物の経済価値が低下した。運送人は，上記リマークによって「船積前に貨物の状態は良好であった」ことの一応の（prima facie）証明はないとして，運送中の事故であることを否定した。

米国連邦第2巡回区控訴裁判所は，アントワープ港においては，鋼材の価値を減じない錆があるときは，B/Lには「錆汚れ・部分的錆・船積前の濡れあり」という定型文を記載するという30年来の慣習があり，本件B/Lには，この定型文以外のリマークはないので，無故障船荷証券である，よって船積前に本件貨物の状態が良好だったことの一応の証明がなされるとして，運送人の主張を退けた。

このような事情を背景に，金属製品については，無故障船荷証券を求める荷主側と，無故障船荷証券を発行することによる責任に対する保護を求める運送人との利害を調整する方法として，以下のような内容の錆約款を付した上で，錆の詳細な状態を記載せずに無故障船荷証券を発行するという扱いが，実務上広く行われている（木材についても広く錆約款が利用されているが，ここでは主に金属製品について説明を加える）。

> **錆約款（SHUBIL-1994(A)18条等参照）**
> ① 鉄鋼品や金属製品について「外観上良好な状態」との文言が付されていても，それは視認できる錆・湿気がなかったことを意味するものではない。
> ② 商人（通常は荷送人）から要求があれば，「外観上良好な状態」との記載を削除し，メイツ・レシートやタリー・シートに記載された錆・湿気に関するリマークを付した代わりのB/Lを発行する。

このような錆約款は，その有効性が争われたリーディング・ケース（事例19）から Retla 条項と呼ばれている。

事例19　Tokio Marine v Retla Steamship ［1970］2 Lloyd's Rep. 91

潅漑パイプ等の鋼鉄製品を本船に船積みする際，運送人（Retla Steamship Company）選任の検数人が検数したところ，外観上視認できる濡れおよび錆が認められたため，タリー・シートおよびメイツ・レシートにはその旨の注記がなされたが，運送人が発行したB/Lには，「本B/Lに別段の定めがない限り，外観上良好な状態で… 船積みされた」との記載および錆約款が印字されていた。荷送人は運送人に対し，「外観上良好な状態」との文言を削除し，メイツ・レシートまたはタリー・シートの錆または湿気に関する注記を記載した代わりのB/Lを発行するよう要求しなかった。荷送人からB/Lの裏書を受けた荷受人に対して保険金を支払った保険者は，錆による運送品の減価損害および錆の除去費用につき，錆約款の無効を主張して運送人に損害賠償を請求したが，米国連邦第9巡回区控訴裁判所は，錆約款の有効性を認め，貨物保険者の請求を棄却した。

米国連邦第9巡回区控訴裁判所の上記判断に対しては，学説上は批判が少なくなかったが，実務上は，錆約款は有効であるとする向きがあった。ところが近時，英国の裁判所は，錆約款の有効性について制限的な解釈を示した。

事例20　Saga Explorer号事件 ［2013］1 Lloyd's Rep. 401

蔚山で本船に船積みされた鋼鉄パイプは，仕向港へと順次運送されたが，荷揚げの際，当該運送品に重大な錆損害が発生していた。当該運送品の船積み前に行われたサーベイにおいて一部の貨物に雨水濡れや錆の付着などが認められたが，荷送人の要求により，補償状と引き換えに錆約款が付された無故障船荷証券が発行された。

英国裁判所は，錆約款は，「外観上良好な状態」との記載に矛盾しないものとして解釈すべきであり，「外観上良好な状態」との記載から除外される錆は，い

> かなる鉄製貨物であっても生ずる，避けることが不可能ではないが困難な表面的な錆および湿気に限られるとの解釈を示した。その上で，本件運送品の状態は，錆約款の対象となるような表面的な錆ではなく，本来「錆が点在」とか「一部に多量の錆」などと記載されるべき重大な錆であったと認定し，運送人は「貨物の外観に関する誠実かつ合理的な素人的所見」を記したB/Lではなく，B/Lの記載を信頼する人々を欺くようなB/Lを荷送人の要請に応じて発行したと非難し，荷受人の運送人に対する損害賠償請求を認めた。

　このように錆約款の有効性について，米国と英国とで裁判所の判断が分かれた。結論の当否はともかく，今後英国裁判所を管轄裁判所とするB/Lを発行する場合，あるいは英国裁判所の管轄に服する可能性がある場合には，錆約款は全面的には認められない（表面的な軽微な錆にのみ適用される）と判断される可能性が非常に高い。運送人の立場について言えば，B/Lを発行する際，「運送品の外部から認められる状態」について船長またはその代理人が合理的な素人的所見を誠実に記載する義務の重要性が，改めて浮き彫りになったと言えよう。また，Saga Explorer号事件判決において英国高等法院は，運送人が無故障船荷証券を発行した背景に荷送人による補償状の提供の申し出があり，運送人がこれに安易に応じたことを厳しく非難している。このような判示は，補償状と引き換えに無故障船荷証券を発行するという現在の補償状慣行に対し，警鐘を鳴らすものでもある。

設問17　甲板積貨物

> **Q** 甲板積貨物は，B/L 上，どのように記載されるべきか？
>
> **A** 貨物の甲板積みは，特約または慣習がない限り契約違反となる（甲板積禁止原則）。
> さらに，甲板積貨物について免責特約を定めるには，B/L 上に「甲板積みした」という事実を記載しなければならない。

甲板積禁止原則とは

　甲板積貨物とは，船艙内ではなく，甲板上に積付けられた貨物のことをいう。運送契約の内容としては，貨物をどこからどこまで運送するかのみ定められ，当該貨物を船内のどこに積付けるかについてまで明確な合意がなされないのが通常である。しかし，甲板積貨物は，船艙内に積付けられた貨物と比べ，著しく高い危険（波浪による損傷や海中転落，海水濡れなど）に晒され，また海上保険のてん補や共同海損に関して不利益を受けることから，特約または慣習がある場合を除いて，禁止されると考えられている（甲板積禁止原則。米国法においては，甲板積運送は「離路」に該当し，fundamental breach of contract（契約の基本的違反）とみなされることは設問24で後述）。日本では，甲板積運送が禁止される旨の明文規定はないが，甲板積禁止原則は一般に学説上認められている。

> **ヘーグ・ルール第1条(c)**
> 「物品」とは，生動物および運送契約において甲板積みとされ，かつ実際に甲板積みで運送される貨物を除き，いかなる物品，製品，商品および品物をも含む。

　ヘーグ・ルールは，「運送契約において甲板積みとされ，かつ実際に甲板積みで運送される貨物」を Goods（物品）の定義から外し，ルールの適用対象から除外している。これは，上記のような正当な甲板積貨物について，契約自由を認め，免責特約を定めることを許容するためである。日本の国際海上物品運送法は，そのような正当な甲板積運送については，荷主または B/L 所持人に

不利益な免責特約を定めることができるとしており（国際海上物品運送法15条1項および18条），基本的にはヘーグ・ルールと同じであるが，正当な甲板積貨物を同法の適用対象から除外していない点で，ヘーグ・ルールと異なる。したがって，ヘーグ・ルールの場合は，「運送契約において甲板積みとされ，かつ実際に甲板積みで運送される貨物」の損害について，運送人が有責とされた場合，ヘーグ・ルールに定められた免責事由や責任制限（パッケージ・リミテーション），1年の期間制限については，別途運送契約に摂取していない限り，運送人は援用できないことになる。

どのような記載があれば甲板積運送は許されるか

前記のとおり，甲板積運送は特約または慣習がない限り禁止される（甲板積禁止原則）。では，甲板積運送の特約が認められるためには，B/L上にどのような記載がなされる必要があるのだろうか。

この点，英国法の下では，"Carrier has liberty to carry goods on deck without notice to the merchant"（「運送人は，商人への通知なしに運送品を甲板積運送する自由を有する」）といった内容の一般的な甲板積選択条項があれば，甲板積運送の特約としては有効と考えられているが，米国法では，甲板積選択条項は甲板積みの選択権（option）を付与したにとどまり，甲板積みの同意があったとは言えないとされる（St Johns NF Shipping v Companhia Geral Commercial [1923] AMC 1131）。日本法の下では，そもそも甲板積禁止原則を明言した条文も裁判例もないので，必ずしも明らかではないが，甲板積選択条項は少なくとも運送人に甲板積みを行う権利・自由を認めているのであるから，甲板積運送の特約としては有効と考えられる。ただし，在来船の場合は，甲板積貨物についてはB/L上に"On Deck"とのスタンプを押すのが通例であるが，その場合は当該貨物を甲板積運送することが明確にB/L上に表示されることになるので，より無難ではある。なお，UCP600（信用状統一規則）26条aは，甲板積みされた（または甲板積みされる）との記載のある運送書類は受理されないが，甲板積みされる「かも知れない」との記載のある運送書類は受理されるとしている。

どのような記載があれば免責特約が許されるか

甲板積運送が許されるとしても，それは甲板積みしたということが契約違反とされないだけであって，甲板積貨物の損傷・滅失等について，運送人は自動

的にすべて免責されるわけではく，甲板積運送に付随する危険（波浪，海水濡れ，動揺による移動・破損等）に対応するために相当の注意を尽くさなければならない。甲板積貨物について運送人が免責特約を享受するためには，ヘーグ・ルール（日本法が準拠法となる場合は国際海上物品運送法の特約禁止）の適用を除外しなければならない。このように，甲板積みが許されるか否かという問題と，甲板積貨物に関する免責特約が許されるかという問題は，論理的には別の問題であることに注意が必要である。

　ヘーグ・ルールが適用対象たる「物品」から除外するのは，「運送契約において甲板積みとされ，かつ実際に甲板積みで運送される貨物」である。「実際に甲板積みで運送される」とは読んで字の如くであり，事実として甲板積みされたか否かという単純な事実認定の問題である。では，「運送契約において甲板積みとされ」るとはどういう意味か。運送契約に関してB/Lが発行される場合，甲板積運送についてB/L上にどのような記載が必要であろうか。この点に関連して主に問題となるのは，甲板積選択条項の効力である。

―― 事例21　Glory号事件 ［1953］2 Lloyd's Rep. 124 ――

　50台のトラクターのうち16台が甲板積みされ，うち1台が航海の途中で海中に転落した。B/Lには「汽船は運送品を甲板積み運送する自由（liberty to carry goods on deck）を有し，船主はそれによって生ずるいかなる損失，損害または請求に対しても責任を負わない」との条項が記載されていた。運送人は上記条項を理由に責任を負わない旨主張したが，裁判所は，甲板積みをすることについての一般的な自由を定める条項は，当該貨物が実際に甲板積みされることの記載とは認められず，英国海上物品運送法（ヘーグ・ルールと同内容）の適用を受けるとし，荷受人の損害賠償請求を認容した。

―― 事例22　Hong Kong Producer号事件 ［1969］2 Lloyd's Rep. 536 ――

　荷送人によってコンテナ詰めされた百科事典が本船（一般貨物船）に船積みされ，横浜へ運送された。運送人は，通常B/Lフォームのすべての条件が摂取される旨記載したB/L（ショート・フォーム）を発行した。運送人の通常B/Lフォームには，荷送人が事前に書面で艙内積みを要求しない限り甲板積みが許されること，甲板積貨物について運送人は一切の責任を免れる旨の特約があった。運送品が横浜に到着した際，甲板積みされたコンテナは大波によって損傷しており，コンテナ内の百科事典も海水濡れの損傷を被っていた。米国連邦第2巡回区控訴裁判所は，荷送人に発行されたショート・フォームのB/Lには，運送品が

> 甲板積みされる「かも知れない」との記載はあるが，甲板積みされるとの記載はないから，甲板積みの特約があったとは言えないとした。また，運送人は，コンテナ貨物を甲板積みすることはB/Lの記載にかかわらず海運産業における慣習であると主張したが，裁判所はそのような慣習の存在を認める証拠はないとした。

英国法（事例21），米国法（事例22）ともに，甲板積選択条項は，運送人が甲板積みを選択できる旨記載したにとどまり，当該貨物が甲板積みされるということの記載としては不十分とされた。

コンテナ貨物の甲板積運送

コンテナによる海上輸送は今や海上輸送の主役であるが，コンテナ貨物の特殊性に鑑み，B/Lの約款ではコンテナ貨物について特別な定めがされているのが通常である。甲板積貨物に関する約款の一般的内容は次のとおりである。

> **甲板積貨物約款（SHUBIL-1994(A)13条等参照）**
> ① 運送人は，コンテナ貨物を艙内または甲板上において運送する権利を有する。
> ② コンテナ貨物を甲板積みする場合でも，B/L上に「甲板積み」との記載をせず，そのような貨物の積付けは，共同海損を含めいかなる関係においても，艙内積付けとみなされる。
> ③ 運送人は，甲板積み運送され，B/Lに「甲板積みである」旨特記された貨物の不着，誤引渡，遅延，滅失，損傷等について，理由の如何を問わず，一切責任を負わない。

①は，「運送人は，コンテナ貨物を艙内または甲板上において運送する権利を有する」という，いわゆる甲板積選択条項を定めたものである。コンテナは甲板積みでも十分に耐えられる構造・水密性を有しており，艙内積みか甲板積みかによって晒される危険に顕著な違いはないこと，特にコンテナ輸送のみを行うコンテナ専用船は，一部のコンテナについて甲板積みすることを当然に想定して設計・建造されており，甲板積みが許されないとすれば運航上の採算がとれなくなることを考えると，少なくともコンテナ専用船によるコンテナ貨物の甲板積みについては，もはや慣習であるといって差し支えないように思われるが（後記事例23参照），万が一そのような慣習がないとされた場合にも，コンテナの甲板積運送について責任を負わされるリスクを回避するため，甲板積選択条項によって甲板積みの権限を留保している。なお，コンテナといって

も，オープントップ・コンテナやフラットラック・コンテナはこれに含まれないと解される（後記事例24参照）。

　②は，コンテナ貨物が甲板積みされる場合，"On Deck"のスタンプを押さないこと，またそのような甲板積みされたコンテナ貨物は，艙内積みの貨物と同じ扱いを受けることを規定している。B/L上に"On Deck"とのスタンプを押して，当該貨物が甲板積みされることを明記した場合，ヘーグ・ルールの適用対象から除外されることは前記のとおりであるが，コンテナ貨物については，甲板積みと艙内積みとで安全性にほとんど差がなく，甲板積みされるか艙内積みされるかも出港の直前に偶然の理由で決められることから，コンテナ貨物については"On Deck"との表示を行わないこととし，艙内積貨物と同様にヘーグ・ルールが適用され，また共同海損の対象ともなることを規定したものである。

　なおロッテルダム・ルールでは，コンテナ船による甲板積運送について，運送品がコンテナや甲板積運送に適した運送器具により運送され，かつ甲板がそのようなコンテナまたは運送器具を運送するため特別に適合したものであるときは，甲板積みが認められる旨の規定を設けている（ロッテルダム・ルール25条1項(b)）。コンテナ貨物について，在来船の時代から発展してきた甲板積運送に関する法規制をそのまま適用することは不合理であり，少なくともコンテナ専用船によるコンテナの甲板積運送については，慣習が認められると解すべきであろう。

―――― 事例23　Mormacvega号事件　[1974] 1 Lloyd's Rep. 296 ――――
　荷送人によってコンテナ詰めされた合成液体樹脂が，ブレイクバルク貨物およびコンテナ貨物運搬用に改造された本船に船積みされ，ロッテルダムへ運送された。運送人は，甲板積みする旨の記載のない無故障船荷証券を発行したが，実際には甲板積みされ，うち1つのコンテナが航海の途中で海中に転落した。裁判において荷送人は，甲板積運送は離路を構成すると主張したが，米国連邦第2巡回区控訴裁判所は，本船の場合，甲板積みされたコンテナ貨物は必ずしも艙内積貨物に比べて大きな危険に晒されるものではないこと，コンテナ貨物がどこに積み付けられるかは，ブレイクバルク貨物の数や，危険物貨物の有無，発火性・爆発性貨物の有無等の諸事情によって左右されること，本船は安全に甲板積運送ができるように特別に改造された船であること，本件コンテナ貨物の積付けにつき出

港直前に検査人の検査・承認を受けていたことから，離路（甲板積み）は合理的であったとして，運送人の責任制限を認めた。

───── 事例24　Pembroke号事件　[1995] 2 Lloyd's Rep. 290 ─────

　MDFプラントの部品であるローラー・チェーンがオープントップ・コンテナに積み付けられ，船積された際，甲板積みの記載のないB/Lが発行され，実際に当該貨物は艙内積みされた。しかし，荷揚港へ向かう途中，本船は他の港へ寄港し，艙内積みを要する他の貨物を船積したため，その後本件貨物は甲板積みされることとなった。当該B/Lには，コンテナ，トレーラー等の運送器具内の物品については，荷主への事前の通知なしに甲板積みすることができるとの約款があった。その後本船は荒天に遭遇し，仕向港で荷揚げした際には，オープントップ・コンテナをカバーしていた梱包紙が一部破れた状態で，本件貨物の一部に海水濡れおよび錆が認められた。ニュージーランドの裁判所は，本件オープントップ・コンテナは同条のコンテナ等に該当しないとの解釈を示し，本件甲板積運送について同意はなかったとした。

設問18　船荷証券（B/L）の不実記載

Q　B/Lに不実記載があった場合，運送人はどのような責任を負うのか？

A　運送人は，B/Lの記載が事実と異なることをもって善意のB/L所持人に対抗することができない（国際海上物品運送法9条）。
ただし，運送品の種類ならびに運送品の容積もしくは重量または包もしくは個品の数および運送品の記号についての荷送人からの通告が正確でないと信ずべき正当な理由がある場合，および，正確であることを確認する適当な方法がない場合に，B/L上に荷送人の通告どおりに運送品の種類，個数，容積および重量などが記載された上で"said to contain"，"shipper's load and count"などの不知文言が記載されたときは，運送人は，当然には本件運送品がB/L上に記載された運送品と同一であることについて責任を負うものではない。

問題の所在

　我が国の国際海上物品運送法上，B/Lには，運送品の種類，重量，個品の数などを記載することが要求されるが（国際海上物品運送法7条1項），実務上，B/L上になされた記載と実際に船積みされた運送品の種類，数量などが異なる場合があり得る。B/Lの不実記載の例として，B/Lに，運送品の数が100個と記載されていたにもかかわらず，実際の運送品の数が90個しかなかった場合（数量不足），運送品が商品Aであると記載されていたにもかかわらず，実際の運送品が商品Aと異なる商品Bであった場合（品違い）などが挙げられ，最も極端な例は，運送品を全く受け取っていないにもかかわらず，B/Lが発行されたいわゆる空券の場合であろう。
　このようにB/Lの記載が事実と異なる場合に，運送人は，いかなる責任を負うか。運送人は，B/L所持人に対し，B/Lの記載どおり運送品の引渡義務

（さらに，これを履行することができないときに債務不履行に基づく損害賠償責任）を負うことになるか，B/L 所持人は，運送人に対する不法行為責任を追及し得るかなどが問題となる。

国際海上物品運送法9条

B/L の記載が不実であった場合に関する規定として，国際海上物品運送法9条があり，同条は「運送人は，船荷証券の記載が事実と異なることをもって善意の船荷証券所持人に対抗することができない」と定める。

現行の国際海上物品運送法は，平成4年に改正されたものである。平成4年改正前の国際海上物品運送法9条は，B/L に事実と異なる記載がされた場合には，運送人は，その記載につき注意が尽くされたことを証明しなければ，その記載が事実と異なることをもって善意の B/L 所持人に対抗することができないと定めていた。平成4年改正前の国際海上物品運送法9条においては，「運送人は，その記載につき注意が尽くされたことを証明しなければ」との要件が設けられていたことから，運送人において，無過失を立証して，善意の B/L 所持人に対しても B/L の記載が事実と異なることにつき反証することが許されていた。

1968年議定書によって改正された1924年 B/L 統一条約（ヘーグ・ヴィスビー・ルール）を改正する1979年議定書を我が国が批准したことに伴い（1979年議定書の批准は1968年議定書の批准の効果も有する），ヘーグ・ヴィスビー・ルール3条4項に合わせて，国際海上物品運送法9条も現行のものに改正された。

ヘーグ・ヴィスビー・ルール

前記のとおり，現行の国際海上物品運送法9条は，ヘーグ・ヴィスビー・ルール3条4項に基づいて改正されたものであることから，ここで，同項について概説する。

B/L の不実記載に関し，ヘーグ・ルール3条4項においては，「Such a bill of lading shall be prima facie evidence of the receipt by the carrier of the goods as therein described in accordance with paragraph 3 (a), (b) and (c).」と定められていたところ，ヴィスビー・ルール1条1項により，ヘーグ・ルール3条4項に，「However, proof to the contrary shall not be admissible when the bill of lading has been transferred to a third party acting in good faith.」との第2文が加えられることになった。

B/L を発行した運送人とその発行を受けた荷送人との間では，B/L は prima facie evidence（一応の証拠）となる。このことは，運送人が反証によって覆さない限り証明として十分であるが，運送人において B/L 上の表示が事実と異なることを反証することが許されることを意味する。B/L の記載が正確でないことの証明では足りず，運送人において，明白に事実と異なることを証明する必要がある（Henry Smith & Co v Bedouin Steam Navigation Co Ltd [1896] AC 70, Hain Steamship Co Ltd v Herdman & MacDougal (1922) 11 Ll. L. R. 58.）。

　ヘーグ・ヴィスビー・ルール3条4項第2文は，善意の第三者との関係では，B/L はヘーグ・ヴィスビー・ルール3条3項(a), (b)および(c)所定の記載事項につき conclusive evidence（確定的証拠）となることを規定するものである。ヘーグ・ヴィスビー・ルール3条4項第2文は，common law 上の estoppel の法理に基づくものであるとされているが，estoppel の3要件のうち，表示が信頼されることを表示者が意図していたことは要件とされない（なお，ロッテルダム・ルールにおいては，ヘーグ・ヴィスビー・ルール3条4項より，対象となる運送書類および契約明細が拡張されているが（41条），ここでは詳論しない）。

　ヘーグ・ヴィスビー・ルール3条4項の対象となる B/L の記載は，明文上，同条3項所定の(a)物品の識別のため必要な主要記号で物品の積込開始前に荷送人が書面で通告したもの，(b)荷送人が書面で通告した包もしくは個品の数，容積または重量および(c)外部から認められる物品の状態に限定されている。

≪ヘーグ・ヴィスビー・ルール3条4項≫

① 荷送人との関係：prima facie evidence（一応の証拠）であり，反証可。
② 善意の第三者との関係：conclusive evidence（確定的証拠）であり，反証不可。

国際海上物品運送法9条の要件・効果など

Q1　善意の B/L 所持人に対抗することができない「船荷証券の記載」には，何が含まれるか？

国際海上物品運送法9条にいう「船荷証券の記載」に何が含まれるかについては，同条においてはヘーグ・ヴィスビー・ルール3条4項のように限定が付されていないことから，B/Lに記載される一切の事項に適用されると解されている。

> **Q2** 国際海上物品運送法9条が適用されるためには，運送人に過失があることが要求されるか？

現行の国際海上物品運送法9条の条文のみを見ると，運送人の過失の要否は明らかではないが，平成4年改正前の同法9条の「運送人は，その記載につき注意が尽くされたことを証明しなければ」との文言が削除されたことから，運送人は，過失の有無を問わず，B/Lの記載が事実と異なることを善意の証券所持人には主張し得ないと解されている。

> **Q3** B/L所持人は，善意であるのみならず，無過失（無重過失）であることを要するか？

国際海上物品運送法9条の明文上は，B/L所持人の主観的要件として「善意」が要求されている。B/L所持人の「善意」に関し，過失または重過失がないことまで要求されるかについては，見解が分かれている。

「善意」とは，B/Lを譲り受けたときにB/Lの記載が事実と異なることを知らないことをいい，知らないことにつき重大な過失があった場合でもよいとする見解もあるが，重大な過失が「ほとんど故意に近い著しい注意欠如の状態」を指す（最判昭32・7・9民集11巻7号1203頁）と解されていることを考慮すれば，B/L所持人が無過失であることまでは要求されないとしても，重過失の場合には国際海上物品運送法9条の適用が否定される可能性があると思われる。

> **Q4** 「対抗することができない」とは，何を意味するか？

国際海上物品運送法9条にいう「対抗することができない」とは，運送人において，B/Lの記載が事実と異なることを主張することができないことを意味する。ただし，B/L上に"said to contain"，"shipper's load and count"などのいわゆる不知文言がある場合には別途に解されており，これについては後

述する。

　善意のB/L所持人が，B/Lの記載と異なる事実を主張・立証することは許される。

> ≪国際海上物品運送法9条の要件・効果≫
> ① 船荷証券に記載される一切の事項に適用される。
> ② 運送人の過失は不要。
> ③ 船荷証券所持人の善意（無過失または無重過失の要否については争いあり）。
> ④ 運送人は船荷証券の記載が事実と異なることを主張することができないが，善意の船荷証券所持人はこれを主張・立証することができる。

不実記載のあるB/Lを発行した運送人の責任の法的構成

　不実記載のあるB/Lを発行した運送人の責任の法的構成に関しては，要因証券性（B/Lが，運送契約に基づく運送品引渡請求権を表章するものであり，運送契約の成立およびそれに基づく運送品の受取りを前提に発行されるべき性質）ならびに文言証券性（B/L上の権利の内容が証券上の記載文言によって決定されるべき性質）と関連して，種々の見解があるが，①債務不履行構成，②不法行為構成および③契約締結上の過失の法理が考えられる。

> ≪運送人の責任の法的構成≫
> ① 債務不履行構成
> ② 不法行為構成
> ③ 契約締結上の過失の法理

空券の場合に関する判例

　空券の場合については，商法上，「貨物引換証が作成されたときは，運送に関する事項は，運送人と所持人との間においては，貨物引換証の定めるところによる」旨の定めのある貨物引換証に関するリーディング・ケースである大判大2・7・28民録19輯668頁が，要因証券性を重視し，貨物引換証は運送人が運送契約を締結するのみならず，当該契約により荷送人より運送品を受け取り，その引渡しをなすべき債務が発生した場合に作成されるべきものであり，

運送品を受け取っていない場合に作成された貨物引換証は，原因を具備しないと同時に目的物が欠缺したものであって，無効である旨を判示した（大判昭13・12・27民集17巻2848頁も同旨である）。B/Lに関しても，前記大審院大正2年判決が引用され，同様の判断がなされたものがある（大判大15・2・2民集5巻335頁）。

品違いの場合に関する判例

品違いの場合に関しては，商法上，貨物引換証の場合と同様の「預証券および質入証券が作成されたときは寄託に関する事項は倉庫営業者と所持人との間においてはその証券の定めるところによる」旨の定めがある倉庫証券（質入証券）について，大判昭11・2・12民集15巻357頁が，倉庫営業者において証券面の物件を引き渡すことができないときは，善意の所持人の損害を賠償する責任を負うべき旨を判示している。

運送人の損害賠償責任に関する考察

現行の国際海上物品運送法において，運送人は，いかなる責任を負うか。

要因証券性を強調するときは，運送品の受取りがない部分（空券の場合には全部，数量不足の場合には不足分）については，B/Lは無効になり，運送人はその引渡義務を負わず，したがって債務不履行責任も負わないと解されることとなる。ただし，このように解する場合でも，B/Lの不実記載につき，運送人の故意または過失が証明された場合には，運送人は不法行為責任を負う。しかしながら，運送人の不法行為責任を追及する場合には，善意のB/L所持人が，B/Lの不実記載についての運送人の故意または過失の証明責任を負うこととなる。

要因証券性を強調すれば，国際海上物品運送法9条の適用場面は極めて限定され，善意のB/L所持人の保護を図る同条が有名無実化することになりかねないと思われる。B/Lの記載が事実と異なることをもって善意のB/L所持人に対抗することができない以上，空券の場合も，品違い・数量不足の場合も，善意のB/L取得者に対してはB/L記載どおりの運送品引渡債務を免れることはできず，これを履行することができない場合には，債務不履行に基づく損害賠償責任を負うと解すべきではないかと考える。

実務上は，B/L所持人は，債務不履行責任および不法行為責任の双方を請求原因として，運送人の責任を追及することになろう。

なお，荷送人は，運送人に対し，運送品の種類（国際海上物品運送法7条1

項1号），運送品の容積もしくは重量または包もしくは個品の数および運送品の記号（同項2号）を書面により通告したときは，その通告の正確性について担保責任を負い（同法8条3項），これが不実であった場合には，運送人に対し損害賠償責任を負うこととなるから，運送人においては荷送人に対する求償により自らの損害がてん補される余地が残されている。

国際海上物品運送法13条の適用の有無

運送人がB/Lの記載どおりの運送品引渡義務を負い，その債務不履行責任を追及される場合，運送人は，国際海上物品運送法13条所定の責任限度額を援用し得るか。

運送人が債務不履行責任を追及される以上，目的物の滅失，損傷などについての債務不履行責任の場合よりも不利な立場に置かれるべき根拠は存在せず，国際海上物品運送法13条の責任限度額の援用の余地があると考える。

不法行為責任または契約締結上の過失の理論により運送人が責任を追及された場合に関しては，国際海上物品運送法13条の責任限度額を援用することは困難なのではないか（同法20条の2第1項により，運送人は不法行為責任についても同法に基づく抗弁を援用することができるが，これはあくまでも運送品に関する責任についてであるにすぎない）との指摘がある。

不知約款・不知文言

運送品の種類（国際海上物品運送法7条1項1号）ならびに運送品の容積もしくは重量または包もしくは個品の数および運送品の記号（同項2号）については，その事項につき荷送人からの書面による通告があったときは，その通告に従ってB/Lに記載しなければならない（同法8条1項）。しかしながら，運送人においては，荷送人からの通告が正確であるか否かを確認することができない場合があることから，国際海上物品運送法8条2項は，同条1項の通告が正確でないと信ずべき正当な理由がある場合および同項の通告が正確であることを確認する適当な方法がない場合には，同項の規定を適用しない旨を定めている。

コンテナを用いた運送においては，実務上，CFS Cargo（LCL Cargo）の場合には，運送人において運送品をコンテナに収納するため，運送人は運送品を確認し得るが，CY Cargo（FCL Cargo）の場合には，すでに運送品がコンテナに収納された状態で荷送人からコンテナ・ヤードにて受け取るため，運送人においてコンテナ内の運送品を確認し得ず，荷送人による通告が正確であるこ

とを確認することができない。したがって，CY Cargo（FCL Cargo）の場合には，B/L には，荷送人の通告どおりに運送品の種類，個数，容積および重量などが記載された上で，"said to contain"，"shipper's load and count"などと記載されるのが一般的であり，裏面約款において UNKNOWN CLAUSE（不知約款）が設けられている場合もある。

　B/L に不知文言・不知約款がある場合で，B/L 上になされた記載と実際に船積みされた運送品の種類，数量などが異なるときに，運送人はいかなる責任を負うか。

―――― 事例15　東京地判平10・7・13判夕1014号247頁 ――――

　本件は，「梱包の種類・荷物の明細」欄に，荷送人がコンテナに積み込み，計測したものであることを示す「SHIPPER'S LOAD AND COUNT」および荷物の内容は荷送人が通告したものであることを示す「SAID TO CONTAIN」との不知文言が記載された B/L を発行した運送人が，B/L と引き換えることなく，B/L が表章する荷物を，B/L 所持人以外の者に引き渡したため，B/L 所持人が運送人に対し損害賠償を請求した事案である。

　本判決は，国際海上物品運送法が，8条1項において，運送品の種類，運送品の容積もしくは重量または包もしくは個品の数および運送品の記号は，荷送人から書面による通告があったときは，原則として通告に従って記載しなければならないとし，2項において，その例外として，通告が正確でないと信ずべき正当な理由がある場合および通告が正確であることを確認する適当な方法がない場合を規定し，この例外にあたるときは，不知文言，留保文言などを付すことができ，これを付せば，運送人は，B/L の記載どおりの義務から免れるものと解されているとした上で，本件における不知文言は，一般の場合と異なるところはなく，その効力を有し，運送人である被告は，当然には本件運送品が B/L 上に記載された運送品と同一であることについて責任を負うものではないと判示して，当該 B/L の不知文言の有効性を認めた。さらに，不知文言の効力が認められるのは B/L と引換えに引渡しが行われた場合に限定される，不知文言を理由に免責を主張するのは権利の濫用であるとの原告の主張を排斥し，運送人である被告は，当然には当該運送品が B/L 上に記載された運送品と同一であることについて責任を負うものではないとして，原告は，現実に存在した運送品について損害賠償を求めることができるにすぎないと判示した。

　なお，本件においては，国際海上物品運送法13条1項所定の責任限度額の主張はなされていない。

事例15を前提とする限り，少なくとも国際海上物品運送法8条2項に定める場合にあたるべき事情があるときは，B/Lに記載された不知文言は有効であり，運送人に対し責任を追及する者は，現実に存在した運送品およびその時価を主張・立証しなければならないこととなろう。

事例25　TS YOKOHAMA号事件（東京地判平20・12・16海事法203号24頁）

本件は，被告が海上運送したコンテナ詰め貨物の一部に濡損が発生し，原告が，当該貨物の荷受人との間の保険契約に基づき，荷受人に対し，上記事故による損害をてん補するため保険金を支払い，これによって荷受人の被告に対する損害賠償請求権を保険代位により取得したとして，被告に対し損害賠償を請求した事案である。原告は，被告が発行したB/Lには当該コンテナには外部から認められる異常があった旨の記載がないから，被告による本件貨物の受取り時には外部からは本件貨物に異常が認められなかったことを意味し，これについて法律上の反証は許されない（国際海上物品運送法9条）と主張したのに対し，被告は，本件B/L上には「said to contain」との不知文言が記載されており，同条の効力は排除されると主張した。

本判決は，「船荷証券上の『運送品を外観上良好な状態で船積した』旨の記載は，国際海上物品運送法7条1項3号所定の記載であって，運送品が包装ないし荷造されていて運送品自体を外部から見ることができない場合においては，右包装ないし荷造が外観上異常がなく，かつ，運送品を目的地に運送するに十分な状態であるとともに，運送品そのものが相当な注意をもってしても外部からは何らの異常も感知できない状態であることを運送人が認めたものではあるが，進んでそれ以上に運送人において相当の注意をしても外部から感知できない運送品そのものの状態に異常がないことまでも承認するものでない」旨を判示した最判昭48・4・19民集27巻3号527頁を引用し，本件B/Lには，「said to contain」との記載があるが，本件B/L上に上記文言が記載された位置および前後の関係などからすれば，それは直接的には運送品そのものの種類，重量または個数などの不知を指すものと考えられ，当該記載から直ちに，国際海上物品運送法7条1項3号の『外部から認められる運送品の状態』についてのB/Lの記載の効力に影響を及ぼすものと認めることはできないと判示した（ただし，本判決は，結論としては，本件B/Lに外観上何らかの異常が認められる旨の記載がないことは，被告が本件コンテナを受け取ったときに，本件コンテナの外観上異常がなかったことを認めたものということができるが，進んでそれ以上に，本件コンテナ内部の本件貨物の状態について異常がなかったことを認めたものということはできないと判示している）。

事例25からは,「said to contain」との記載が本件B/Lのどの部分になされていたかは不明であるが,一般には貨物の明細（Description of Goods）の欄に記載されることが多く,おそらく本件B/Lも同様であったと思われる。本判決は,「said to contain」との不知文言により,B/L上のすべての記載について国際海上物品運送法9条の適用がなくなるわけではなく,不知文言が記載された位置などから,その効力が及ぶべきB/Lの記載事項を判断すべきであることを示したものである。

英国法における不知約款・不知文言

英国法においても,不知約款・不知文言は有効と解されている（New Chinese Antimony Co Ltd v Ocean Stamship Co Ltd [1917] 2 KB 664など）。ただし,「weight, contents and value unknown」との不知文言は,船積みされた包（packages）に関する記載には及ばない（Attorney General of Ceylon v Scindia Steam Navigation Co of India [1961] 2 Lloyd's Rep. 173),「quality unknown」との不知文言は貨物の状態（condition）に関する記載には及ばない（Compania Naviera Vasconzada v Churchill & Sim [1906] 1 KB 237）などとする裁判例もある。我が国の前記裁判例は英国法の裁判例と同様の傾向にあると考えられる。

5．船荷証券（B/L）の当事者

設問19　船荷証券（B/L）における運送人

> **Q** B/Lにおける運送人とは何者か？　運送人はどのように特定されるか？

> **A** B/L上の運送人（Carrier）とは，B/Lによる運送契約の一方当事者であり，同契約に従って運送品を運送して荷受人に引き渡す義務を負う者である。具体的に誰が運送人であるかは，B/L上の記載に基づいて特定される。

　運送人は，荷送人との間で締結した運送契約に従い，運送品を安全かつ迅速に目的地に運送する義務を負う。運送品が運送中に滅失，損傷したり到着が遅れたりした場合，荷主は，運送人に対して損害賠償を請求することになる。

　B/Lが発行されているとき，運送人が誰かは，B/Lの記載に基づいて判断される。B/L上，一義的かつ明確に運送人が特定されていれば，何ら問題は生じない。しかし，実務では必ずしもこのようにいかないのが実情である。このため，多くの場合，B/L上のさまざまな記載等を手がかりに運送人を特定していく必要がある。

運送人を特定するための手がかりとなる諸記載

(1) 署名の名義

　B/Lは，荷送人の請求に基づき，発行者である運送人が記載し署名することによって作成される。したがって，誰が，どのような名目で署名をしたかは，運送人を特定するための大きな手がかりとなる。

　まず，署名の下に，"for A as carrier" や "for A, the carrier"（「運送人Aのために」）など，署名者が運送人たるAのために署名した旨が記載されている場合，運送人として表示されているのはAである。

　署名の下に，"by A"（「Aにより」）とか単に "A" など署名者Aの名称しか記載されていない場合も，運送人として表示されているのはAである。B/Lは運送人が署名して発行するものなので，別段の記載がない限り，B/Lに署名した者が運送人だと推測されるからである。

　"for Owners A"（「船主Aのために」）とか "for Charterers A"（「傭船者Aのために」）などの記載も，同様に，運送人がAであることの手がかりとなる。

署名の下に，"for the Master"（「船長のために」）と記載されている場合は若干の注意を要する。あたり前のことだが，このような記載があるからといって，文字どおり船長個人が運送人だとされるわけではない。日本法のもとでも英国法のもとでも，"for the Master"として署名がなされている場合，運送人として表示されているのは，船長を使用する船主だと理解されている（図19-1）。

もっとも，船主が本船を裸傭船（Bareboat Charter/Demise Charter）に出している場合は別である。裸傭船の場合，船長を使用するのは船主ではなく裸傭船者なので，同じ"for the Master"の記載があっても，運送人として表示されているのは船主ではなく裸傭船者と理解される（図19-2）。

なお，「Aのために」というBの署名がAに対して効力を及ぼすためには，AがBに対して署名権限を与えているか，あるいはBに表見的権限が認められる必要があることに留意されたい。

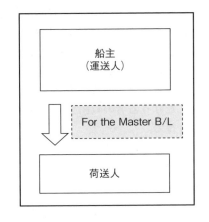

図19-1 署名の例-1

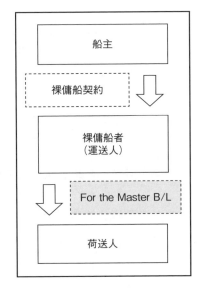

図19-2 署名の例-2

(2) 頭書（Letterhead）の記載

B/Lの証券面の頭書には，B/Lの発行に関与した会社の商号やロゴ・バナーなどが掲載されていることが多い。このような頭書の記載も，運送人を特定するための手がかりとなる。

(3) 運送人特定条項（identity of the carrier clause）

B/Lの裏面約款の中に，「運送人はAである」などと定めた条項が置かれることがある。このような条項も運送人特定のための手がかりとなり得る。

(4) デマイズ・クローズ（Demise Clause）

B/L の裏面約款には，「本B/L のその他の記載にかかわらず，運送人は常に船主または裸傭船者である」などと規定し，定期傭船者や航海傭船者などが運送人となることはないと定める条項（「デマイズ・クローズ」と呼ばれる）が置かれることがある。デマイズ・クローズの効力については議論があるが，運送人たりうる者の範囲を限定するという点で，運送人特定のための手がかりとなり得る。

(5) 運賃の収受者

運送契約において，運賃は運送の対価である。このことに照らせば，運賃を自らの名において受け取る者こそが運送人であるという考え方も成り立つ。したがって，B/L 上に運賃の収受者が規定されていた場合，これも運送人の特定のための手がかりとなり得る。

≪船荷証券上の運送人を特定するための手がかりとなる記載≫
- 署名欄の記載（誰のために署名がなされているか）
- 頭書の記載（Letterhead には誰のロゴや社名，バナー等が記載されているか）
- 運送人特定条項（運送人を特定する旨の条項はないか）
- デマイズ・クローズ（運送人を船主／裸傭船者に限定する旨の条項はないか）
- 運賃の収受者（運賃を受け取る者が誰かについての記載はないか）

B/L上の運送人を特定することの困難

上記の各要素がすべて同一人／会社を指し示していれば，運送人の特定にそれほど問題は生じない。

しかし，実際のB/L には，他社の書式を使い回したり，さまざまなB/L の記載を切り貼りしたりして作成されたと思しきものがあり，中には確信犯的に運送人を特定しにくくしているのではないかと疑いたくなるようなB/L を発行する者もいる。このようにして発行されたB/L には，上記各要素が指し示す運送人が一致しないものもある：

小問A

B/Lの証券面（表面）の頭書（letterhead）には，A社の社名，ロゴおよびバナーが大きく記載されていた。しかし，証券面右下の署名欄には"by B as Carrier"（「署名者：運送人B」）と記載されていた。荷主Xは，貨物の損害について，AとBのどちらを運送人として訴えればよいか。

小問B

B/Lの証券面の頭書には，A社の社名，ロゴおよびバナーが大きく記載されていた。署名欄にも，"by A as Carrier"（「署名者：運送人A」）と記載されていた。もっとも，A社は本船の定期傭船者であり船主はB社だった。そして，B/Lの裏面約款には，「傭船者ではなく船主のみがB/L上の運送人としての責任を負う」旨を記載したデマイズ・クローズがあった。荷主Xは，貨物の損害について，AとBのどちらを運送人として訴えればよいか。

運送人の特定に関する主要な裁判例

以下，B/L中の記載が指し示す運送人が一致しない場合において，裁判所がどのようにして運送人を特定してきたかを簡単に見る。

(1) ジャスミン号事件

事例26　ジャスミン号事件（最判平10・3・27民集52巻2号527頁）

【事案】
　運送品の損傷に関し，貨物保険会社が船主Oおよび定期傭船者Cの両方に対して訴訟を提起したところ，Cが運送人であるかが争点となった。
B/Lには次のような記載があった：

	記載の場所	要素	記載内容	誰が運送人として示されているか
(1)	証券面頭書	社名・ロゴ／バナー	定期傭船者C	C
(2)	証券面末尾	署名欄	"for the Master"	O
(3)	裏面約款	デマイズ・クローズ	船主または裸傭船者のみが運送人となる	O

(4)	証券面末尾	運賃	船主／船長を代理した者が運賃を受領した旨の記載	O

【判断】
　一審である東京地方裁判所，控訴審である東京高等裁判所ともに運送人はCではなくOであると判断した。最高裁判所は，「B/Lを所持する第三者に対して運送契約上の債務を負担する運送人が誰であるかは，B/Lの記載に基づいてこれを確定することを要する」という一般論を述べた上で，本件の事実関係のもとでは「Cが運送人として責めを負うとは認められないとした原審の判断は，結論において是認することができる」として，下級審の結論を維持した。

　最高裁は，運送人がOであるという下級審の結論を支持しただけであって，判断にあたってB/L上のどのような記載を重視したかは必ずしも明らかにしていない。

　最大公約数として導き出せる指針は次のとおりだろう：

≪ジャスミン号事件判決から導くことができる指針≫

・船荷証券を所持する第三者に対して運送契約上の債務を負担する運送人が誰か，という問題は，船荷証券上の記載を基本として確定するべきである
・署名欄に"for the Master"との記載があり，裏面にデマイズ・クローズがあり，かつ運賃を船主・船長の代理人が受領したとの記載がある場合，たとえ頭書の社名やロゴが定期傭船者のものであっても，運送人は船主となる。

(2) カムフェア号事件

　ジャスミン号事件の東京高等裁判所判決が出た1993年と最高裁判決が出た1998年の間に，次のような下級審裁判例が現れた。

設問19 船荷証券（B/L）における運送人

事例27　カムフェア号事件（東京地判平9・9・30判時1654号142頁）

【事案】
　運送品の全損に関し，貨物保険会社が定期傭船者Cに対し運送人としての責任を追及した。
B/Lには次のような記載があった：

	記載の場所	要素	記載内容	誰が運送人として示されているか
(1)	証券面上部	社名・ロゴ／バナー	定期傭船者C	C
(2)	証券面末尾	署名欄	"for the Master"	O
(3)	裏面約款	デマイズ・クローズ	船主または裸傭船者のみが運送人となる	O
(4)	裏面約款	運賃	定期傭船者Cが運賃請求権を有する。	C

【判断】
　裁判所は以下のとおり判断し，運送人は定期傭船者Cであると認めた。
・運送人を特定するにあたっては，B/L上の記載を重視すべきであるとしても，当該契約成立の際の事情も考慮して判断すべきである。
・本件証券面の for the Master の記載は船主を署名者とする趣旨と解される。このことに照らせば，証券面上部に傭船者の名称が表示されていたとしても，定期傭船者が運送契約の当事者たる運送人として表示されたことにはならない。
・しかし，運送人の名称はB/Lの記載事項とされているところ，本件B/Lでは船主の名称および所在が記載されておらず，運送人の表示を欠いている。このような場合には，"for the Master" という文言のもとで署名がなされたとしても，運送人たる船主または裸傭船者の名において署名がなされたとは評価できない。
・一方，裏面約款によれば，傭船者が運賃請求権を有するものとされている。運送契約においては，運賃請求権を有する者こそが運送人なので，本件では定期傭船者Cが運送人である。
・本件デマイズ・クローズは，運送人Cの責任を消滅させる点で荷送人，荷受人またはB/L所持人に不利な条項なので，国際海上物品運送法15条1項に違反し無効である。

本判決の注目すべきポイントは，(i)"for the Master"の記載から証券面は船主を運送人として表示する趣旨であったと認めたにもかかわらず，B/L上の船主の名称や所在に関する記載が不十分であったことに照らし，結局そのような効果を認めなかったこと，(ii)裏面約款中の運賃に関する記載および運賃収受権に関する法律論を手がかりとして，定期傭船者が運送人であると判断したことである。

また，ジャスミン号事件の最高裁判決が，運送人が誰であるかは「*B/Lの記載に基づいてこれを確定することを要する*」と判示したのに対し，カムフェア号事件判決は「*B/L上の記載を重視すべきであるとしても，当該契約成立の際の事情も考慮して判断すべき*」だと判示している。両判決が整合しているか否かについては議論があるが，差しあたっては以下のような指針を導くことができるだろう：

≪カムフェア号事件判決から導くことができる指針≫
・運送人の表示に関し，署名欄の記載は，証券面頭書の記載に優先する。
・船荷証券に"for the Master"との記載があったとしても，船主（ないしは裸傭船者）の名称や住所等の記載が充分でない場合，船主（ないしは裸傭船者）が運送人と認められない可能性がある。
・デマイズ・クローズは，定期傭船者が運送人と認められる場合にはその限度で無効とされる可能性がある。
・運賃請求権の帰属先の記載は運送人の判断に影響する可能性がある。

(3) **Starsin号事件**

最後に，英国のリーディングケースを検討する。

――― 事例28　Starsin号事件　[2003] UKHL 12 ―――

【事案】
　運送品が損傷したが，傭船者Cが倒産してしまったので，荷主は船主Oが運送人であると主張して損害賠償を請求した。
B/Lには次のような記載があった：

	記載の場所	要素	記載内容	誰を指し示すか
(1)	証券面上部	社名・ロゴ／バナー	傭船者C	C

(2)	証券面末尾	署名欄	"as agent for C as Carrier"	C
(3)	裏面約款	デマイズ・クローズ	船主または裸傭船者のみがB/L上の運送人となる旨の条項があった。また，運送契約の当事者は船主であるという運送人特定条項もあった	O
(4)	―	運賃	摘示なし	―

【判断】

　貴族院は，全員一致で傭船者Cが運送人であると認定し，荷主の訴えを斥けた。理由は要旨次のとおりである：

・証券面の記載からは，運送契約の当事者が，傭船者が運送人であるとの前提に立っていたことが明らかである。

・当事者が特に加えた文言（たとえば署名）と印字文言が矛盾した場合，前者が優先する。

・合理的な B/L の読み手は，B/L の裏面約款まで読むことはなく，仮に読んだとしても定義条項までしか読まない。

・信用状に関する統一規則である UCP500（現在は UCP600 に改正）は，運送人は B/L の証券面の記載によって特定されていなければならないと規定している。このこともあって，実務上，銀行は B/L の裏面約款まで読むことを要求されていない。実務を踏まえると，B/L上の運送人の特定は原則として証券面の記載に基づいて行うべきである。

　Starsin号事件貴族院判決は，B/L上の運送人をCと特定するにあたり，証券面の記載を裏面約款に優先させ，かつ特に加えられた文言を印字文言に優先させることを明らかにした。

　上記判決は，日本の裁判例が証券面と裏面の記載を同じレベルで検討していたことと対照的である。

　Starsin号事件貴族院判決（2003年）は，日本から見れば外国の裁判例ではあるが，海事分野で大きな影響力を持つ英国において，ジャスミン号事件最高裁判決およびカムフェア号事件判決より後になされたものである。したがっ

て，日本の裁判所に同様の事件が現時点で新たに係属した場合，Starsin号事件貴族院判決が参考とされる可能性もある。

例外：航海傭船契約のもと発行されたB/L上の運送人の特定

なお，航海傭船契約（Voyage Charterparty）が締結された場合に船主などが航海傭船者にB/Lを発行することがある（図19-3）。このようなB/L（「傭船契約B/L」「Charterparty Bill of Lading」）と，背後にある航海傭船契約の関係については設問3を参照されたい。

上記状況で運送品に関する訴を起こす場合に誰を運送人と捉えるべきかは，航海傭船者が訴える場合と傭船者からのB/L譲渡を受けた第三者が訴える場合とで異なる。前者の場合，B/Lの記載にかかわらず航海傭船契約上の船主（Owner/Disponent Owner）が運送人となるのが原則である。後者の場合，航海傭船契約にかかわりなくB/Lの記載に従って運送人を特定するのが原則である。

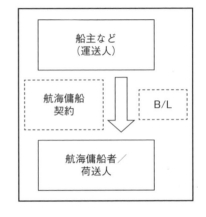

図19-3　傭船契約B/L

設問20　船荷証券（B/L）上の荷送人

> **Q**　B/L に記載される荷送人は誰か？
>
> **A**　B/L の荷送人欄には，運送人と運送契約を締結した者の名前を記載することも，運送人と運送契約を締結していない，貨物の事実上の発送人の名前を記載することもできる。つまり，B/L 上に荷送人として記載された者が常に運送契約の当事者（運賃支払義務者）であるとは限らない。運送契約の当事者（運賃支払義務者）が誰であるかは，B/L 上の荷送人の記載に加え，契約締結に至る交渉経緯や貨物の運送状況等，諸般の事情を総合的に考慮して判断される。

B/L 上に荷送人として記載されるのは誰か—B/L の有効性との関係

　国際海上物品運送法7条1項4号は，B/L には荷送人の氏名・商号を記載しなければいけないと定めている。ここに言う「荷送人」とはいかなる当事者を指すのだろうか。同法2条3項は，荷送人とは運送を委託する者をいうと規定しており，この文言からは，荷送人とは運送人と運送契約を結んだ者を意味するものと理解される。しかし，B/L に記載されるべき荷送人の意義について，裁判所はより広い解釈を認めている（事例12）。すなわち，B/L に記載される荷送人には，①運送人と運送契約を締結した者（船積申込者）と，②貨物の事実上の発送人だが，自らが運送人と運送契約を締結した訳ではなく，運送取扱事業者を介して運送を手配した者の2パターンがあると考えられている（運送取扱事業者とは，物品の運送を希望する者の依頼により，運送人の手配や運送関係書類の準備など，運送に必要な各種事務を請け負う事業者である。運送取扱事業者に運送手配を委託した場合，運送契約は運送人と運送取扱事業者との間で結ばれる（図20-1参照））。したがって，日本法上，B/L の荷送人欄に運送契約の当事者でない事実上の発送人の名前を記載したとしても，その B/L の有効性に影響はない。

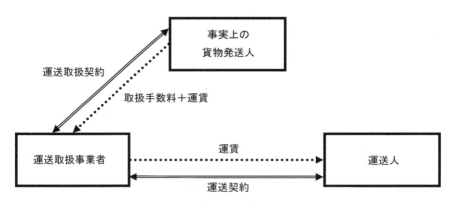

図20-1　運送取扱事業者を介した運送手配のイメージ

> ―――― 事例12　大判昭12・12・11民集16巻1793頁 ――――
>
> 　X（貨物の事実上の発送人）は，運送人から，荷送人欄にXの名前が記載されたB/Lの交付を受けた（ただし，運送人と運送契約を締結したのは運送取扱事業者であってXではなかった）。ところが，その後，貨物がB/Lを所持しない第三者に引き渡されてしまったため，Xは，B/L所持人として，運送人に対して損害賠償を求める訴えを提起した。これに対し，運送人は，荷送人欄に運送契約の当事者以外の者を記載したB/Lは無効である等と主張して，損害賠償責任を争った。大審院は，「荷送人」とは広く荷主を指すものであり，事実上の貨物発送人で運送契約の当事者でない者もまた荷送人と言って差し支えないと述べ，荷送人欄にそのような者の名前を記載したB/Lも有効であるとして，Xの損害賠償請求を認めた。

運送契約の当事者（運賃支払義務者）の特定とB/L上の荷送人の記載との関係

　では，運送契約の当事者（運賃支払義務者）が誰であるかが問題になった場合，B/Lの荷送人欄の記載はどの程度参考になるのであろうか。この点については，B/L上の荷送人の記載は参考資料の一つにはなり得ても唯一絶対の判断材料になるものではなく，運送契約の当事者（運賃支払義務者）が誰であるかは，B/L上の荷送人の記載に加え，契約締結に至る交渉経緯や貨物の運送状況等，諸般の事情を総合的に考慮して判断されるべきものと考えられている。

設問20　船荷証券（B/L）上の荷送人

―― **事例29**　東京地判平16・4・9判時1869号102頁 ――

　運送人は，FF（フレイト・フォワーダー），その現地法人および代理店からそれぞれ船積み依頼を受け，極東からブラジル・サントスへ向けた貨物運送を引き受けていた。それらの運送に関する運賃についてはすべてFFが運送人と交渉した上で合意されていたが，各運送について発行されるB/Lの荷送人欄には，その船積み依頼元に応じて，それぞれFF，FFの現地法人またはFFの代理店の名前が記載されていた。ところが，その後，FFが運賃を支払わなくなったため，運送人がFFに対して未払運賃の支払いを求めて訴えを提起した。これに対し，FFは，FFの現地法人または代理店が荷送人となっているB/Lに関する運送については，FFは運送契約の当事者でなく，したがって運賃の支払義務を負わない等と主張した。裁判所は，B/Lの荷送人欄の記載のみから運送契約の当事者を確定することはできないと述べ，それまでの運賃に関する交渉経緯などに鑑みれば，本件運送契約は運送人とFFとの間で締結されたものと認められるとして，運送人の請求を認めた。

設問21　荷送人の義務と責任

> **Q**　荷送人は，運送人に対して，どのような義務や責任を負うか？

> **A**　荷送人は，運送人に対し，次の3つの基本的な義務を負う。
> ①　運賃を支払う義務
> ②　運送人に対して運送に適した状態の貨物を引き渡す義務
> ③　運送人に対して貨物に関する情報を提供する場合，正確な情報を提供する義務
>
> また，荷送人が危険物を船積みしようとする場合，荷送人は，運送人に対して，その貨物の危険な性質について通告する義務を負う。それに違反したことにより運送人または運送人以外の第三者に損害を及ぼした場合，荷送人は，それらの者に対して損害賠償責任を負う可能性がある。
>
> その他，荷送人は，船荷証券約款上の義務に違反した場合に損害賠償責任を負う可能性がある。

荷送人の義務―3つの基本的な義務

(1) 運賃を支払う義務

　海上物品運送契約上，荷送人は大きく分けて3つの基本的な義務を負うと考えられている（ここで「基本的」とは，貨物の種類や性質にかかわらず，海上物品運送契約における荷送人として一般的に負うべき義務という意味である）。その1つ目は，運賃を支払う義務である。この点，ヘーグ・ルールおよびヘーグ・ヴィスビー・ルールには荷送人の運賃支払いに関する規定は一切置かれておらず，したがって，両条約の内容を国内法化した法律である国際海上物品運送法にも荷送人の運賃支払いに関する規定はない。しかし，少なくとも日本法上は，荷送人の依頼により貨物を運送した船社等の運送事業者は，荷送人との間で運賃に関して特に合意をしていない場合であっても，その運送に関する相

当の報酬を請求する権利がある（翻せば，荷送人には相当額の運賃を支払う義務がある。商法4条1項，502条4号，512条）。また，実務上は，運送契約（B/Lが発行される場合にはそのB/L）に荷送人の運賃支払義務が規定されるのが通常であり，この場合，荷送人はその契約に従って運賃を支払う義務を負うことになる。

(2) **運送人に対して運送に適した状態の貨物を引き渡す義務**

　荷送人の基本的義務の2つ目は，運送人に対して運送に適した状態の貨物を引き渡す義務である。荷送人は，貨物を運送人に引き渡すにあたって，運送中に生じうる通常の危険によって貨物損害が生じることのないよう，その貨物の性質，形状，重量，大きさに応じた適切な方法で梱包し，荷造りをしなければならない。ヘーグ・ルールおよびヘーグ・ヴィスビー・ルールは，このことを「荷造の不十分（Insufficiency of packing）」が運送人の免責事由になるという形で定めており（4条2項(n)），日本法上も，この条約の規定を受けて，国際海上物品運送法に同趣旨の規定がある（4条2項10号）。

> **事例30　トレード・フォイゾン号事件（東京地判平19・7・31 判例集未登載）**
>
> 　荷送人は，運送人との間で，銅箔（本件貨物）をロサンゼルスから香港まで運送する海上運送契約を締結した。本件貨物は，ロール状に巻き取られた上で一定数量ごとに木箱に梱包され，さらに複数の木箱を鋼帯で一つに束ねた形状（"バンドル"）42束にまとめられていた。これら42束のバンドルは，荷送人によってコンテナ3本に分けて積み付けられた上で，本船に積載された。ところが，香港に到着した本件貨物にはその一部に損傷が生じていた。そこで，荷受人に保険金を支払った損害保険会社が，運送人に対して，海上運送契約の不履行を理由とする損害賠償請求訴訟を提起した。
>
> 　裁判所は，本件貨物の損傷は，荷送人が海上運送中にコンテナ内で各バンドルが移動しないよう適切かつ十分な積付けをしなかったことが原因であって，運送人に海上運送契約上の債務不履行はないと述べ，損害保険会社の請求を退けた。

　加えて，実務では，運送契約（B/Lが発行される場合にはそのB/L）上，荷送人に貨物の梱包・荷造りに関するより広範な義務が課せられることがある。すなわち，荷送人は，運送人に対し，運送に適した状態で貨物を引き渡す義務を負い，荷送人がそれに違反した場合，運送人はその義務違反から生じた貨物の滅失・損傷について責任を負わないのみならず，荷送人はその違反から

生じたその他の貨物・船舶・乗組員に対する人的・物的損害につき責任を負うと規定されることがある。

(3) **運送人に対して貨物に関する情報を提供する場合，正確な情報を提供する義務**

　荷送人の基本的義務の3つ目は，荷送人が運送人に対して運送を委託するに際して貨物に関する情報を提供する場合には，正確な情報を提供しなければいけないという義務である。ヘーグ・ルールおよびヘーグ・ヴィスビー・ルールは，荷送人が運送人に対して貨物の識別のために必要な記号（Case MarkやShipping Markとも呼ばれる）や貨物の数量・容積・重量を通告した場合，荷送人は，その通告内容が不正確であったために生ずるすべての損害および費用について運送人に賠償しなければいけないと定めており（3条3項(a)(b)，同条5項），日本法上も，この条約の規定を受けて，国際海上物品運送法に同趣旨の規定がある（8条1項，同条3項）。なお，実務上も，運送契約（B/Lが発行される場合にはそのB/L）に同趣旨の規定が置かれる場合が多い。

危険物の船積みに関する荷送人の義務と責任

(1) **はじめに**

　このように，荷送人には，貨物の種類や性質に関係なく一般的に課せられる3つの基本的義務がある。他方，荷送人が運送契約に関連して運送人に対し損害賠償責任を負うという場面を想定した場合，これら3つの義務が問題になる場合と並んで——またはそれ以上に——実務上重要なものとして，荷送人が運送人に対して危険物の運送を委託する場合を挙げることができる。特に近時に至っては，運送人が貨物の具体的内容を必ずしも確認することのできないコンテナ船による運送において，運送人の知らないうちに危険物を積み付けたコンテナが本船に積載され，その結果として本船および他の積荷が損傷を被るといった事故も起こっており，このような場合に荷送人の責任をどのように考えるかが重要な問題となる。

(2) **危険物の船積みに関する荷送人の義務**

　危険物の船積みに関しては，ヘーグ・ルールおよびヘーグ・ヴィスビー・ルール4条6項を受けて，国際海上物品運送法11条に「危険物の処分」という見出しを付された規定がある。しかし，同条は，運送人に知らされずに危険物が船積みされた場合には運送人はいつでもそれを処分できること等を定める

のみで，危険物を船積みする荷送人がいかなる義務を負うかについては直接明らかにしていない。また，同条に限らず，国際海上物品運送法のどこにも危険物の船積みに関する荷送人の義務を定めた規定はない。

　では，荷送人は，危険物の船積みに関し，運送人に対して何らの義務も負わないのであろうか。この点，運送人と荷送人との間の法律関係を直接規律するものではないが，危険物の海上運送に関係する当事者の行政上の義務（つまり，国に対する義務）を定めたものとして，「危険物船舶運送及び貯蔵規則」（昭和32年運輸省令第30号。本稿執筆時点での最新版は，平成26年12月12日に改正された平成26年国土交通省令第93号）という行政法規があり，その内容がここでの議論の参考になる（同規則は，IMOによる1974年の海上における人命の安全のための国際条約（SOLAS条約）に基づいて定められた国際海上危険物規程（IMDGコード）に基づくものである）。すなわち，この規則では，海上運送される危険物の取扱い方法やその対象となる危険物のリストが定められており，危険物を船積みしようとする荷送人は，船主または船長に対し，その危険物の内容や数量の明細を記した書面（危険物明細書）を提出しなければいけないとされている（17条1項，30条1項，35条1項）。そして，もしも荷送人が船主または船長に対して危険物明細書の提出をせず，または虚偽の内容を記載して提出した場合には，刑事罰の対象になると定められている（394条5号，395条3号）。

　そこで，このような関連法令の規定に沿うように，国際海上物品運送法の解釈としても，荷送人は，危険物を船積みしようとする場合，運送人に対してその貨物の危険な性質に関する通告をなすべき運送契約上のまたは信義則上の義務を負う，という考え方が学説上有力に唱えられている。運送人がその運送を引き受けるべきか否か，また，引き受けるとして，適切な運送方法はどのようなものか，運送中に何か特別に注意すべき事柄はあるか，運賃をいくらに設定すべきか等を判断するために，委託された貨物の危険性の有無・程度を知る機会を確保することは，実務上，安全かつ効率的な運送サービスが提供されるために必要不可欠なことといえよう。このことに照らせば，荷送人は運送人に対して危険物通告義務を負うという学説の考え方は，実務上も支持されよう。なお，英国においても，運送契約上，荷送人は運送人への通告なしに危険物を船積みしないという黙示の義務（「黙示の義務」とは，契約書の中に明示的に書かれていなくとも，契約当事者が黙示的に引き受けたものとみなされる義務のことをいう）を負うと理解されている（Brass v Maitland事件（1856）6 E&B 470など）。なお，実務上は，運送契約（B/Lが発行される場合にはそのB/

L）に危険物通告義務についての規定が置かれることが多い。

(3) 危険物とは

ところで，ここでいう危険物（危険性を有する貨物）とはどのようなものをいうのだろうか。この点，国際海上物品運送法上，危険物について言及する規定としては11条があるが，同条からうかがえる危険物の意義は「引火性，爆発性その他の危険性を有する」貨物ということだけであって，定義としては漠然としていると言わざるを得ない。そこで参考になるのが，上記でも触れた「危険物船舶運送及び貯蔵規則」である。この規則では，海上運送される危険物の取扱い方法が定められており，その対象となる危険物として，①火薬類，②高圧ガス，③引火性液体類，④可燃性物質類，⑤酸化性物質類，⑥毒物類，⑦放射性物質等，⑧腐食性物質，⑨有害性物質などが掲げられている（3条1項）。この規則は，運送人と荷送人との間の法律関係を直接規律するものではないが，荷送人が船積みする貨物が運送人との関係で危険物通告義務を生じうる「危険物」であるか否かを判断する上で，一つの有力な参考資料になると考えられる。ただし，これもあくまで参考資料の一つであって，唯一絶対の判断基準ではないというべきである。何が運送人との関係で危険物通告義務を生じうる「危険物」であるかの判断は，結局，個々の事案における運送契約の内容と具体的な事実関係によるものと言わざるを得ない。この点に関する我が国の裁判例の蓄積は乏しく，英国の裁判例が参考になるので，以下に紹介したい。

まず，英国法上も，何が危険物にあたるかは，関連する運送契約の内容と具体的な事実関係に照らして判断すべきと考えられている。

事例31　Athanasia Comninos号事件　[1990] 1 Lloyd's Rep. 277

　本船は，定期傭船者の指示のもと，荷送人Aと荷受人Bとの間で売買された石炭（本件貨物）をカナダから英国に向けて運送していた。本件運送に関しては船荷証券が発行されており，その荷送人欄と荷受人欄には，それぞれAとBの名前が記載されていた。ところが，航海中に本件貨物から排出されたメタンガスと空気の混合により起きた発火が原因で爆発が起こり，本船が損傷し，乗組員4名が重傷を負った。そこで，船主がAおよびBに対して損害賠償を求めた。

　Mustill判事は，何が危険物にあたるかを考える際には，関連する運送契約の内容と具体的な事実関係に照らして，その貨物の船積みが孕む危険が船主によって契約上引き受けられたものであったか否かを検討しなければいけないと述べた。その上で，同判事は，船主は，せいぜい本件貨物が大多数の石炭貨物に比べ

てよりガスを排出しやすいものであった疑いを提起しただけであり，それでは本件貨物が危険物であることの証明としては不十分であると述べ，船主の請求を退けた。

また，通常の状態であれば安全である性質の貨物でも，それが他の貨物に損害を与えるような状態になれば危険物とみなされうる。

事例32　Ministry of Food v Lamport & Holt事件 ［1952］2 Lloyd's Rep. 371

本船は，トウモロコシを南米から英国まで運送した。しかし，本船に積まれていた別の積荷である獣脂（本件貨物）が航海中に溶けて梱包用の樽から漏れ出し，トウモロコシにしみ込む等したことにより，トウモロコシに損傷が生じた。なお，トウモロコシの荷受人は，本件貨物の荷送人でもあった。

トウモロコシの荷受人から貨物損傷に関する損害賠償を求められた運送人は，トウモロコシの損傷の原因となった本件貨物は危険物であったとして，むしろトウモロコシの荷受人こそ，危険物の荷送人として，運送人に対して損害賠償する必要があると主張した。

Sellers判事は，ある貨物が他の貨物に対して損傷を与えうるような場合にはその貨物は危険物と言いうると考え，本件貨物も，液状化して梱包用の樽から漏れ出すことでトウモロコシに損傷を与えた以上，危険物でありうると判断した。

さらに，英国法上，危険物には，物理的な危険性を有する貨物だけでなく，法律上の危険性を有する貨物，すなわち，違法な貨物で，それによって本船が遅延ないし拘束の危険に晒されるようなものも含まれると考えられている。

事例33　Mitchell Cotts v Steel事件 ［1916］2 KB 610

本船は，イラクからエジプトのアレクサンドリアまで米を運送するために航海傭船に出された。航海開始後，傭船者が船主に対し，目的地をギリシャのピレウスに変更するよう依頼し，これが承諾された。ピレウスでの米の荷揚げには英国政府の許可が必要であり，傭船者はこれを知っていたが，船主はこれを知らなかった。本船は，上記許可を取得することを試み，最終的にそれが拒絶されるまでの22日間，ピレウスに留め置かれた。そこで，船主は傭船者に対し，これに伴う損害賠償を求めた。

Atkin判事は，荷送人には，本件のように本船に通常ない危険や遅延をもたらす恐れのある貨物を通告なく積み込まない義務があると述べ，結論として船主の請求を認めた。

ところで、ヘーグ・ルールおよびヘーグ・ヴィスビー・ルールの4条6項は、引火性、爆発性または危険性を有する物品の荷送人は、その船積みにより直接生じるすべての損害および費用について責任を負うと定めているところ、この「引火性、爆発性または危険性を有する物品（Goods of an inflammable, explosive or dangerous nature）」の意義について、Giannis NK号事件 [1998] 1 Lloyd's Rep. 337で貴族院は、そこにいう「危険性を有する物品（goods of a dangerous nature）」とは引火性や爆発性を伴うものに限られるものではなく、より広い解釈が許されるという判断を示した。

──── 事例34　Giannis NK号事件 [1998] 1 Lloyd's Rep. 337 ────

　本件貨物（落花生の加工品）は、セネガルで船積みされ、ドミニカ共和国まで運送された。本件運送については、ヘーグ・ルールを摂取した船荷証券が発行された。荷揚港に到着した際、本件貨物が害虫に寄生されていることが分かったが、幸いにして、隣接した船倉に船積みされていた小麦には被害が及んでいなかった。しかし、ドミニカ共和国当局がすべての貨物の荷揚げを許可しなかったこと等により、船主は最終的に本件貨物も小麦も廃棄せざるを得なくなった。そこで、船主は、ヘーグ・ルール4条6項に基づき、船主が小麦の所有者に対して行った補償相当額に加え、本件に関して生じた遅延損害およびその他の費用について、本件貨物の荷送人に対し、損害賠償を求めた。

　貴族院は、本件害虫の発生は本件貨物に起因すると認めた上で、ヘーグ・ルール4条6項の「危険性を有する物品（goods of a dangerous nature）」は、引火性や爆発性を伴うものに限られるものではなく、また、本船や他の貨物に直接の物理的な損害をもたらす貨物に限定されるものでもないと述べ、船主の請求を認めた。

　ただし、この貴族院の判断もヘーグ・ルール4条6項にいう「危険性を有する物品（goods of a dangerous nature）」の定義を無限定に広げるものとは理解されておらず、これにあたるためには、それが本船または他の貨物に対して少なくとも間接的に物理的な危険を及ぼすものであることが必要と考えられている。

―― 事例35　Darya Radhe号事件［2009］2 Lloyd's Rep. 175 ――

　本件貨物（大豆加工品）は，ブラジルからイランに向けて本船に船積みされた。本件運送については，ヘーグ・ルールを摂取した船荷証券が発行された。ところが，本件貨物の積込みによって複数のネズミが本船に乗り込み，そのため，ブラジル当局から本件貨物を積込んだ船倉の消毒が命じられた。その後，本船の定期傭船者は，イランで本件貨物の荷揚げが拒絶されて遅延が発生することを恐れ，再検査と再消毒を施すため，本船をポルトガルのリスボンに向かわせた。その上で，定期傭船者は，本件貨物の荷送人に対して，本件貨物の船積みの結果生じた追加費用と遅延損害について賠償を求めた。なお，定期傭船者自身もトウモロコシを本船に積み込んでいたが，それが積み込まれた船倉にネズミが侵入したという証拠は提出されなかった。

　Tomlinson判事は，ある貨物がヘーグ・ルール上の危険物と認められるためには，それが直接または間接に，本船，乗組員またはその他の貨物に物理的な損害を与える性質を有している必要があると述べ，本件ネズミは本船および貨物に直接または間接の物理的な損害を及ぼすおそれのあるものではなかったとして，ヘーグ・ルール4条6項に基づく請求は認められないと判断した。

　なお，近時，鉄鉱石やニッケル鉱石といった固体ドライバルク貨物が運送中の船体動揺などにより液状化して荷崩れを起こすなどした結果，船体がバランスを失い，最終的に沈没するといった重大事故が複数起きている。これらの貨物は，上述の「危険物船舶運送及び貯蔵規則」に掲げられた危険物とは趣を異にするが，その性質上，本設問にいう「危険物」として認識すべき場合があると思われる。実際に，ニッケル鉱石を積んだ本船が貨物の液状化に起因して損害を被ったとして，船主が定期傭船者らに対し，危険物の船積みを理由に損害賠償を求めた事案が英国で報告されている（Anna Bo号事件［2015］2 Lloyd's Rep. 578）。

(4)　**危険物通告義務の内容など**

　荷送人には船積みに際して危険物通告義務があるとして，荷送人は運送人に対してどの程度の内容を通告すれば足りるのであろうか。この点について明示的に述べた裁判例は見当たらないが，この義務の趣旨（運送人にその貨物の危険性の有無・程度を知らせることで，その運送を引き受けるべきか否か，また，引き受けるとして，適切な運送方法はどのようなものか等を判断させること）に照らせば，その通告によって運送人がその貨物の危険性を判断できる程度の内容である必要があると考えられる。

また，荷送人による通告は，遅くともその貨物の船積みまでに，船長その他運送人側においてしかるべき権限を有する者に対してしなければならない。なお，後に争いになることを避けるために通告は書面で行うべきである。

≪危険物通告義務の内容など≫
・運送人が貨物の危険性を判断できる程度の内容を通告する必要がある。
・遅くともその貨物の船積みまでに通告しなければならない。
・通告は書面で行うべきである。

(5) 荷送人が貨物の危険性を知らず，かつ，知ることができなかった場合

荷送人が，自己の貨物についての危険性を知らず，かつ，知ることができなかったために，その危険を運送人に通告することができなかった場合，その貨物が船積みされたことによって生じた運送人の損害について，荷送人は責任を負うのだろうか。この点について，やはり日本の裁判例は見当たらないが，学説は，このように荷送人が通告できなかったことに責めるべき点（過失）がない場合には，荷送人は責任を負わないと考えている。

これに対し，英国法の考え方は逆である。英国法上，荷送人の危険物通告義務違反による責任は荷送人の過失の有無に関係なく課されるものと考えられており，したがって，上記のような場合にも荷送人は危険物通告義務違反の責任を負うことになる。

―― 事例36　Brass v Maitland事件（1856）6 E & B 470 ――

本件貨物（さらし粉（次亜塩素酸カルシウム））は樽に入れられて船積みされたが，航海中に本件貨物が樽を腐食させ，同一船倉内にあった他の貨物に損傷を負わせた。

裁判所における多数意見は，仮に本件樽が第三者から荷送人に引き渡された直後に船積みされ，何ら検査されることがなかったために，荷送人が本件貨物の危険性について知らなかったとしても，荷送人は本件損害について責任を負う，と判断した。

海事法令 関係図書案内

株式会社 成山堂書店
〒160-0012 東京都新宿区南元町4-51 成山堂ビル
TEL 03(3357)5861・FAX 03(3357)5867
図書目録無料進呈

(平成27年4月現在)

国土交通省港湾局港湾経済課 監修
最新 港湾運送事業法及び関係法令

平成26年9月1日現在で、「労働者派遣事業」関係の法律も新たに収録。港運事業者必携の法令集。
A5判 定価 本体4,500円(税別)

大坪新一郎・加藤光一ほか 共編著
シップリサイクル条約の解説と実務

条約策定の背景・経緯と、条約に基づく手続きの実務等を様式の解説、作成例を交えて解説。
A5判 定価 本体4,800円(税別)

神戸大学海事科学研究科海事法規研究会 編著
概説 海 事 法 規

【改訂版】海事法規を学ぶためのバイブル「最新海事法規の解説」を踏襲し,法令改正・制度改正を取り入れて一新した最新版。A5判 定価 本体5,000円(税別)

有馬光孝 編著
船舶安全法の解説【5訂版】

－法と船舶検査の制度－ 平成26年9月現在の法令に則り,逐条解説。関連各種制度や検査業務の実際も詳解。 A5判 定価 本体5,400円(税別)

国土交通省海事局 監修
英和対訳 2010年STCW条約【マニラ改正版】

－1978年の船員の訓練及び資格証明並びに当直の基準に関する国際条約の改正版－2008年1月1日発効の改正。A5判 定価 本体23,000円(税別)

国土交通省海事局 監修
船舶検査受検マニュアル

【増補改訂版】国土交通省の内部規定「船舶検査の方法」に準拠。受検に必要な段取りを解説。平成24年1月現在。 A5判 定価 本体8,000円(税別)

国土交通省海事局安全基準課・検査測度課 監修
最新 小型船舶・漁船安全関係法令

併載：登録・測度に関する法令 関連法規を平成24年1月現在で収録。小型漁船、遊漁船、ボート関係者に必備。 A5判 定価 本体5,700円(税別)

(公財)日本海事センター 編
船舶油濁損害賠償保障関係法令・条約集

SOLAS条約、STCW条約、MARPOL条約に続く第四のグローバルスタンダードとなる条約を英和対訳で収録。 A5判 定価 本体6,600円(税別)

麻生利勝 監修／21海事総合事務所 編著
海 難 審 判 裁 決 評 釈 集

海難審判裁決わ徹底分析。裁決の相違事例を中心に取り上げ問題点を明らかにする。
A5判 定価 本体4,600円(税別)

(財)日本海事センター 編／栗林忠男 監修
海洋法と船舶の通航【改訂版】

国連海洋法条約の諸規定のうち,船舶の通航制度について解説。最新の事例・資料を取り入れた最新版。 A5判 定価 本体2,600円(税別)

海上保安庁交通部安全課 監修
最新 海上交通三法及び関係法令

海上衝突予防法・海上交通安全法・港則法いわゆる"海上交通三法"とその関係法令を平成22年7月1日現在で収録。A5判 定価 本体4,600円(税別)

国土交通省政策統括官 監修
国際船舶・港湾保安法及び関係法令

－付：SOLAS条約附属書第11章の2及びISPSコード－海上テロ対策の法律と関係法令・条約を平成25年5月現在で収録。A5判 定価 本体3,800円(税別)

※定価・書名等は都合により変更される場合があります。あらかじめご了承下さい。

http://www.seizando.co.jp
注文専用E-mail:order@seizando.co.jp

せいざんどう　検索

国土交通省海事局　監修
英和対訳 2006年ILO海事労働条約（正訳）
SOLAS, STCW, MARPOLの各条約に続く、第四のグローバルスタンダード。海事労働関係者必携。平成20年11月発行。A5判　定価 本体5,000円（税別）

国土交通省海事局海技課　監修
最新 水先法及び関係法令
同法・同施行令・同施行規則・同事務取扱要領など28件の法令を収録。平成21年1月現在。
A5判　定価 本体3,600円（税別）

国土交通省海事局船員政策課　監修
最新 船員法及び関係法令
平成25年8月現在の内容。実務に便利な事務取扱要領事務処理基準を完全収録。船内備置図書に最適。A5判　定価 本体5,400円（税別）

国土交通省海事局海技課　監修
最新 船舶職員及び小型船舶操縦者法関係法令
平成26年7月末現在の改定と関係法令等を収録。実務に適した見やすい2段組。
A5判　定価 本体5,700円（税別）

海上保安庁交通部安全課　監修
港則法100問100答【3訂版】
港則法の基本的事項を問答形式によりわかりやすくまとめた。立法主旨も含めて逐条的に解説。平成20年1月現在。A5判　定価 本体2,200円（税別）

国土交通省海事局検査測度課　監修
ISMコードの解説と検査の実際
－国際安全管理規則がよくわかる本－【3訂版】
IMO総会等の関連決議や条約・法令の改正を取り込んだ3訂版。A5判　定価 本体7,600円（税別）

外務省経済局海洋課　監修
英和対訳 国連海洋法条約（正訳）
国連海洋法条約と実施協定及び第三次国連海洋法会議最終議定書を英和対訳で収録したもの。
A5判　定価 本体8,000円（税別）

国土交通省大臣官房総務課　監修
実 用 海 事 六 法
【年度版】毎年4月発行。海事法令シリーズ①～④巻から重要法令を抽出して関係法令ごとに分類収録。　A5判　予価 本体14,000円（税別）

国土交通省海事局海技資格課　監修
海 技 試 験 六 法
【年度版】毎年2月発行。海技試験の口述試験場に持ち込み可能な受験向け六法。学生・受験者必携の法令集。A5判　予価 本体4,800円（税別）

ご注文は、下の注文票で最寄りの書店へお申し込み下さい。また直接弊社宛にご注文される場合、下の注文票に必要事項を記入の上、郵便またはFAXにてお送り下さい。
商品の発送にあたっては、発送費（実費）が別途かかります。個人のお客様のご注文は代金引換のみとなり、代引手数料（324円～）を頂戴致します。

会社名／お名前	書店印
お電話番号	
お送り先ご住所(〒　　－　　)	

お問い合せは⇒03-3357-5861
せいざんどう　検索
〒160-0012 東京都新宿区南元町4-51 成山堂ビル

－難しい専門知識を万人に－
(株)成山堂書店

設問21 荷送人の義務と責任　　　177

≪荷送人が貨物の危険性を知らなかった場合≫
・日本法上，荷送人が貨物の危険性を知らなかったことに過失がない場合，荷送人はその危険物の船積みによって生じた運送人の損失・損害について責任を負わない。
・他方，英国法上は，そのような場合でも荷送人は責任を免れない。

(6) 荷送人が危険物通告義務に違反した場合の責任の内容

荷送人が危険物通告義務に違反した場合，荷送人は運送人に対して損害賠償責任を負う（ただし，日本法上は，現在の学説の考え方に従う限り，荷送人に過失がなければ賠償責任を負わないことになる）。

(7) 運送人以外の第三者への損害賠償責任

これまで，危険物の船積みに関する荷送人の運送人に対する責任を見てきたが，荷送人が適切な通告なく本船に危険物を船積みし，その危険物が運送人以外の第三者に損害を及ぼした場合の荷送人の責任はどう考えるべきか。たとえば，危険物が本船の船体に損傷を与えたが，運送人が船舶所有者でない（つまり傭船者である）場合や，危険物が本船に船積みされたその他の貨物に損害を与えた場合などがこれにあたる。このような場合，適切な通告なく危険物を船積みした荷送人は，船舶所有者や損害を被った貨物の所有者に対して不法行為に基づく損害賠償責任を負う可能性がある。

事例37　エヌワイケー・アルグス号事件
（東京高判平・25・2・28判時2181号3頁）

本船（コンテナ船）は，船主から裸傭船者，定期傭船者へと順次傭船に出され，定期傭船者によってアライアンス（複数船社が共同して同一の船舶航路における定期船サービスを提供する共同運航形態のこと）に投入され，アジア・欧州間の定期航路に配船されていたところ，本船が神戸からロッテルダムへ向けて航行中，船倉内に積載された化学物質（本件貨物）が化学反応を起こしたことにより高熱および発煙を伴う事故が発生し，その結果，本船の船体および積荷に損害が発生した。

そこで，本船の修繕費等を支出した裸傭船者および損傷貨物の保険者が，本件貨物を託送した荷送人に対し，本件貨物は危険物であったにもかかわらず，荷送人が危険物である旨の表示義務等を怠ったため，本件貨物の積載されたコンテナ

が船倉内の熱源に近い場所に積み付けられ，その結果，発熱反応を起こして本件事故に至ったとして，不法行為による損害賠償を求めた。

　東京高裁は，本件貨物は危険物であると認定した上で，そのような貨物を託送する荷送人にはその旨を適切に表示すべき義務があると述べ，その義務を怠ったとして荷送人の不法行為責任を肯定した。

船荷証券約款上の義務違反とそれによる責任

　ここまで述べてきた荷送人の義務と責任は，条約や国内法によって基礎づけられたものである。しかし，これら以外にも，荷送人が船荷証券約款上の義務に違反した結果として損害賠償責任を負う場合があることに注意しなければならない。その一つの例として比較的最近の英国判例を紹介しよう。

> **事例38**　MSC Mediterranean Shipping v Cottonex Anstalt 事件　[2015] 1 Lloyd's Rep. 359
>
> 　運送人と荷送人は，本件貨物（原綿）を中東からバングラデシュまで運送する契約を締結し，運送人が提供したコンテナで運送が実施された。本件運送に関する船荷証券には，運送終了後一定期間が経過してもコンテナが運送人に返却されない場合，荷送人は所定のタリフに基づいた遅延損害金（"Container Demurrage"）を支払う義務を負う旨の規定が置かれていた。
>
> 　ところが，本件貨物が荷揚港に到着した後も荷受人がこれを回収しなかったため，本件貨物を積んだコンテナは長らく荷揚港に放置された。そこで，運送人は，上記の船荷証券約款に基づいて荷送人に遅延損害金の支払いを求めた。
>
> 　Leggatt判事は，運送人の主張を大筋で認め，荷送人は荷揚後相当期間分の遅延損害金を支払う義務を負うと判断した。

　上記の事例で問題になった船荷証券約款は実務上比較的よく見られるものであるが，これに限らず，荷送人が運送契約上どのような義務を負っているかを正しく認識するためには，船荷証券約款の内容をきちんと確認することが肝要である。

危険物の船積みに関する運送人の義務

　本設問では，荷送人の義務と責任のうち，特に危険物の船積みに関するそれについて中心的に述べた。これに対し，危険物の船積みに関する運送人側の義務について言及した最高裁判例があるので，最後に紹介したい。そこでは，荷

送人から適切な危険物の通告を受けた運送人は，それをもとに通常尽くすべき調査をし，その危険物の性質に適した方法で積み付け，運送すべき義務を負うことが明らかにされている。

> **事例39　マーゴ号事件（最判平5・3・25民集47巻4号3079頁）**
>
> 　運送人は，荷送人が販売業者から購入した高度さらし粉（本件貨物）の横浜からエジプト・アレクサンドリアまでの海上運送を委託された。荷送人は，運送人に対し，本件貨物の船舶への積付けに際しての注意事項を記載した連絡票を事前に交付した。しかし，運送人が本件貨物の危険性に応じた適切な積付けをしなかったため，本船がインド洋上を航行中に，本件貨物が原因となって船倉内で火災・爆発が起こり，船体および他の貨物に損害が生じた。
>
> 　運送人は，傭船契約に基づき，船主に対して損害賠償金を支払ったが，本件では，荷送人は運送人に対して危険物に関する通告を行っていたため，運送人が荷送人に対して責任を追及することはできなかった。そこで，運送人は，本件貨物の製造業者および販売業者が高度さらし粉の販売にあたってその危険性を知らせるべき義務を怠ったために本件損害が発生したとして，それら業者に対して損害賠償を求めた。
>
> 　最高裁は，運送人が危険物をそれと知りながら運送する場合，運送人は，自らその取扱上の注意事項を調査し，適切な積付け等を実施して，運送中の事故の発生を未然に防止すべき注意義務を負っていると述べ，本件では，運送人は荷送人から危険物についての連絡票を受け取っており，また運送人が参照可能であった公刊資料から本件貨物の取扱い上の注意を知ることができたとして，運送人の請求を退けた。

〈補遺〉

　我が国では，現在，商法（運送・海商関係）改正の議論が進んでおり，2016年2月12日，法制審議会総会において，荷送人の危険物通知義務を明示的に定めた改正要綱案が採択された。その詳細については法務省HPを参照されたい（http://www.moj.go.jp/shingi1/shingi03500026.html）。

6．船荷証券（B/L）の裏面約款

設問22　共同海損約款・ニュージェイソン約款・双方過失衝突約款・ヒマラヤ約款

> **Q1**　共同海損約款とは何か？
>
> **A1**　共同海損約款とは，共同海損についてどのようなルールに基づいて処理するかを定めるものである。

概要

たとえば以下のような規定である。

≪共同海損約款の例≫

・本船の共同海損は，運送人が選択する港または場所および通貨で，1994年のヨーク・アントワープ規則に従い精算される。
・荷主は，運送人が要求した場合には，推定される運送品の共同海損分担金をカバーするのに十分と運送人が判断するだけの供託金またはその他の担保を提供しなければならない。

共同海損について

　まず，そもそも共同海損とは何かについて確認しておこう。たとえば，船舶が航海中に座礁などの海難事故に遭遇した場合に，そのままでは船舶も積荷も両方水没してしまう危険が生じることが考えられる。そのような場合に，船舶と積荷にとって共同の危険な状態から脱するため，救助費用を支出したり投荷などの緊急措置を取ることがある。このような費用や損害を，救われた船舶や積荷の価格に応じて共同で分担しようという制度が共同海損の制度である（なお，共同海損というワードは，犠牲に供された損害や費用のことを指したり，危険を免れさせる行為そのものを指すこともある）。

ヨーク・アントワープ規則について

　上記のような共同海損約款を設けるのは，共同海損に関する各国の法制度には著しい相違があり，いかなるルールに基づき共同海損を処理するのかをあら

かじめ明確にしておく必要があるためである。もっとも実務的には，後述するヨーク・アントワープ規則（the York-Antwerp Rules（YAR））を適用するためにそのような約款が設けられていると言える。

　YARについて触れておこう。上記のように，共同海損に関する各国の法制度にはさまざまな違いがあったことから，共同海損の精算時の混乱を避けるため，共同海損法の国際的統一の必要性が叫ばれた。そのため，共同海損に関する統一ルールとして，YARが制定されるに至った。YARは国家間の条約ではなく，あくまで当事者の合意により適用される普通取引約款としての性質を有するにすぎない。そのため，YARを適用することを合意内容とするために共同海損約款が設けられるのである。

　YARは，1950年規則，1974年規則，1994年規則，2004年規則など何度かの改定がなされている。そのため，共同海損約款においては，上記の記載例のように，何年の規則を適用するかが明示されている。これまで広く用いられてきたのは1994年規則である。2004年規則は，共同海損の範囲を縮小する方向での改正で船主に不利な内容であったため，船主が採用に消極的となっていた。このような状況を受け，万国海法会（CMI）は，YARに関する新たな改定を行うこととし，検討作業を進めてきた。そして，2016年5月にニューヨークにて開催された国際会議で，新たにYARの2016年規則が採択された。同月コペンハーゲンにて開催されたボルチック国際海運協議会（BIMCO）の書式制定委員会においては，船荷証券および傭船契約書式中の共同海損約款について2016年規則に従う旨の修正を行うことが決定された。今後は共同海損の規則については2016年規則が用いられることになると予想される。

　YARは，「共同の海上危険に陥った財産を救出する目的をもって，共同の安全のため，故意かつ合理的に，異常の犠牲を払い，または費用を支出した場合」に共同海損が成立するとしている（A条）。そして，投荷や消火など，共同海損として認容される具体的なケースや分担の細則などを定めている。

共同海損の効果

　上記のように，共同海損は犠牲に供された損害や費用を共同で分担する制度である。これをより厳密にいうと，たとえば，運送人が共同海損費用を支出した場合には，運送人が荷主などの利害関係人に対して共同海損分担請求権という請求権を取得することになる。なお，共同海損が運送人の過失に起因して発生したような場合にも共同海損分担請求権が発生するのかなどが問題とされるが，これについては後述する。

共同海損の手続

共同海損がどのように処理されるか確認しておこう。座礁などの海難事故が発生すると、本船から連絡が入り、船主は保険者と協議の上共同海損を宣言するか決定する。共同海損の宣言を決定した場合は、共同海損精算人（Average Adjuster）を選任し、精算処理を委託する。共同海損の宣言は共同海損宣言状（Declaration Letter）という書面をもって通知される。共同海損宣言状には事故の詳細などのほか、貨物引渡しのために提出すべき書類などが記載される。貨物引渡しのために必要な書類として重要なのは、共同海損盟約書（Average Bond）、共同海損分担保証状（Letter of Guarantee）である。

共同海損盟約書は、荷主が共同海損分担金の支払いを約束する旨の誓約書である。共同海損分担保証状は、貨物保険者が荷主に代わって共同海損分担金を支払うことを約束するものである。共同海損分担金の支払いを受けるまで運送人は積荷に対して留置権を有しているが、実際上は留置するにもコストがかかり、必ずしも現実的ではないので、運送人は留置権を行使する代わりに、これらの書類と引き換えに貨物を荷主に引き渡している。

貨物を引き渡した後、共同海損精算人は共同海損分担金の額などを定めた精算書を作成する。この精算書に基づき共同海損の精算が行われる。

Q2　ニュージェイソン約款とは何か？

A2　ニュージェイソン約款（New Jason Clause）とは、運送人の過失によって損害が生じた場合でも共同海損が成立し、運送人が荷主に対してその費用の分担を請求できるとの約款である。

概要

これはたとえば、以下のような規定である。

≪ニュージェイソン約款の例≫

航海開始の前または後に、いかなる原因から生じたかを問わず、また不注意によると否とを問わず、事故、危険、損害または災害が発生した場合は、

> これらまたはこれらの結果に対して，運送人が制定法，契約その他により責めを負わないときは，物品，荷送人，荷受人または物品の所有者は，運送人とともに，共同海損の性質を有する犠牲，損失，または費用の支払いにつき，共同海損を分担し，かつ，物品に関して支払われた救助料および特別費用を支払わなければならない。

このニュージェイソン約款の必要性を理解するためには，「利害関係人の過失により危険が発生した場合に共同海損が成立するか」という問題があることを知っておかなければならない。以下この問題について見ておこう。

共同海損と過失

船舶および積荷に対する危険の発生が，利害関係人の過失によって生じることがある。なおこのような危険は，荷主によりもたらされることもあるが，実務上は運送人の過失が問題となる事例が多いことから，以下その場合について考える。

このような場合に，その危険を克服するために行われた行為について，共同海損の成立を認めるべきか，解釈が分かれている。この問題は，損害または費用を負担した者が(1)運送人以外である場合と(2)運送人の場合とで区別する必要がある。

(1) **運送人以外の場合**

たとえば，運送人の過失で船舶および積荷に危険が生じたために，投荷が行われ，荷主が損害を被った場合などが考えられる。この場合，損害を被った荷主は過失ある運送人に対して損害賠償請求権を有すると同時に，運送人や他の荷主などに対し共同海損分担請求権を有し，いずれの順序でも行使することができる。分担に応じた他の荷主などは，過失者たる運送人に対して求償をなしうる。

(2) **運送人の場合**

たとえば，運送人自身の過失で危険を招いたために，運送人が救助を求めて救助費用を支出したり避難港に入港して入港費用を支出したりするような場合が考えられる。この場合，過失者自身が危険をもたらしたにもかかわらず過失者に分担請求権を認めてよいかという点が問題となる。ただし，運送人の過失

については，約款または法律により航海過失免責などが認められている（たとえば，国際海上物品運送法3条2項は，「前項の規定は，船長，海員，水先人その他運送人の使用する者の航行若しくは船舶の取扱に関する行為又は船舶における火災（運送人の故意又は過失に基くものを除く。）により生じた損害には，適用しない」と規定して運送人の責任を免除している）ことから，(a)運送人が免責されない場合と(b)免責される場合とを区別して考えることが必要となる。

(a) 免責されない場合

たとえば船舶が堪航能力を欠き，それにより共同の危険が発生したために，運送人が避難のために入港費用を支出した場合が考えられる。この場合に，運送人にも共同海損分担請求権が成立した上で，分担義務者は運送人に対して有する損害賠償請求権との相殺を主張できるにすぎないのか，運送人の共同海損分担請求権そのものが認められないのかが問題となる。

商法788条2項は，「前項の規定は危険が過失に因りて生じたる場合に於て利害関係人の過失者に対する求償を妨げず」（原文はカタカナ）と規定している。この解釈について多数説は，共同海損は成立して過失者も分担請求権を行使でき，分担義務者は過失者に対する損害賠償請求権とを相殺しうるにとどまるとしている。

YARのD条は，「犠牲または費用を生ぜしめた事故が海上冒険を共にする当事者のうちの一人の過失に起因した場合でも，共同海損分担請求権は影響を受けない。ただし，この場合その当事者に対しかかる過失に関し求償または抗弁することを妨げない」と規定している。

日本において運送人の共同海損分担請求権と荷主の損害賠償請求権の相殺が認められた事例として，事例40がある（なお本件は，衝突事故に起因する共同海損について分担請求がなされた事例であり，衝突事故に関しては航海過失として運送人は免責される。そのため，(b)運送人が免責される場合の個所で言及すべきかもしれないが，D条の解説という便宜上ここで言及する）。

事例40 ケイヨー号事件（東京地判平20・10・27判タ1305号223頁）

貨物船を所有・運航する船主が，本船と他の貨物船との衝突事故に関する共同海損について，「貨物保険者が荷受人の共同海損分担金支払義務を保証した」ことを理由に（前記の共同海損分担保証状である），貨物保険者に対し，同保証債務の履行として荷受人が負担すべき分担金の一部の支払を求めた事案である。貨

物について発行されたB/Lには，共同海損は1974年規則に基づいて処理する旨が規定されていた。船主は，本件衝突事故後，同事故に関する共同海損行為による損害につき共同海損を宣言した。

なお，衝突事故後に実施された船体および貨物の検査において，貨物の一部に，海水または汚水による濡れ損害が生じていることが判明した。そこで，船主の請求に対して貨物保険者は，「貨物保険者が荷受人との保険契約に基づいて荷受人に生じた貨物損害を填補したことにより，荷受人が船主に対して有する堪航能力担保義務違反を理由とする損害賠償請求権を保険代位により取得した」として，同損害賠償請求権をもって船主の保証債務履行請求権（≒共同海損分担請求権）と相殺したなどと主張した。その相殺の主張が認められるかが争点となった。

東京地方裁判所は，YARには共同海損分担請求権を受働債権とする相殺を禁止する規定がないことや，D条の存在などを理由に相殺を認め，船主の請求を棄却した。

英国においては，共同危険が分担を請求する者の過失により発生した場合には，共同海損の分担を請求することができないとされており，そのような衡平の見地からの抗弁が認められ，過失者は共同海損の分担を請求できないこととされた（Granhill号事件［1957］2 Lloyd's Rep. 207）。

米国においても一般原則として，過失者からの共同海損分担請求権は認められないとされている。そのためたとえば，堪航性を欠き，そのことについて相当の注意を尽くしたと言えないなどの理由により運送人の免責が認められない場合には，共同海損分担請求が認められないことになる。

(b) 免責される場合

次に，たとえば航海過失免責などにより運送人の責任が免責されるような場合にどうなるか。

この場合，日本や英国においては，その危険について運送人は責任を免れることから，運送人の共同海損分担請求が認められる。

では米国ではどうか。ここからがニュージェイソン約款が設けられるに至った経緯の説明となるが，米国ではハーター法（Harter Act）3条で，「船主は堪航性のある船舶を提供するのに相当の注意を払えば，航海上または管理上の過失から生じた滅失損傷については免責される」と規定されている。にもかかわらず，米国の連邦最高裁判所は，Irrawady号事件において，ハーター法の航海過失免責は海上運送契約にのみ適用があり，法律上当然には共同海損には

適用されないとした。そのため，運送人の共同海損分担請求は認められないこととなる。

そこで船主はB/Lに，「船主の責任が免責されている過失が共同海損の原因をなすときは，過失がなかったものとして荷主が共同海損を分担しなければならない」との約款を挿入するに至った。この約款がJason号事件において有効性を確認され，現在は米国海上物品運送法の制定に基づき若干の修正を施したニュージェイソン約款を挿入することで運送人の共同海損分担請求権が肯定されるに至っている。

Q3　双方過失衝突約款とは何か？

A3　双方過失衝突約款（Both-to-Blame Collision Clause）は，船舶同士が双方の過失により衝突して貨物の滅失などにより荷主が損害を被った場合の運送人と荷主との間の権利関係を規定するものである。

概要

双方過失衝突約款の内容はおおむね以下のとおりである。

≪双方過失衝突約款の例≫

・本船の衝突が，衝突の相手船の過失と，本船の航行または取扱いにおける船長，その他海員，水先人または運送人の使用人の行為，過失または懈怠の結果であるときは，本証券において運送されている貨物の所有者は，運送人に対し，相手船，非積載船またはその船主に対する一切の損失または責任を補償しなければならない。
・ただし，補償されるそれら損失または責任は，当該貨物の所有者の損失，損害またはその他一切の支払請求のうち，相手船，非積載船またはその船主から当該貨物の所有者に支払われたまたは支払われるべきもので，かつ，相手船，非積載船，またはその船主が，本船または運送人に対し，支払請求の一部として，相殺，控除または求償する金額に相当する範囲でなければならない。

> 前記規定は，衝突した船舶もしくは物体以外の，またはこれに加わった，いかなる船舶もしくは物体の，所有者，運航者または管理者に，衝突または接触に関する過失がある場合にも適用する。

　この約款を設けるのは，船舶衝突統一条約を批准した英国とそうでない米国との間で，荷主の損害賠償請求に関する取扱いに次のような差があるためである。

　英国では，1910年船舶衝突統一条約に基づき制定された1911年海事協約法（Maritime Convention Act 1911）により，荷主は相手船の過失の程度に応じて相手船から賠償金を回収することができるとされた。

　一方，米国では以下のとおりである。荷主国の米国でもハーター法（Harter Act）により，運送人は運航上の過失による損害を免責されることとなった。しかし，荷主が運送船と衝突した相手船主（非運送船主）に損害賠償請求した事案で，連邦最高裁判所は，ハーター法は双方の船舶の過失による衝突の場合に衝突の相手船に対して損害賠償を請求する権利を制限するものではないとした。そのため，荷主は自身の損害の全額を相手船主から回収することができるようになった。これにより荷主の損害を賠償した相手船主は，運送人に求償請求することができ，結果的に運送人は自船の積荷の損害の半額（衝突統一条約を批准しなかった米国では，双方過失の場合は責任割合は五分五分とされた）について相手船の求償請求に応じるという形で間接的に賠償をしなければならないこととなった。

　その結果，運送人に100％過失があって衝突した場合には，運送契約上の免責約款などにより運送人は荷主に対して全く責任を負担しなくてよいのに，相手船主にわずかでも過失があれば自船の積荷の損害の半分を負担しなければならないという不合理な結果が生ずることになった。そのため，運送人は，相手船主からの求償という形で間接的に自船の積荷の損害を負担することとなった場合に，その負担部分を自船の荷主から取り戻すことができるようにした。これが双方過失衝突約款である。

　この双方過失衝突約款の有効性について，1952年連邦最高裁判所は，荷主保護のための公序に反するとの理由で無効と判断した（Esso Belgium号事件（343 US 236））。しかし実務上は，米国以外の国では公序に反するとして無効となるとは限らないなどの理由から，引き続き双方過失衝突約款が挿入されている。

日本における取扱い

　上記のような不都合は日本においても指摘されていた。日本においては，双方の船舶の過失により衝突が生じ，その結果第三者に損害を与えた場合，民法719条の共同不法行為によるものとして双方の船主が連帯して損害賠償責任を負う。そうすると，荷主に対しても運送人を含めた双方の船主が連帯責任を負うことになりそうである。

　一方で，荷主と運送人との関係では，免責約款や国際海上物品運送法上の航海過失免責の規定により，運送人は責任を負わない。このような場合に荷主から相手船主に対する請求を認めてしまうと，相手船主は運送人たる船主に対し，荷主へ支払った賠償金を求償請求することになり，運送人は免責の利益を受けることができず，免責約款や法律上の航海過失免責規定を設けた意味がなくなってしまうという前記のような不都合が生じることになる。

　そこで，荷主から相手船主への請求に対して，相手船主が荷主・運送人間の免責約款などを援用して責任を限定できるようさまざまな解釈努力が試みられてきた。問題となるのは，免責約款などが荷主・運送人間の関係についての規律であることから，どのような構成で第三者である相手船主の援用を認めるかという点である。

　東京地判昭5・4・25新聞3133号11頁は，民法437条を類推適用するとの構成をとった。学説においては，そのような説のほか，免責約款を設定した当事者の意思解釈からそのような結論を導く見解，積荷と運送船を一体としてとらえ，運送船主の過失を被害者側の過失（最判昭51・3・25民集30巻2号160頁）と構成する見解などがある。

> **Q4　ヒマラヤ約款とは何か？**
>
> **A4**　ヒマラヤ約款（Himalaya Clause）は，運送人の使用人などが責任を負わないようにするための免責条項である。

概要

　たとえば，以下のような規定である。

≪ヒマラヤ約款の例≫

運送人の使用する者または代理人（運送人に使用される独立の契約者を含む）は，荷送人，荷受人，荷主，B/L の所持人に対し，その使用される過程でまたはこれに関連して行動していた際における直接または間接の行為または過失に起因するいかなる損害，損失，遅延について一切の責任を負わない。

なぜヒマラヤ約款と呼ばれるのか

　この約款は，その名の由来となったヒマラヤ号事件をきっかけに設けられるようになったものである。

　たとえば，荷主などが損害を被ったためにその賠償を運送人に請求しようとしても，運送人は法律や約款上の免責規定などを根拠に責任を回避することができる。そこで，被害者としては運送人ではなくその使用人などに対して不法行為に基づく損害賠償を請求することが考えられる。

　英国の Himalaya 号事件（[1954] 2 Lloyd's Rep. 267）においても実際にそのような請求が行われた。この事件は，旅客船 Himalaya 号の乗客が舷梯を通行中に，舷梯が傾斜したことにより埠頭に落ちて重傷を負ったため，その乗客が船長に対して損害賠償を請求したという事件である。裁判所は，船長は運送人の運送契約上の利益を援用することができないと判示し，船長に対する損害賠償請求を認めた。

　この事件を契機として，運送人の使用人も運送契約上の免責の利益を受けられるようにするため，上記のような約款が広く挿入されることになった。

ヒマラヤ約款の有効性

　ヒマラヤ約款は本来契約の当事者となっていない主体に責任の減免を認めるものであることから，その有効性が問題となるが，日本においては，民法537条で第三者のためにする契約が認められていることから，有効と解する見解が多いようである。英国においても，Eurymedon 号事件（[1975] AC 154）でヒマラヤ約款が有効とされた。

ヘーグ・ヴィスビー・ルールと国際海上物品運送法の規定

　このように B/L にヒマラヤ約款を置くことにより運送人は対処していたが，このような実務上の取扱いが条約としても認められ，ヘーグ・ヴィスビー・

ルール4条の2第2項が制定された。日本でも，国際海上物品運送法20条の2第2項で国内法化された。

　もっとも，これによりヒマラヤ約款を置く必要性がなくなったかというと，必ずしもそのようなことはないとされる。ヘーグ・ヴィスビー・ルールは，免責の利益を享受できる使用人から「独立の契約者」（independent contractor なお，独立の契約者として考えられるのは，港湾荷役業者などだが，個別具体的に検討が必要とされている）を除外しており，同法20条の2第2項の「使用する者」の解釈としてもそのような独立の契約者は含まれないと解されている。そこで，このような独立の契約者が責任を免れるようにするために，なお従前のヒマラヤ約款を存置する意味があるとされている。

設問23　至上約款

> **Q1**　至上約款とは何か？　なぜ至上約款が置かれるのか？
>
> **A1**　至上約款とは，B/L がヘーグ・ヴィスビー・ルール等の条約に基づいて制定された各国の国内法に従うことを明確にする約款をいう。

至上約款とは

　至上約款（Clause Paramount）とは，B/L がヘーグ・ヴィスビー・ルール等の国際海上運送に関する条約に基づいて制定された各国の法律に従って効力を有することを明確に B/L 上に表示する約款をいう。英国の判例においても，至上約款とは，B/L に基づく契約にヘーグ・ルール等が取り込まれることで，その取り込んだ条約や法律に反する免責事由や契約条件を無効にする条項であるとされている（Agios Lazaros 号事件［1976］QB 933, 943）。

　至上約款が設けられた B/L は実務上多く見られる。B/L の裏面約款には，船積国の国際海上物品運送法またはヘーグ・ヴィスビー・ルール等に基づいて効力を有するという内容の至上約款が置かれることが多いが，その一例として，次のような規定が挙げられる。

> 【例1】本B/L は，米国からの運送または米国への運送に対しては，米国の1936年海上物品運送法（US COGSA）に従って，効力を有するものとする。
> 【例2　Standard Congenbill 1994（要旨）】船積国でヘーグ・ルールが立法化されている場合には，その法令が本 B/L に適用されるが，船積国で立法化されてない場合には，目的地の国の相応の法令が適用される。

> A 1 - 2 至上約款の目的
> (1)ヘーグ・ヴィスビー・ルール等の条約と整合しない免責事由を運送人が主張することを阻止すること，(2)運送人の責任範囲を明確にする（ヘーグ・ヴィスビー・ルール等の条約の範囲に限定する）こと，が主な目的である。

至上約款の目的

　至上約款の目的は，ヘーグ・ヴィスビー・ルール等の条約や各国の国内法に反する免責条項に基づく免責を運送人が主張することを阻止することにある。逆に，運送人の立場からすれば，自らが負うべき責任を事前に明確にできるというメリットがある。

　実務上は，至上約款の内容として US COGSA の規定に基づく効力を認めるものが多い。運送人に有利な内容となっている1924年ヘーグ・ルールに準拠して制定されている US COGSA は，カーゴダメージに関する責任制限（パッケージ・リミテーション）の金額がヘーグ・ヴィスビー・ルールや他国の法律よりも低いという点がその主な理由である。

各国の国内法によるヘーグ・ヴィスビー・ルール等の条約の変容

　多くの海運国では，ヘーグ・ヴィスビー・ルール等の条約に基づいて国内法を制定している。しかし，国内法にする際に条約の内容にアレンジを加えるか，という点については各国の裁量が働くため，必ずしも条約の内容と全く同じ内容で国内法が制定されているわけではない。実際，日本では，ヘーグ・ヴィスビー・ルールとそれをアレンジして国内法化された国際海上物品運送法との間で以下のような相違が見られる。

- ◆ 運送人が負う責任範囲について，ヘーグ・ヴィスビー・ルール（Art Ⅱ）は運送品の「積込」から「荷揚」までに限定して規定しているのに対し，国際海上物品運送法（3条1項）は，運送品の「受取」から「引渡」までと規定し，その守備範囲を条約よりも広げている。
- ◆ ヘーグ・ヴィスビー・ルールは，B/L が発行される場合の運送契約のみに適用される（Art Ⅰ(b)）のに対し，国際海上物品運送法は，B/L が発行されない運送契約にも適用される（同法1条（参照））。

　以上の国際海上物品運送法の例からも分かるとおり，至上約款の内容によって，ある B/L がどの国の法律によって効力が認められるかという点で違いが生じ，その結果として，運送人や荷主の権利義務にも影響を与えることとなる。

Q2　至上約款に関してどのような問題があるのか？

A2　(1)至上約款によって何（どの条約・法律）を取り込んだのか，(2)B/L上の準拠法条項とどのような関係にあるのか，が問題になりうる。

至上約款の問題点

(1) 至上約款によって何を摂取したのか（至上約款の文言の解釈）

英国では，運送人の責任制限が問題となった事例において，至上約款が何（どの条約）を摂取したのかという点が争われた次のような事案がある。

事例41　Superior Pescadores号事件［2016］EWCA Civ 101

本船がベルギーから建設用機械を運送したが，運送中にその一部が損傷し，荷主に損害が発生した。荷主は，次の内容の至上約款が規定されていたB/Lを根拠に，自らに有利な責任限度額となるヘーグ・ルールが適用されるとして損害賠償を請求した。

（至上約款　要旨）ヘーグ・ルールが船積国で立法化されている場合には，その法律がこの運送契約に適用される。船積国でヘーグ・ルールが立法化されていない場合，目的地の国の相応の法律が適用される。

この事件の控訴院判決は，至上約款の解釈について，過去のHappy Ranger号事件判決（事例42）とそれに従った第一審判決を見直し，至上約款には「船積国で立法化されているヘーグ・ルール」と規定されているが，実際に船積国がヘーグ・ヴィスビー・ルールを立法化している場合には，この至上約款の規定を古いヘーグ・ルールではなく，新しいヘーグ・ヴィスビー・ルールを取り込んだものと解釈できると判断した。その上で，ヘーグ・ヴィスビー・ルールの締結国であるベルギーが船積国であった本件では，適用されるのはヘーグ・ヴィスビー・ルールによる責任限度額であるとして，荷主のヘーグ・ルールに基づく賠償請求は棄却された。

---- 事例42　Happy Ranger号事件［2002］2 Lloyd's Rep. 357 ----

　本船がイタリアから3つの原子炉設備を運送するため，本船のクレーンで船積みしようとした際に，そのうちの1つが落下して損傷し，US＄2,400,000の損害が発生した。運送人が責任制限を主張したため，次の内容の至上約款が問題となった。

（至上約款　要旨）1段落目：ヘーグ・ルールが船積国で立法化されている場合には，その法律がこの運送契約に適用される。2段落目：ヘーグ・ヴィスビー・ルールが強制的に適用される運送には，それに基づく各法律がB/Lに摂取される。

　この事件においては，イタリアではヘーグ・ルールを採用していないため至上約款の1段落目は問題とならず，また，2段落目の「ヘーグ・ヴィスビー・ルールが適用される運送」という記載では，ヘーグ・ヴィスビー・ルールを適用する「運送」が特定されていないので，この至上約款の規定自体からは，同条約が取り込まれていないと判断された。その上で，英国法の下では，B/Lが発行される運送には，ヘーグ・ヴィスビー・ルールを国内法化した1971年UK COGSAが適用されるという論理で，最終的に同条約が本件に適用され，運送人は，原子炉設備の重量に基づく責任制限額である約US＄2,000,000の責任を負うとされた。

　これらの英国判例から分かるとおり，至上約款が取り込もうとする条約や法律は，基本的にはその規定内容によるが，契約当事者の意思解釈の問題として，運送契約に関するさまざまな事情も検討されるであろう。

　日本でも，運送人の誤渡しと除斥期間の問題について，至上約款の内容が問題となった次の事例がある。物品の損傷や滅失に該当しない誤渡しがあった場合にはヘーグ・ルールでは1年の除斥期間が認められていないため，この事件では，B/Lの裏面約款との関係でヘーグ・ルールが適用されるかという点が問題となった。

---- 事例43　ジョアナ・ボターニ号事件（東京高判平
　　　　　　16・12・15金法1751号47頁）----

　運送人の代理人がB/Lと引き換えずに貨物を引き渡したために，次のような裏面約款のあるB/Lの所持人が運送人に損害賠償を請求した。これに対し，運送人が，裏面約款に基づいて，責任を追及できる期間（1年の除斥期間）が満了

したと主張した。

　約款5条(1)(a)：滅失もしくは損傷が水上運送期間中に発生したと立証される場合にはヘーグ・ルール1条から8条までの規定（ただし，1条(e)を除く。）による。

　約款5条(5)：運送人は，物品の引渡の後，又は物品全部の滅失の場合は物品が引き渡されるべきであった日の後の一年以内に訴訟が提起され，その通知が運送人になされない限り，すべての責任を免れる。

　この事件では，①約款5条(1)から(5)の規定の整合性から，約款5条(1)(a)が適用される場合は，約款5条(5)の除斥期間の規定が適用されるべきであること，②約款5条(5)について，ヘーグ・ルールを適用すべきと明記されていないこと，などから，除斥期間については，約款5条(5)をヘーグ・ルールに準拠して解釈できないと判断された。その結果，除斥期間が経過した後に提起された荷送人の請求は認められないと判断された。

(2) 準拠法条項との関係

　B/Lの裏面約款には，準拠法条項とは別に至上約款がしばしば設けられる。たとえば，US COGSA至上約款と日本法準拠法条項が併存するような場合である。そのため，B/Lの準拠法と至上約款が併存するとき，両者の棲み分けの論理が必要となる。すなわち，特定の国の法律を指定する至上約款を，①「当事者が特定の国の法律を契約内容とすることに合意した」条項（契約内容に関する規定）と見るか，②「当事者が定めた契約内容が特定の国の法律に従って判断されることを合意した」条項（準拠法に関する規定）と見るかという問題である。

事例44　クーガーエース号事件（東京地判平24・11・30判例集未登載）

　自動車を日本の港で積載し，カナダの港に向けて出港した自動車運搬船が，航行不能に陥り貨物等に損害を与えた事件である。米国向け貨物について，B/Lには次のような規定が存在した。
① 　裏面約款28条：本船B/Lに別段の定めがない限り，日本法に準拠する。
② 　裏面約款32条：本船B/Lによって行われる運送が米国向けの運送を含む場合には，本件B/Lは1936年 US COGSAに従うものとし，同法の条項は本B/Lに摂取されて適用される。

> この事件では，裏面約款の記載に照らすと，上記①の条項は明らかに準拠法に関する定めであるのに対し，上記②の条項は US COGSA を準拠法とする趣旨ではなく，US COGSA の条項を約款の内容とする趣旨であると判断された。最終的に，裁判所は，本船が国際海上物品運送法5条1項2号，US COGSA 3条1項(b)に規定される堪航性を欠いていたと判断した。

契約条項で特定の法律を指定した場合（事例44の上記②の条項）について，事例44によれば，準拠法に関する規定ではなく，契約内容に関する規定と見ている。他方で，B/L に1936年 US COGSA に従う旨の約定があった事例（東京地判昭58・1・24海事法63号18頁）では，US COGSA を米国法の解釈に従って適用したため，準拠法に関する規定と見ている。その他にも，至上約款を準拠法の指定に関する当事者の意思を示す一つの要素と見た事例（東京地判昭36・4・21判時260号24頁）などがあり，特定の法律を指定した場合には，それが，契約内容に関するものか，準拠法に関するものなのかは具体的事案に応じて判断されることになろう。

Q3　至上約款に関するチェックポイントは？

A3　(1)至上約款の文言に不明確な点はないか，(2)B/L上の他の条項（準拠法条項等）との整合性がとれているか，をチェックする必要がある。

至上約款のチェックポイント

至上約款は形式的で簡素な規定が置かれることが多い。しかし，いくつかの事例で見たとおり，至上約款の文言が不明確な場合や至上約款と他の条項との整合性に疑わしい点がある場合など，ひとたび至上約款の内容が争いになると非常に難しい解釈を含む問題になることが多い。そのため，このような紛争を事前に回避するという観点からは，至上約款の文言を可能な限り明確にして，後で相手方との間で内容に疑義が生じないようにし，また，他の条項（たとえば準拠法条項）との整合性を確保して矛盾がないかを慎重に確認しておくことが重要である。

設問24　Liberty Clause

> **Q　Liberty Clause（リバティ・クローズ）とは何か？**
>
> **A**　リバティ・クローズという表現は，運送の打ち切り等について定めるアバンダン・クローズや離路の自由（航海の範囲）について定める離路約款，甲板積みの自由について定める甲板積選択条項など，いろいろな意味において使用されており，一言で定義することは難しい。あえて定義するとすれば，リバティ・クローズとは，運送品に対する注意義務ではなく，運送義務の履行過程・履行方法（貨物を船内のどこに積んで，どこをどのように航行して，どこで誰に引き渡すか）に関して運送人の自由を定めた約款の総称である。

アバンダン・クローズとは

> アバンダン・クローズとは，戦争・暴動・ストライキ等の障害が発生したときに，運送契約の打ち切り（アバンダン）や別の港での荷揚げなどの自由を運送人に認める約款である。
>
> 運送人に何ら過失なくして発生した緊急事態に対応するものである限り，有効と考えられている。
>
> アバンダン・クローズの一般的内容
>
> ① 運送人は運送を完了し，貨物を指定の引渡場所で引き渡すため合理的な努力を尽くす。
> ② 運送が何らかの障害や危険，不都合等によって影響を受けるときは，運送人はいつでも事前の通知なしに以下の措置をとることができる。
> 　(a)　B/L上の航路または通常の航路とは別の航路により運送すること（その場合も運送人は追加運賃請求権を有する）

> (b) 運送を中断し，陸上または海上で物品を保管すること（その場合も運送人は追加運賃請求権を有する）
> (c) 運送を中止し，運送人が安全で便宜とみなす場所または港で，貨物を商人の処置に委ねること（その場合，それによる追加の費用は商人が負担し，運送人は運賃を全額取得する権利を有する）
> ③ 運送人は，いかなる政府・公的機関等の命令または勧告にも従うことができる。

　一旦運送契約を締結した以上，運送人は契約上の仕向地において運送品を引き渡すまで運送債務を免れないが，運送契約締結後に戦争や暴動，ストライキ，港や運河の閉鎖などの事態が発生し，当初予定された運送債務を履行することが困難になることがある。このような場合，運送人はいつまでも当初の債務に拘束されるとすると，当該貨物のために自らのスケジュールを犠牲にしてまで滞船や迂回などを余儀なくされることになる。また，他の貨物があるときは，一方の貨物の運送債務を全うしようとすると，他方の貨物の運送債務を全うできないというジレンマに陥ることにもなる。そこで，このような緊急事態の発生に対応するため，運送契約の打ち切りや別の港での荷揚げなどの自由を運送人に認める約款（アバンダン・クローズ）が定められている。もっとも，このアバンダン・クローズが"Abandon Clause"というタイトルで定められていることは通常なく，"Matters Affecting Performance"や"Government directions, War, Epidemics, Ice, Strikes, etc.", "Liberties"などのタイトルで規定されるのが一般的である（複数の条項にまたがって規定されることもある）。これらの約款では，具体的には，戦争，暴動，内乱，ストライキ，港や運河の閉鎖，港の混雑や結氷等の状況が発生した場合に，運送人に，運送契約の解除（cancel the contract of the Carriage），別の航路による運送（carry the Goods…by an alternative route），別の港での荷揚げ（discharge at any port），貨物の処分（dispose of the Goods），政府・公的機関の指示の遵守（comply with orders given by government or authority）などを行う自由を定めているのが一般的である。アバンダン・クローズの内容にはB/Lによってさまざまなバリエーションがあるが，一般に共通して定められていることは，おおむね次のとおりである。

> ① 一定の緊急事態において，一定の代替的履行が認められること
> ② 上記代替的履行によって，運送人は運送契約を履行したとみなされること
> ③ ②により，運賃請求権を失わないこと

　アバンダン・クローズが定めている上記3点は，いかなる理由でB/Lに記載されるようになったのか。これを正しく理解するには，英国法におけるフラストレーション（Frustration）の法理を理解することが重要と思われるので，まずはフラストレーションについて簡潔に説明を加えたい。

フラストレーションとは

　運送契約締結後に大きな事情の変化があり，運送契約の継続が不能または著しく困難となった場合，英国法では，運送契約は当然に終了し，契約の両当事者は以後一切の契約上の債務を免れるとする法理（フラストレーションの法理）がある。フラストレーションが成立するためには，①契約締結当時予見できなかった外的な出来事または状況の急激な変化により，契約の履行を不能とするか，当初予定していたものと根本的に異なるものとすること，②そのような事情の変化がいずれの当事者の過失や契約不履行にも基づくものでないこと，が要件となる。したがって，自らが招いた（self-induced）状況の変化によって履行が不能または困難となっても，フラストレーションは認められない。以下の事例45・46に見るように，英国の裁判所は容易にフラストレーションの成立を認めているわけではない。

事例45　BEI v SKI ［1995］2 Lloyd's Rep. 1

　バングラデシュの買主（BEI）とフランスの売主（SKI）との間で砂糖の売買契約が締結された。バングラデシュでは，砂糖の輸入には政府の許可が必要であったが，売買契約上，輸入許可は買主が取得すること，輸入許可が得られなかったとしても不可抗力とはならないことが明記されていた。BEIは当初砂糖の輸入許可を得ていたが，その後政府が輸入許可を取り消したため，BEIはバングラデシュに砂糖を輸入することができなくなり，以後の砂糖の引き取りを拒絶した。控訴院は，売買契約上輸入許可の取得は買主（BEI）の責任およびリスクにおいて行うことが明文で定められており，輸入許可を取得できなかったことはfrustrating event（フラストレーションを成立させる事由）ではないとして，売主（SKI）の損害賠償請求を認めた。この事例は，運送契約ではなく売買契約に関するものであるが，上記①の要件に関し，当該出来事が予見し得るもの

であり，かつ契約において当該出来事に関する明文の規定がある場合は，フラストレーションは成立しないことを明らかにした。

―――― 事例46　Fjord Wind号事件　[1999] 1 Lloyd's Rep. 307 ――――
　大豆を積載してロザリオ（アルゼンチン）を出港した本船は，リオ・グランデ（ブラジル）で残りの大豆を積載してからヨーロッパへ向かう予定でパラナ川を下っていたが，出港後間もなくエンジントラブル（クランク・ピンの損傷）が発生し，修理に3ヶ月以上を要することとなったため，当該貨物は代替船に積み替えられ，仕向港へと運送された。航海傭船者らは，積み替えによって発生した追加の費用を船主および管理船主（disponent owner）に請求したところ，船主らはフラストレーションの成立を主張した。高等法院女王座部は，エンジンの故障による大幅な遅延によって，当初の契約とは根本的に異なる重大なリスク（カビの発生リスク）に晒されることを認めたが，そのような状況は自ら招いた（self-induced）不堪航によるものであるとして，フラストレーションの成立を否定し，航海傭船者らの請求を認めた。

　フラストレーションが成立すると，契約は自動的に，つまり一方当事者の解除の意思表示を要することなく終了し，契約の当事者は以後一切の債務から免れることになる。したがって，運送人は貨物の運送義務を免れる一方，運賃未収の場合（仕向地払いの場合）には，荷送人も運賃の支払義務も免れることとなる（ただし，運賃をすでに支払っていた場合は返還を請求できない）。

アバンダン・クローズの趣旨

　そこで，いよいよ本題に戻る。なぜ運送人はリバティ・クローズをB/Lに挿入するのか。フラストレーションが成立すれば運送契約が自動的に終了し，運送契約上の義務を免れることはいいのだが，いかなる事実の発生をもってフラストレーションが成立するのかは必ずしも明確でない。運送人としては，フラストレーションが成立しただろうと思って運送を打ち切ったが，後に裁判・仲裁となったときにフラストレーションが認められなかった場合，運送人はかえってRepudiatory breach（履行期前契約違反）を犯したとされ，損害賠償責任を負わされるリスクがある。また，フラストレーションが成立するためには，当該障害が一定期間継続することが必要となるが，そのような事の成り行きを見守る間にも運送人のタイム・ロスは刻々と発生することになる。さらに，フラストレーションが成立してしまうと，運賃未収の場合には運賃を請求

できなくなるというデメリットもある。そこで、一定の運航上の障害（フラストレーションとなり得る事由だけでなく、そこまでは至らない事由をも含む）が発生した場合に、フラストレーションの法理に委ねるのではなく、運送の打ち切り、別の航路による運送、別の港での荷揚げ、貨物の処分、政府・公的機関の命令への遵守などの代替手段による自由を運送人に認め、当該自由を行使することによってフラストレーションの成立を回避し、運賃請求権を確保することを目的としてアバンダン・クローズが定められているのである。

アバンダン・クローズの有効性

事例47　Caspiana号事件　[1956] 2 Lloyd's Rep. 379

汽船"Caspiana"は、カナダのバンクーバーおよびナナイモで木材を船積し、荷揚港であるロンドンおよびハル（Hull）へと向けて航行していたところ、ロンドン港で港湾作業員のストライキが発生した。そこで運送人は、「ストライキ等が発生した場合に他の安全かつ便宜の港で荷揚できる」とするB/L約款を根拠に、ハンブルクでロンドン揚げの貨物を荷揚げし、その後ストライキがハルを含む他の英国内の港へも波及したため、結局ハル揚げの貨物もハンブルクで荷揚げした。その後、ストライキは収束したが、運送人は、ハンブルクでの荷揚げにより運送契約の履行を終えたとして、B/L所持人に運賃全額の支払いを要求した一方、積替えによるロンドン・ハルへの輸送またはその費用の負担に応じず、ハンブルクでの保管費用についても負担しなかった。英国貴族院は、当該約款は、一定の緊急状況下において運送人に代替方法を与える旨合意したものであるとしてその有効性を認め、B/L所持人の運送人に対する損害賠償請求を認めなかった。

事例48　Safeer号事件　[1994] 1 Lloyd's Rep. 637

カンドラ（インド）からクウェートまでの米の運送について、1990年7月7日、航海傭船契約が締結された。その後、同年7月31日に本船はクウェートに到着し、荷揚作業を開始したが、8月2日にイラクのクウェートへの侵攻事件が勃発した。本船は荷揚作業を中断していたが、8月10日、イラク軍は本船に対して荷役作業を再開するよう命令し、翌11日に荷揚作業が再開された。荷揚作業は9月1日まで継続的に行われ、荷揚げした貨物はイラク軍に差し押さえられた。船主が航海傭船者に対してデマレージ（滞船料）を請求したのに対し、航海傭船者は航海傭船契約のフラストレーションを主張したが、高等法院女王座部は、航海傭船契約の約款においてBelligerent（交戦国）の命令に従って貨物を

引き渡す自由を認めているので，合意された Adventure からの離脱はないとして，フラストレーションの成立を否定し，航海傭船者の請求を退けた。

　以上の事例に見るように，英国の裁判所は，アバンダン・クローズの有効性を認めている。もっとも，自ら招いた（self-induced）状況の変化によるフラストレーションが認められないのと同様，運航上の障害が運送人の過失に基づく場合は，アバンダン・クローズに基づき運送を打ち切ることはできないと考えられている。結局のところ，運送人に何ら過失なくして発生した緊急事態に対応するものであれば問題ないが，自らに過失がある場合にその責任回避を目的として当該クローズが援用される場合は，認められないということになろう。冒頭に例示したアバンダン・クローズも，運送完了のために合理的な努力を尽くす旨明記している。そのような努力を尽くした後に初めてアバンダン・クローズの出番となるのである。

日本法におけるアバンダン・クローズ

　日本では B/L のアバンダン・クローズについて争われた事案は多くなく，唯一次の裁判例を見つけられるのみである。

---- 事例49　東京地判平23・2・25判例集未登載 ----

　コンテナに収納されたチューブパイプおよびシールされた混合物を船積した汽船「アンジェラ」は，同貨物をシリア共和国国防省宛て送付するため，ラタッキア港（シリア）へ向けオデッサ港（ウクライナ）を出港したが，途中ヴァーナ港（ブルガリア）に寄港した際，当該貨物が兵器の構成要素であるとの疑いをかけられ，同国の刑法違反として差押えを受け，本船から搬出された。当該貨物の搬出の3日後，本船はヴァーナ港を出港したが，それから約2ヶ月半後に差押えは解除され，当該貨物が荷送人へと引き渡されたため，荷送人は改めて同貨物を仕向地（シリア）まで運送するよう求めたが，運送人は，B/L上の以下の約款を根拠に，これを拒否した。

　　第8条　（自由）（日本語訳）
　　　(1)　運送人は，…遅滞または不利益を引き起こし，または引き起こしうる状況において，…次の行為をなす権利，自由を有する。
　　　　(c)　物品が積み込まれまたは船積みされた後に，運送人の裁量によって選択された場所で物品の全部または一部を荷揚げすること，または物品の全部または一部を船積港もしくは受取地に送り戻すこと

(a), (b)または(c)の行為は, 本契約の完全な履行を構成し, 運送人は本契約に基づくすべての責任から解放される。
(2) （省略）
(3) 上記(1)に定める状況には, （省略）その他の輸送上の障害によって生じたものを含むが, これらに限定するものではない。

　東京地裁は, ①本件貨物は, 兵器の構成要素であるとの疑いを抱かれて本件差押えを受けた段階で,「遅滞または不利益を引き起こし, または引き起こしうる状況」が発生した, ②本件B/L約款8条3項には, 運送人が運送契約から免責され得る状況として,「戦争」「騒乱」「暴動」「検疫」等の事由が例示されているが, これらのほか「その他輸送上の障害によって生じたものを含むが, これに限定されるものではない」と規定しており, 本件差押えは, 被告に何らの帰責事由のない運航上の障害事由として, この状況に含まれると解される, ③本件B/L約款8条の文言からして, 運送人が運送契約上の義務を免れるためには, 解除の意思表示は必要でないとして, 本件貨物が差押えによって搬出されたこと（これをもって「荷揚げ」と評価できること）により, 以後, 本件運送契約上の責任から免責されたと判示した。

　東京地裁が上記アバンダン・クローズを日本法上どのように評価・構成したのかは定かでないが, 貨物が差押えによって搬出された時点で, 解除の意思表示を要することなく運送債務が終了した旨判示していることから, この種の約款の有効性をそっくりそのまま認めたものと評価できる。また, 本件差押えは「被告に何らの帰責事由のない運航上の障害事由」である旨述べていることから, 運航上の障害事由が運送人の過失に起因する場合は, このような条項を援用して債務を免れることはできないと考えているように読めるが, この点においても相当な判断と思われる。

離路約款（Deviation Clause）とは

　約定または通常の航路を逸脱する離路（Deviation）は, 英米法上, 契約の基本的違反（fundamental breach of contract）とされる。
　一般に運送人は, 航海の範囲を広範に定めた離路約款を規定しているが, いかなる場合にも離路が認められるわけではない。

> **離路約款の一般的内容（SHUBIL-1994A 8条等参照）**
> ① 運送人は，人命または財産救助のために離路をする権利を有する。
> ② 運送人は，いかなる目的で，いかなる港に，いかなる順序で寄港することもできる権利を有する。
> ③ 上記のいかなる行動も，運送契約の範囲内であり，「離路」とはみなされない。

運送契約の当事者間では，船積港と陸揚港が約定されるにとどまり，陸揚港に至るまでどのような航路をいかなる速力をもって航行するかまでは特定されないのが通常である。B/L の法定記載事項（商法769条，国際海上物品運送法7条1項）を見ても，「船積港」および「陸揚港」は記載が要求されているが，どのような航路で運送すべきかまでは記載を求められていない。しかしながら，英国法の下では，運送人は黙示的に usual and customary route（通常かつ慣習的航路）を直航する義務を引き受けたものとされ，この航路を逸脱した場合は deviation（離路）となるとされる。離路の効果については，fundamental breach of contract（契約の基本的違反）とされ，契約外の行為（不法行為）を構成するため，運送人は運送契約上のすべての免責特約を主張できなくなるという重大な効果が発生するとされてきた。そこで，これらの厳しい責任に対応するため，離路の自由を定めた離路約款（厳密に言うと，離路の自由（liberty to deviate）を認めるのではなく，航海の範囲（scope of voyage）についてあらかじめ広範な定めをした約款）が定められている。もっとも，約款で「いかなる港にも，いかなる順序でも寄港できる」と一般的かつ広範に規定したとしても，このような約款の効力については，以下の事例3・50・51のように制限的に解釈されている。

> **事例3　Leduc & Co. v Ward [1888] 20 Q.B.D 475**
> フィウメ（現クロアチアのリエカ）からダンケルク（フランス）までの菜種の運送に関し発行された B/L には，"with liberty to call at any ports in any order, and to deviate for the purpose of saving life or property" との約款が付されていた。本船は，フィウメを出港した後，ダンケルクに直航せず，通常の航路から約1200マイル離れたグラスゴーに向けて航行中，海難に遭遇し沈没した。控訴院は，単に "at any ports" に寄港できるとしか規定されていない場合は，予定された航路上にあり，寄港することが自然かつ普通の港への寄港しか許容されないと解釈し，グラスゴーへ向けて航行したことは離路にあたり，海上固有の危険（perils of the sea）による免責は適用されないとした。

設問24 Liberty Clause   207

──────── 事例50　Glynn v Margetson［1893］AC 351 ────────

　マラガからリバプールへのスペイン産オレンジの運送に関し発行されたB/Lには，"with liberty to proceed to and stay at any port or ports, in any rotation, … for the purpose of delivering coals, cargo, or passengers, or for any other purpose whatsoever."との約款が付されていた。本船は，マラガを出港後，反対方向のブリアナ（スペイン北東部）に立ち寄り，それからリバプールに向かったが，これによって生じた数日の遅延のため，リバプールに到着し荷揚げしたときには，貨物のオレンジには腐敗が生じていた。貴族院は，途中で寄港する港を特定せず，"at any port"とのみ定めた上記のような一般的約款の効力は，契約の主たる目的および趣旨に照らして制限的に解釈されるべきとし，本船がブリアナに向かったことは離路にあたるとした。

──── 事例51　Thiess Bros Ltd v Australian Steamship
Ltd［1995］1 Lloyd's Rep. 459 ────

　グラッドストーンからメルボルンへの石炭の運送に関し発行されたB/Lには，次のような約款が付されていた。"The ship to have liberty … to deviate from any advertised or other route in any manner and for any purpose whatsoever (although in a contrary direction to or out of or beyond the ordinary or usual route to the said port of discharge)…, to touch and stay at ports … take in coal or supplies…" 本船は，当該航海のために必要な燃料を十分に積んでいたが，次の航海の燃料補給のため，メルボルンへの通常航路から4マイル外れたニューカッスル（オーストラリア）に寄港したところ，燃料（石炭）の質に関する紛争が発生し，約1週間の停泊を余儀なくされた。その間に，貨物の石炭が発熱するという事態が発生したため，船長は貨物の荷揚げを開始したが，その途中で一部の貨物について火災が発生した。ニューサウスウェールズ最高裁判所は，約款によって許容される離路の自由は，契約の主目的に付随するものとして扱われるべきであり，航海の利益のためではなくもっぱら船主の利益のためになされた離路は，約款によって合意された離路ではなく，またヘーグ・ルール4条(4)の「正当な離路」にも該当しないとした。

──────── 事例52　Al Taha号事件［1990］2 Lloyd's Rep. 117 ────────

　ポーツマスでスクラップ貨物を船積みしてイズミット（トルコ）へ向かう途中，本船はボストンへ寄港し，故障のためポーツマスで取り外されたカーゴ・デリックの6番ブームを港内の造船所で設置するとともに燃料の補給を行い，造船所の岸壁を出港したところで座礁事故が発生した。船主は座礁の結果生じた費用

につき，貨物所有者に対して共同海損の分担を請求したところ，貨物所有者から，ポーツマス出港後ボストンに寄港したのは不合理な離路にあたるとの主張がなされた。高等法院女王座部は，ボストン港外錨地は通常の燃料補給地であり，ボストン港外錨地へ向かうことは離路とはならないこと，ブームを設置するためボストン港内の造船所に寄港することは合理的であること，当該寄港が航海開始前またはB/Lの署名前に予定したものであってもヘーグ・ルールの「合理的な離路」となり得ることを理由として，本件事故は「合理的な離路」の最中に発生したと認め，貨物所有者の主張を退けて共同海損分担金の支払いを命じた。

なお，離路（準離路たる甲板積運送を含む）は fundamental breach of contract（契約の基本的違反）であり，責任制限（パッケージ・リミテーション）などを享受できないという議論は，現在は支持を失いつつあるが，この点について詳説するのは本書の目的を逸脱するので，重要な裁判例（Hain SS Co Ltd v Tate & Lyle Ltd ［1936］2 All ER 597, Chanda号事件 ［1989］2 Lloyd's Rep. 494, Antares号事件（Nos 1 and 2）［1987］1 Lloyd's Rep. 424, Kapitan Petko Voivoda号事件 ［2003］2 Lloyd's Rep. 1）を紹介するにとどめたい。

Quasi-deviation（準離路）

「離路」という言葉の示すとおり（これ自体"deviation"の日本語訳ではあるが），離路は，もともとは地理的な意味における合理的航路からの逸脱を意味していた。しかし，米国においては，離路は地理的な意味にとどまらず，広く当初の契約内容から逸脱するような債務の履行はすべて「離路」として論じられており，具体的には，甲板積運送や，遅延などの問題も離路の問題として扱われている（これらを総称して"quasi-deviation"（準離路）と表現することもある）。これらの問題を離路と扱うべきか否かについては見解の分かれるところであるが，ここでは詳説を控えたい（甲板積運送については設問17参照）。なお，米国においても，離路（準離路を含む）は fundamental breach of contract（契約の基本的違反）であり，一切の免責約款が援用できなくなるとされてきたが，米国海上物品運送法に定める責任制限（パッケージ・リミテーション）については，離路がなされた場合にも適用されるとの判断が示されるに至っている（事例53・54参照）。

設問24　Liberty Clause　　　　　　　　　　　　　　　　209

──── **事例53**　Jones v Flying Clipper［1954］AMC 259 ────

　自動車および自動車部品を内包した20包をニューヨークからグアムまで運送するに際し，当該運送品が甲板積みされる旨の表示のない無故障船荷証券が発行されたが，実際には甲板積みされた。運送人は，甲板積運送が離路に該当すること，甲板積みと海水濡れによる自動車の損害との間に因果関係があることを認めたが，その責任は，米国海上物品運送法1304条(5)により１ケースあたり500米ドルに制限されると主張した（当該事件は米国内の内航運送の事案であるが，米国海上物品運送法が摂取されていた）。米国ニューヨーク州南部連邦地裁は，離路は当該契約によって合意したよりも大きなリスクにさらす fundamental breach of contract（契約の基本的違反）であること，米国海上物品運送法の定める責任制限（パッケージ・リミテーション）は当事者間の合意ではなく，制定法（statute）により定められたものではあるが，当該制定法の立法時にそれまでに確立された離路法理を排除する意図があったとは認められないことを理由に，責任制限は適用されないとした。

──── **事例54**　Atlantic Mutual v Poseidon［1963］AMC 665 ────

　アイロン機パッドを内包したカートン１箱につき，シカゴからアントワープへの運送を依頼したが，当該運送品の持越しによってハンブルクで８ヶ月間保管されるなどしたため，約１年半遅れてようやくアントワープへ到着した。荷受人に対して貨物保険金を支払った保険者が延着した運送品を売却したが，約725ドルの差損が生じたため，運送人に対して損害賠償を請求したところ，運送人は，米国海上物品運送法1304条(5)に定める責任制限（パッケージ・リミテーション）により500ドルまでしか責任を負わないと主張した。米国連邦第７巡回区控訴裁判所は，同条に定める責任制限は，その明示の文言（"in any event" "any loss of damage"）から，いかなる契約違反に対しても適用されるとして運送人の主張を認め，500米ドルの限度においてのみ貨物保険者の請求を認めた。

日本法における離路

　日本やフランスなど大陸法諸国では伝統的に英米法のような離路法理はなく，日本の現行法では，ヘーグ・ヴィスビー・ルールに基づき，国際海上物品運送法４条２項８号が運送人の免責事由として「海上における人命もしくは財産の救助行為またはそのためにする離路もしくはその他の正当な理由に基づく離路」について定めるのみである。しかし，「正当な理由に基づく離路」について同法やヘーグ・ヴィスビー・ルールには明確な定義規定や判断基準はな

く，最終的にはケースバイケースの判断となる。日本の裁判例において，正当な理由に基づく離路か否かが争われた事例は見当たらないが，当該離路の主たる目的（航海の継続のためか，それとも運送人の経済的・商売上の都合か），合理的航路からの逸脱度合い（距離・時間），運送形態（ばら積み運送か，それともライナーサービスか），貨物の種類・性質等を総合的に考慮して判断されることになろう。

　明確かつ画一的な線引きが難しいことは承知の上であえて言及するとすれば，一般に荒天などの海上危険や戦争危険を避けるための離路は正当とされる一方，もっぱら船舶・船主の利益のためにされる離路は，「正当な理由に基づく離路」にはあたらないとされる。したがって，当該航海の継続とは関係のない船舶の修繕や各種検査のために航路外の港に寄港したり，安価な燃料を得るために航路を外れたり，燃料の効率的な燃焼のために意図的に速力を落とすといった行為は，不当な離路とされる可能性が高い（航海継続のために船舶の修繕や燃料の補給が必要なときは別である）。また人命救助のための離路は，正当な離路の一類型として独立して定められているが，ここでいう人命には，他船だけでなく自船の乗組員の人命も含まれると解されよう。ただし，当該乗組員が死亡してしまったときは，もはや人命救助の必要性がなくなるので，その遺体を降ろすための離路は，人命救助のための離路または正当な離路とは認められにくいであろう。

　では，「正当な理由に基づく離路」に該当しない不当な離路の効果はどうなるか。前記のとおり，日本では伝統的に離路法理は認められておらず，英米法のように重大な効果を伴う契約違反とは認識されていないので，あくまでも債務不履行の一類型として処理されることになろう。つまり，運送契約において運送人は合理的航路を直航する義務を負っており，これを逸脱した場合は「債務の本旨」（民法415条）に従った履行がなされなかったことになるので，これによって発生した（相当因果関係のある）損害について債務不履行責任を負うと考えられる。またその場合，国際海上物品運送法の定める期間制限（14条）や責任制限（13条）なども適用されよう。

日本法における離路約款の効力

　それでは，離路約款は上記解釈に何らかの影響を及ぼすか。前記のとおり，通常の離路約款は，運送人の離路の自由を真正面から定めているわけではなく，約款上航海の範囲を広範に定め，いかなる目的でいかなる港にいかなる順

序で寄港することも，当初から予定された航海の範囲内である（＝そもそも離路ではない）と宣言しているにすぎない。したがって，形式的には国際海上物品運送法に抵触するわけではない（ヘーグ・ヴィスビー・ルールでは，航海の範囲を合意により広げることについて何ら制限していない）。しかし，このような広範な自由を認めれば，実質的には生命・財産の救助のための離路および正当な離路に限って免責を認めた国際海上物品運送法4条2項8号を潜脱することは明らかであり，本来「正当な理由に基づかない離路」とされるべきものを許容する離路約款は，その限度において無効と判断されることになろう。

設問25　FIOST条項

> **Q** B/LにおけるFIOST条項とは何か？
>
> **A** 運送契約に何も定めがないと，運送人が荷役を実施し，荷役から生じた事故の責任を負う。FIOST条項とは，運送契約における特別の定めであり，荷役の実施と責任を荷主に移転させるものである。この条項によって，運送人は荷役から生じた事故の責任から免れる。しかし，FIOST条項の文言や，実際の荷役作業によっては，運送人が責任を負う場合もある。

はじめに—FIOST条項の必要性

　もし運送契約で何も定めていないと，運送人が運送契約上のサービスとして貨物の船積・積付作業を行う。その作業が原因で貨物に損傷を与えると，運送人は賠償責任を負う（国際海上物品運送法3条1項）。たしかに，実際の作業は，運送人自身ではなくステベ業者が行っており，ステベの不手際による貨物損傷も多い。ただ，その場合であっても，運送人は，自分自身の契約債務をステベに履行させている限り，賠償責任を免れない。つまり，荷主に対して，「ステベの不手際であって自分の不手際ではないから，責任を負わない」とは主張できない（⇒283頁）。

　他方で，貨物の種類（石油，ガス，化学製品など）や荷役の場所（公共岸壁ではなくプライベート・バース）によっては，運送人ではなく荷主がステベを手配し，荷役を仕切ることもある。では，こういった場合にも運送人は，自己の指揮下にないステベの過失について，責任を負わないといけないのか？　それは運送人にとって酷ということで，運送契約に特別の定めをおいて，運送人に荷役責任を負わさないよう仕組むことがある。その仕組みがFIOST条項である。

　FIOSTとは，「Free In and Out Stowed and Trimmed」の略語であり，「運送人は，積込み（In），荷揚げ（Out），積付け（Stowed）および荷均し（Trimmed）を担当しない」という意味である。このようにして「荷役作業は，運送契約上，運送人が提供するサービスではない」と合意するものであ

る。なお，FIOST条項以外にも，FIO条項やFIOS条項などもあるが，ここではまとめてFIOST条項を扱う。

FIOST条項は有効か

(1) 実務上の混乱―FIOST条項は，契約範囲の話か費用の話か

積付不良のため運送中に荷崩れを起こし，貨物が損傷した。運送人は，FIOST条項によって責任を負わないと主張したが，荷主は，「FIOST条項は荷役費用を誰が負担するかの話であり，貨物損傷に対する賠償責任の話ではないから，運送人が責任を負う」と反論することがある。ここにFIOST条項の理解をめぐる実務上の混乱がある（表25-1）。

補足説明をしておく。国際海上物品運送法3条1項で，「運送人は，貨物の受取・船積・積付……について注意を怠ったことについて，損害賠償の責を負う」と定めている。そこで荷主は，「運送人が法律上の義務として，荷役を担当しなければならない。よって，荷役を荷主の担当へと移管することは，同法違反である。したがって，同法15条によりFIOST条項は無効である」という。では，どう考えるべきか？

(2) FIOST条項の解釈・有効性

日本では，運送人の言い分が多くの支持を集めている。ただ裁判所がまだ判断を示していないので，結論は未確定とされている。他方，英国では，運送人の主張が正しいということで決着がついている（JordanⅡ号事件貴族院判決

表25-1 FIOST条項の有効性をめぐる対立

	運送人の言い分	荷主の言い分
内容	FIOST条項は，積荷役・揚荷役を，運送人が提供するサービスの範囲外にするものだ。サービス範囲外での事故である以上，運送人の責任ではない。「Free」とは，作業を担当しない，という意味である。	FIOST条項は，「積荷役・揚荷役の費用を運送人が負担しない」という意味だけである。荷役は，運送人が提供するサービスに含まれているから，そこでの事故は運送人の責任である。「Free」とは，費用負担をしない，という意味である。
理屈	運送契約において運送人が荷役作業を担当しないと定めることは，国際海上物品運送法3条1項において許される。	運送契約において運送人が荷役作業を担当しないと定めることは，3条1項に違反するので，15条により無効である。するとFIOST条項は，費用負担を意味するとしか考えられない。

[2004] UKHL 49)。この判例は，「荷役を実施する責任を荷主に移転させる明確な合意があれば，海上運送人は荷役作業に関する貨物事故について責任を負わない」と述べた。そこで，次に「明確な合意」があるのかが，実務的に重要となる。

荷役責任を荷主に移転する明確な合意とは，どのようなものか

　それでは，はたして貴社のFIOST条項は，荷役責任の移転を明確に規定しているだろうか？

　当事者が独自に条項を作成するとき，責任の移転が契約文言から読み取れないことがある。その場合，単に費用負担についての条項とされ，カーゴクレームの責任を免れることができない可能性がある。

事例55　Subiaco (S) Pte Ltd v Baker Hughes Singapore Pte [2010] SGHC 265

　シンガポール高等法院は，"free in stowed, l/s/d"（='free in stowed lashed secured and dunnaged'）という文言について，"free"とあるだけでは，費用を負担しないという意味であって，荷役を担当せず責任も負わないという意味にはならないとした（事例56も同じ指摘をしている）。

　そこで，航海傭船契約におけるFIOST条項のひな形を見てみよう（カーゴクレームでは，これらがB/L条項に取り込まれている場合に問題となる（設問3））。

表25-2　FIOST条項のひな形

GENCON 1994 書式5条	「傭船者が貨物を船倉に持ち込み，船積，積付／荷均，検量，固縛／固定をする。船主は，いかなるリスク，責任および費用も負担しない。」
	傭船者が積込・積付・陸揚を行い，船主はそのリスクおよび責任を負わないと明確に規定している（事例57）。

SYNACOMEX 1990／2000書式5条	「貨物は，荷送人／傭船者の費用とリスクで船積・荷均・積付され，荷揚される。積付は，船長の指揮と責任で行う。」	
	荷主・傭船者のリスクで積込・陸揚を行うと定めるものの，「荷主・傭船者が作業を行う」とは書いていない。しかし，この文言でも，荷主が積込・陸揚の責任を負う（Sea Miror号事件［2015］2 Lloyd's Rep. 395）。ただし，積付責任は運送人にある。	
STEMMOR 書式17条	「荷送人／傭船者／荷受人が，船側の費用負担なく，貨物を船積・荷均・荷揚する。荷均とは，山状の貨物の頂上を平らにすることであり，船長が要求する追加の荷均作業は船主の費用負担とする。」	
	SYNACOMEXとは反対に，荷主が荷役を担当すると規定するが，「荷主がリスクや責任を負う」という書き方ではない。しかし，この文言でも，荷主が積込・陸揚の責任を負う（事例56）。	
WORLDFOOD 99書式10条	「バルク貨物は，傭船者の費用・船長の監督で船積・荷均を行う。バルク貨物以外は，傭船者の費用・船長の監督で船積・積付を行う。揚荷役は，傭船者の費用・船長の監督で行う。傭船者がステベを指名し，費用を負担する。
船長は，ステベの作業を監督し，貨物の取扱いに関し適切な指示を出すものとする。ステベが指示に従わないとき，船長は，ステベに不服を述べ，傭船者にも連絡する。」	
	裁判例なし	

――― **事例56　Jordan Ⅱ号事件控訴院判決［2003］EWCA Civ. 144** ―――

　次の契約文言に関し，積付（固縛・固定・荷敷）責任が荷主に移転しているかが問題になった。

「3条　運賃：FIOST－固縛／固定／荷敷」，
「17条　荷送人／傭船者／荷受人は，船主の費用負担なく，貨物を船積・荷均・荷揚げする」

　3条で，単に「FIOST」とあるが，その5文字しかないと「費用負担なし」との意味にしかならない。しかし，17条は，荷主が積込・荷均・荷揚を担当することのみならず，その責任を負うことまで定めている。本件で貨物はスチール・コイルだから，17条の「荷均」は行われない。しかし，3条で「固縛／固定／荷敷」と規定していることから，17条の「荷均」を「固縛・固定・荷敷

と読み替えることができる。よって，3条と17条を合わせ読むと，「積付・固縛・固定・荷敷」は荷主の責任となる。

FIOST条項があれば，運送人は常に荷役責任を免れるのか

(1) FIOST条項の適用—「重大な介入」

FIOST条項によって，原則として荷役責任を荷主に移転することができる。しかし，FIOST条項があっても，船側が荷役に「重大な介入」をすると，荷役の責任は船側に戻ると述べる判例がある（事例57）。

―― 事例57　Eems Solar号事件　[2013] 2 Lloyd's Rep. 487 ――

　高等法院は，FIOST条項によって，荷役責任が荷主側に移転しても，船主または船長の「重大な介入」によって積付不良が生じた場合は，その責任は船主に戻ると述べた。そして，重大な介入とは，「①ステベの自由を縛るようなものであって，積付不良が船長の指示にのみによって生じた場合，または，②積付不良が，船長は知っていたが傭船者は知らなかった事柄の結果である場合」と述べた。

　本件で，スチール・コイルを積み付けた際，固定用コイルを設けなかったため，貨物が航海中に移動して損傷した。船側が作成してステベに提供した載貨図（stowage plan）には，固定用コイルが抜け落ちており，実際の積付方法も，この載貨図と一致していた。そこで，これが「重大な介入」に該当するかが争点になった。しかし，裁判所は，「本船側が用意した載貨図が積付不良に影響したのかもしれない。しかし，そのとおりであるという証拠はない。ステベが載貨図に従ったとか，そのとおりに作業しなければならないと考えたとか，当該積付計画によってステベ自身の積付責任が排除されたなどという証拠はない。よって，本船による重大な介入はないから，船主は積付責任を負わない」。

(2) 「重大な介入」の内容

「重大な介入」の内容について，事例57は，次の①と②を挙げていた。もう少し具体的に見ていこう。

① ステベの自由を縛るようなものであって，積付不良が船長の指示にのみによって生じた場合

船積・積付の現場で，船側がステベにアドバイスをしたり，ステベ側の依頼

で船員が手を貸したりすることもあるだろう。しかし、その程度では「ステベの自由を縛るような」介入とは言えない。さもなければ、契約で荷役責任の所在を合意した意味がなくなってしまう。

事例57では、船側は、欠陥のあるstowage planをステベに提供しただけで、それに従って作業をするよう強く求めたわけではない。また、傭船者が作成したstowage planを船主が了承しても、重大な介入にはあたらない（事例58）。

② 積付不良が、船長は知っていたが傭船者は知らなかった事柄の結果である場合

この典型例は、貨物を高く積みすぎたという積付不良によって、船体の安定性を害し、転覆したような場面である。しかし、どの程度まで積み上げたら船体の安定性を害するかは、船側がバラスト計算などをして分かる事柄であり、荷送人側には通常、分からない事柄である。さすがに、そのような場合にまで荷送人側の責任は問えないだろう（事例59）。もっとも、そのような船側の事情であっても、荷送人側に伝えていると、荷送人はその事情を踏まえた作業をしなければならない（事例58）。この意味で船側は、いわば情報提供義務は負っている。

事例58　ER Hamburg号事件〔2006〕2 Lloyd's Rep. 66

コンテナ内に積まれた危険物を燃料タンク横に積んだため、加熱されて船倉内で爆発した。次のとおり船主には「重大な介入」がないので、傭船者は船体損害について責任を負った。

①について：一等航海士は、傭船者が提示した載貨図（stowage plan）を確認し、問題のコンテナが燃料タンク横に積まれることを承認していた。これは「重大な介入」ではない。慎重な一等航海士は、事前に傭船者が作成する載貨図の内容を確認するものだから、それで荷役責任が船主に戻るとFIOST条項の意味をなさない。なお、一等航海士が載貨図を見て傭船者に変更を求めた場合でも、傭船者の積付責任のままである。それは、傭船者が最終的な載貨図を完成させるための、本船と傭船者とのやり取りにすぎないからである。

②について：加熱される燃料タンクの位置は、機関長だけが知っていて、傭船者は知らなかった。しかし、傭船者の義務は、燃料タンク付近に危険物を積載しないことであって、加熱される予定の燃料タンクの付近かどうかは関係ない。したがって、傭船者は燃料タンクの位置を実際に知っていた以上、傭船者の責任である。

> **事例59　Socol 3号事件　[2010] 2 Lloyd's Rep. 221**
>
> 甲板上に積んでいた木材製品が荷崩れを起こし，本船が大きく傾いた。その原因は，甲板上に貨物を積みすぎて本船の復原力が失い，再固縛もできなくなったことであった。本船の安定性は，船側が知っているが荷主側は知らない事柄であったから，②の場面にあたる。よって，船主に積付責任がある。

　以上，2つの場面を分析してきたが，荷主側から次のような反論があるかもしれない。「本船側にとっても適切な荷役か否かは関心事項なのだから，荷役が適切になされるよう，もっと作業に介入して指示等をするべきである，そういった介入をしなかった過失・責任がある」。しかし，責任の所在という意味で言えば，荷主側に適切な作業を行う責任がある以上，船側の介入は権利であって義務ではない。船側は，「介入のしすぎ」によって責任を負うことがあっても，「介入のしなさすぎ」によっては責任を負わない。

FIOST条項によって，運送人は堪航性担保義務も免れることができるか

　さて，「船側の介入は権利であって義務ではない」という考えは，堪航能力担保義務（国際海上物品運送法5条）が問われる場面でも妥当するのだろうか？

　たとえば，積付不良が原因で荷崩れをし，それによって本船が安定性を失って転覆したような場合である（船体能力の喪失）（設問32事例79〜81）。ただ前提として，この問題が生じるのは，船主が荷送人側に不堪航を招く事情を伝えていた場合である（事例57〜59）。そのような事情を伝えていないと，「重大な介入」の②の場面となり，船主が積付不良の責任を負う。

　では，船長が不堪航に関する情報を提供していると，不堪航責任も荷主に転嫁できるのだろうか？　これは，情報提供義務に加えて，作業内容を堪航性の観点から独自に再点検する義務まで負うのか，という問題である。

　たしかに，堪航性担保義務とは，船側が独自に注意をする義務であるならば，再点検義務が認められ，堪航性担保義務を荷主側に転嫁できないようにも思える。しかし，他方で，再点検義務を認めると，何のために荷役作業の責任を運送人と荷主側で再配分したのか，分からなくなる。積付作業の内容には，単なる荷崩れを防止だけでなく堪航性の確保にもあるならば，荷送人は，FIOST条項によって堪航性を維持するように積付ける義務も負うように思える。また，堪航性確保に関する情報が荷主側にも提供されていれば，荷主側が

単独で堪航性を確保するための作業を完遂できるとも思える。そうであれば，契約によって，荷役不良を原因とする不堪航の責任を荷送人に委譲することも認められるのではないか。そこで，英国では，再点検義務は否定の方向である（事例57～59）。もっとも，日本では，議論自体が少ないのだが，再点検義務を肯定する意見の方が多いようである。

設問26　裁判管轄条項・仲裁条項

> **Q**　B/Lにおける裁判管轄条項や仲裁条項とは何か？
>
> **A**　B/L上の裁判管轄条項や仲裁条項は，B/Lに関する紛争が生じた場合，どこで，どのような手続により紛争を解決するかについて定めた条項である。

B/L上の裁判管轄条項

　B/L上の裁判管轄条項とは，当該B/Lによる運送契約上の紛争に関し，訴訟を提起できる裁判所を定める条項である。国際的な運送契約においては，国際裁判管轄，つまりどの国の裁判所に訴訟を提起できるかが問題となる。
　このような条項が定められていない場合，運送契約に関する訴訟は世界中のあらゆる国で提起される可能性があるが，これでは応訴する側としてはたまらない。そこで，運送人は，その発行するB/Lの裏面約款に「運送契約上の紛争については，運送人が所在する国の裁判所にしか裁判を起こせない」という内容の専属的な裁判管轄条項を置くのが通常である。

≪B/L上の裁判管轄条項≫
多くの場合，B/Lの裏面約款に，「運送人が所在する国の裁判所にしか裁判を起こせない」という内容の条項が置かれている。当該条項が有効であれば，荷主は指定された国の裁判所でしか運送人を訴えることができない。

B/L上の仲裁条項

　仲裁とは，裁判所ではなく，仲裁人によって構成される仲裁廷が行う裁判外の紛争解決手続である。B/L上の仲裁条項とは，当該B/Lによる運送契約上の紛争を，裁判ではなく仲裁によって解決すべきことを定めた条項である。
　海事分野の仲裁条項は，ロンドン，ニューヨーク，東京，シンガポール，香港などを仲裁地と定めるものが多い。これら海運都市に所在する海事分野に通暁した仲裁人が，専門知識を生かし，スピーディーかつ柔軟に紛争解決を図る

ことなどが期待されているからである。

　日本の仲裁法14条によれば，仲裁合意が有効に成立しているにもかかわらず訴訟が提起された場合，裁判所は被告の申立てによって訴えを却下しなければならない。また，日本を含む多くの国の仲裁法の原型となっているUNCITRALの国際商事仲裁モデル法8条1項は，同様の場合について，裁判所は紛争を仲裁に付託する旨を命じなければならないと定める。このため，日本を含む多くの国の裁判所においては，仲裁条項によって有効な仲裁合意が成立していると認められると，裁判所に対する訴えは妨げられる。

≪B/L上の仲裁合意条項≫

・ロンドン，ニューヨーク，東京，シンガポール，香港などの海運都市で行われる仲裁に紛争解決を委ねるという条項がB/Lの裏面約款に記載されていることがある。
・このような条項の効力が認められると，裁判所による裁判ではなく，仲裁廷による仲裁によって紛争解決手続が行われる。

裁判管轄条項や仲裁条項の効力が問題になった裁判例

(1) **日本においてB/L上の裁判管轄条項が問題になった事例**

── 事例60　チサダネ号事件（最判昭50・11・28民集29巻10号1554頁）──

　貨物保険者が，運送中の海水濡れによって毀損した原糖貨物に関し，オランダ会社である運送人に対して日本の裁判所で損害賠償請求訴訟を提起した。
　B/Lの裏面約款には，「この運送契約による一切の訴えは，アムステルダムにおける裁判所に提起されるべきものとし，運送人においてその他の管轄裁判所に提訴し，あるいは自ら任意にその裁判所の管轄権に服さないならば，その他のいかなる訴に関しても，他の裁判所は管轄権を持つことができないものとする」という条項があった。
　そこで，運送人は上記条項を根拠に，日本の裁判所には国際裁判管轄権が認められないと主張し，訴えの却下を求めた。
　最高裁判所は，以下のような解釈原則を立てた上で，本件条項は国際裁判管轄の合意として有効であると判断して訴えを却下した。
　1）国際裁判管轄の合意の方式としては，少なくとも当事者の一方が作成した書面に特定国の裁判所が明示的に指定されており，当事者における合意の存在と内容が明白であれば足りる。

> 2）国際裁判管轄の合意は，(a)当該事件に関する裁判権が日本のみにあるのではなく，かつ，(b)合意によって指定された外国の裁判所も当該事件について管轄を有していれば有効である。
> 3）例外的に「管轄の合意がはなはだしく不合理で公序法に違反するとき等の場合」は上記条件を満たした場合でも国際裁判管轄の合意が無効となる可能性がある。

　チサダネ号事件最高裁判決が出た1975年当時，日本法には国際裁判管轄に関する明文規定は存在しなかったが，2011年の法改正によって，民事訴訟法に国際裁判管轄合意に関する規定が盛り込まれた（同法3条の2～12）。もっとも，改正民事訴訟法の立法担当者は，改正はチサダネ号事件最高裁判決の内容を実質的に変更するものではないと述べており，現時点では上記の判断基準はまだ有効と考えられる。

　なお，B/L上の一般的な裁判管轄条項を上記原則にあてはめると，まず合意方式については明示的に特定国の裁判所を指定しているのが通常なので，第1の要件はほとんどの場合満たされると予想される。また，国際的には被告所在国の国際裁判管轄を認めるのが通常なので，第2の要件もほとんどの場合満たされるだろう。そうするとB/L上の一般的な裁判管轄条項は，例外的に「管轄の合意がはなはだしく不合理で公序法に違反するとき等の場合」でない限り，原則有効と思われる。

≪チサダネ号事件判決から導かれる管轄合意の有効要件≫
・特定の国の裁判所を指定していること（通常は充たされる）。
・指定された国の裁判所にも事件の管轄があること（運送人が所在する国の裁判所が指定されていれば，通常は充たされる）。
・管轄合意がはなはだしく不合理で公の秩序に違反しないこと。

　チサダネ号事件判決の後，下級審判例において，B/L上の裁判管轄条項により定められた合意管轄が「はなはだしく不合理で公序法に違反する」ことを理由に無効とされた事例が登場したので，参考までに紹介する。

事例61　ロッコー号事件（東京地中判平11・9・13海事法154号89頁）

木材貨物の運送契約において，運送人の代理店が，揚地である日本において，B/L所持人以外の第三者に木材を引き渡してしまった。そこで，B/L所持人が，運送人，代理店および運送人の取締役個人に対し，損害賠償ないしは木材の引渡しを請求した。

運送人らは，B/L上に「本件B/Lに包含される運送契約につき，運送人に対する運送等から生じる貨物についての請求は，すべてマレーシアの裁判所の専属管轄に服する」，「運送人の被用者および代理人は，B/Lに包含される契約の当事者とみなされ，運送人の有する免責，責任制限等の権利を援用することができる」旨の記載があったことを理由に日本の裁判所には裁判管轄がないと主張し，訴えの却下を求めた。

裁判所は，次のように判断して運送人らの主張を排斥し，日本の裁判所の裁判管轄を認めた。

まず，裁判管轄条項の解釈原則については，チサダネ号事件最高裁判決に則った上で，本件裁判管轄条項が合意の方式を満たすこと，および，この事件に係る請求が日本の専属的管轄に属さず，マレーシアの裁判所も管轄権を有すると推認できると認めた。

その上で，(1)被告運送人の本店はキプロスにありマレーシアには営業所や支店もないこと，(2)本件B/Lは，裁判管轄条項を含め，別会社の書式を流用して作成されたものであること，(3)被告運送人の取締役がすべて日本人であること，(4)本件が日本における積荷引渡に関する紛争であることなどに照らし，仮にマレーシアのみに国際裁判管轄権があるとすると，単に訴訟の迅速および当事者の公平を害するのみであるから，本件裁判管轄条項は，はなはだしく不合理なものとして公序法に反するとして，日本の裁判管轄を認めた。

《ロッコー号事件判決が管轄合意を「はなはだしく不合理」と認めた理由》

・運送人の所在地や運送人の構成員と関係ない国の裁判所が指定されていた。
・当該国の裁判所が指定された理由は，別会社のB/Lの書式が流用されたからだった。
・指定された国と紛争の内容の間に関連性がなかった。
・指定された国の裁判所で裁判を行うと，訴訟の進行が遅れ，かつ訴える側に一方的に不利益になる可能性があり，当事者の公平が害される。

(2) 日本において仲裁条項が問題となった事例

事例 7-2　ニュー・カメリア号事件（東京高判平20・8・27海事法215号50頁）

　冷凍コンテナの電気供給ミスによって損傷した冷凍スケコ貨物について，貨物保険者が東京地方裁判所に運送人を提訴した。

　本件運送については，元地回収船荷証券が作成されており，B/Lは船積地で運送人によって回収されていた。同B/Lの表面には「裏面の記載に従う」旨の記載があり，裏面には「本B/Lから生じるすべての紛争は，東京において，社団法人日本海運集会所の東京海事仲裁委員会による仲裁に付される」旨の条項があった。そこで，運送人は，同条項に基づいて東京地裁は裁判権を有しないと申し立て，訴えの却下を求めた。

　しかし，同B/Lは表面の写しのみが荷送人の代理人にファックス送信されており，仲裁条項が記載された裏面は送信されていなかった。そこで，貨物保険者は，(a)仲裁条項が記載された裏面が受領されていない以上，運送契約の当事者間に有効な仲裁合意があったとはいえない，(b)仲裁法によれば仲裁合意は書面によって行われなければならないところ，荷送人が仲裁合意の記載された裏面を受け取っていない以上書面性の要件も満たされていないなどと主張し，仲裁合意の効力を争った。

　一審判決は，運送人と荷送人の代理人が本件運送契約以前から年間100件以上の貨物運送取引を行っていたこと，それら取引の際は本件と同じ様式による元地回収船荷証券が作成され，表面がファクシミリ送信されたりB/Lが交付されたりしていたことを認定し，このような事実関係に鑑みれば，荷送人の代理人は裏面に仲裁条項が存在し，これが運送契約に適用されることを認識していたことが推認されると判断した。その上で，本件では荷送人の本人・代理人ともに，表面の写しを受領後も裏面について何ら問い合わせをしていなかったことに照らし，運送契約の当事者間に仲裁条項の適用に関する合意があったと認めた。そして，裁判所は，書面性の要件充足も肯定し，訴えを却下した。二審判決は，一審判決の結論を維持した。

《ニュー・カメリア号事件判決の教訓》

・従来から多数の類似取引を行っている当事者間では，特定の契約条項について「中身を見ていない」と主張しても認められない可能性がある。
・このような場合，仲裁合意であっても比較的容易に効力が認められてしまう可能性がある。

7．船荷証券（B/L）の回収・貨物の引渡し

設問27　船荷証券（B/L）の回収

> **Q1**　B/L の呈示と運送人の引渡義務とはどのような関係にあるか？
>
> **A1**
> ・B/L には，呈示証券性／受戻証券性がある。
> ・B/L に正当な裏書がされているか否か，注意を要する。
> ・正当な裏書がされていても，所持人が正当な権利者でない場合には引渡しを拒むべきである。

　B/L には，呈示証券性／受戻証券性があるとされている。呈示証券性／受戻証券性とは，B/L 上の権利を有する者が，運送人に対して権利行使をする場合（運送品の引渡請求する場合）に，B/L の記載上正当な裏書（裏書の連続）のある B/L を所持しており，これを運送人に呈示することが必要になることを意味する。同時に，B/L の所持人がこの形式的要件を充たせば，その所持人は B/L 上の権利者と推定され，運送人は，運送品の引渡しと引換えに B/L を回収することできる。すなわち，B/L 上予定された揚地で運送人に B/L 原本が呈示されると，裏書譲渡を経て流通してきた B/L の権利主体が，その B/L 所持人に固定されるという効果がある。なお，受戻証券性が，運送人は B/L の呈示を受けない限り運送品を引渡してはならないという義務であるか，引渡さないことができるという権利であるか，両論あり得，また国によっても考え方は異なり得るところである。B/L が一般に流通性を有し，運送品の引渡しを二重に求められることがないよう運送人を保護するという目的に鑑みれば，少なくとも日本においては，運送人の権利というべきと思う。

　B/L の記載上正当な裏書（裏書の連続）のある B/L を所持している者が運送人に引渡しを求めても，その所持人が，正当な権利者から B/L を盗取／詐取したような者である場合は，運送人はその所持人の権利行使を拒むことができる。このような意味においては，B/L 所持人は，当然のこととして，実質的にも正当な権利者であることも必要ということになる。すなわち，B/L の記載上正当な裏書（裏書の連続）という形式的要件と並んで，実質的要件も存在する。

　では，B/L を呈示された運送人はいかなる引渡義務を負うことになるのか。以下では，指図式船荷証券を前提に，運送人の引渡義務について場合分けをする。

設問27 船荷証券（B/L）の回収

> B/L記載上，Shipper：「X」/Consignee（荷受人）：「To order of X」あるいは「To Order」とされていた場合，たとえば以下の各事例につき，運送人に引渡義務は生じるか。
> (ア) B/L裏面に「X」の裏書署名があり，かつ，「被裏書人Y」の記載がある場合に，「Y」がこのB/Lを本船に呈示したとき。
> (イ) B/L裏面に「X」の裏書署名があるが，「被裏書人」の記載がない場合に，「Y」がB/Lを本船に呈示したとき。
> (ウ) B/L裏面に「X」の裏書署名がない場合で，「被裏書人Y」の記載がある場合に，「Y」がこのB/Lを本船に呈示したとき。
> (エ) B/L裏面に「X」の裏書署名があり，かつ，「被裏書人Y」の記載がある場合に，「Y」がこのB/Lを本船に呈示したが，実は，YがXを脅迫してYへ裏書譲渡をさせたものであったとき。

(ア)の場合，B/L記載上，Xの記名式裏書に基づく正当な裏書があるから，Yが正当な所持人と推定され，運送人はYに運送品を引き渡さなければならない。同様に(イ)の場合についても，Xの白地式裏書により正当な裏書があるから，Yが正当な所持人と推定され，運送人はYに運送品を引き渡さなければならない。

これに対して(ウ)の場合，B/L記載上，Xによる正当な裏書があるとはいえないから，「Y」が正当な所持人とは推定されず，運送人はYへの引渡しを拒むことができる。(エ)の場合は，形式的には正当な裏書がされており，形式的要件は満たしているものの，これはYがXを脅迫して裏書譲渡させたものであるため，実質的要件を欠くものであるから，Yは正当な所持人とはいえない。ただし，Yは形式的要件を満たしている以上は権利者であることが推定されるので，運送人がその推定を覆すには，基本的には運送人側において，Yが脅迫によりB/Lを取得した事実を証明すべきである。なお，運送人がそのようなYの脅迫の事実を知らずに，そのままYに運送品を引き渡した場合，運送人は真実の権利者Xとの関係においても，基本的に免責される。

Q2　B/L はどのように回収されるか？

A2　・B/L の回収方法は，一概にはいえず，またコンテナ船かばら積船かによっても異なる。

　実際に B/L がどのように回収されているのかについては，船種や貨物，船会社や荷主によって異なり得るところであろう。筆者が見聞きした一例としては，以下のような流れで回収される。

　まず，コンテナ船の場合，B/L を発行した各船会社（slot charterer など）の揚地代理店から notify party に対して本船名，B/L 番号，コレクト払いに指定された運賃/諸チャージなどを記載した到着通知（arrival notice）がなされると，荷受人から B/L を委託された海貨・通関業者は B/L を代理店に差し入れて，その引換えに荷渡指図書（Delivery Order）を受け取る。なお，荷渡指図書は発行されない場合もあるようである。また，NVOCC が関与している場合には，NVOCC から船会社が発行した B/L を回収し，荷渡指図書を交付する。もし B/L が未着で呈示されないときは，補償状（LOI）を船会社に提出することで，荷渡指図書の交付を受けることになる。そして，荷渡指図書をターミナルに差し入れることによって，貨物の荷受けをする。

　一方，一般のばら積船の場合，揚地での代理店は船会社から委託を受けるものの，荷主とも密接な関係を有することが多い。そして，B/L の回収に関しては，荷受人が代理店に対して B/L の呈示を授権することがある。代理店担当者は本船入港時に他の必要書類とともに B/L を本船に持参して呈示，その後荷揚げが始まるというのが一例である。また別の流れとしては，代理店に荷受人が B/L を持参し，代理店がこれを確認して船会社に連絡し，これを受け船会社から本船に荷揚げ開始を指示するということもある。その他，荷受人が B/L を本船に持参することもあるようである。

Q3 予定された揚地以外での引渡しは，どのように処理が異なるか？

A3
・運送人は，予定された揚地以外での引渡しには，B/Lの原本すべての呈示または補償状の差し入れを受けるべきである。

　B/Lは通常3通を1セットとして発行されるところ，予定された荷揚港であれば，少なくともそのうちの1通を回収すれば足り，他の原本はそれにより無効とみなされる。運送人は3通のB/Lのうち1通のみを所持する所持人から運送品の引渡しを請求された場合，他のB/Lがないという理由で貨物の引渡しを拒否することはできない（商法774条，国際海上物品運送法10条）。

　これに対して，荷揚港が予定された揚地と異なる場合には，運送人は発行された原本のすべてを回収しなければ，貨物を引き渡すことができない（商法772条，国際海上物品運送法10条）。仮に発行された原本のすべての返却を受けられない場合には，少なくとも補償状の差し入れを受けるべきであり，運送人は補償状なくして，すべての原本と引換えでなく，貨物を引き渡すべきでない。補償状には，たとえば次のような趣旨の文言が規定される。

　上記の貨物は，【●●】港において【●●】に引き渡される予定であったが，当社は貴社に対して，上記の貨物を【●●】港に代わって，【○○】港においてB/Lの原本と引換えに引き渡すようここに要求する。
1．当社は，貴社，貴社の使用人および代理人に対して，当社の要求に従い，【○○】港において貨物の引渡しを行ったことにより生じるあらゆる責任や損害につき補償する。
2．貴社，貴社の使用人および代理人に対して上記に関して何らかの手続が開始された場合，当社は，その防御に十分な費用を提供する。
3．上記に関して本船や姉妹船や関連船がアレストされるなど船舶の使用に何らかの障害が生じる，あるいはその恐れがある場合，かかるアレストなどが正当化されるものであるか否かにかかわらず，かかる障害を除去するための担保を提供し，アレストなどにより貴社が被った損害につき補償する。

> **Q4　貨物の引渡しはB/Lと常に引き換えか？**

> **A4**
> ・B/Lが発行されている場合，原則として，貨物の引渡しはB/Lと引換えに行われる。
> ・これに対し，海上運送状（Sea Waybill）が発行されている場合には，海上運送状の呈示は不要である。
> ・記名式船荷証券など，適用される国の法令に照らして，個々に検討を要する場合がある。

　上述のとおり，通常のB/Lの場合，貨物の引渡しはB/Lと引換えに行われるのが原則である。これに対し，海上運送状（Sea Waybill）については，貨物の引渡しに海上運送状の呈示は不要である。海上運送状は有価証券ではないため，B/Lのような呈示証券性／受戻証券性が存在せず，また裏書譲渡により流通させることはできない一方，海上運送状に記載された荷受人であることが確認できれば，呈示をせずに貨物の引渡しを受けることが可能である。

　なお，記名式船荷証券についても海上運送状と同様の側面があるように思われるかもしれないが，日本法においては，記名式船荷証券は裏書禁止がされていない限り有価証券としての譲渡性を有する（商法574条，国際海上物品運送法10条）。すなわち，あくまでもB/Lであり，裏書譲渡された場合にはその譲受人が正当な所持人となり，また貨物の引渡しはB/Lと引換えに行われる点において，海上運送状とは異なる。

　記名式船荷証券の譲渡性については，国により考え方は異なり，たとえば英国法では譲渡性を有しない点では海上運送状と同視されることがあるものの，受戻証券性については海上運送状とは異なるものと区別される。受戻証券性に関しては，たとえば，次の事例62が参考になる（シンガポールの裁判所が下した判決であるが，記名式船荷証券に関する基本的な考え方は，争点は異なるが英国貴族院判決（Rafaela S号事件［2005］UKHL 11）の中でも肯定されている）。

―― 事例62　Hyundai General号事件［2002］2 Lloyd's Rep. 707 ――
　2000年8月28日，荷主は，ハンブルグにてプサン向けのメルセデスベンツのコンバーチブルカー1台を運送人の運航船に船積みした。荷主は運送人より貨物の買主を受荷主とするB/Lの発行を受けたが，買主から売買代金の残額

DM60,100が支払われていなかったため，B/Lの原本を自社で保管したまま買主からの入金を待っていた。運送人はB/Lが記名式船荷証券であったため，貨物の引取りに来た受荷主に，B/Lの原本の呈示を受けずに貨物を引き渡した。荷主は，売買代金の残額DM60,100を買主から回収できなかったため，運送人に賠償を求めシンガポールの裁判所に提訴した。

　裁判所は，B/Lが記名式であるという理由で，B/Lの有する受戻証券性が失われるものではないとした。記名式船荷証券は譲渡性がないという点で海上運送状に類似した側面を有するものの，受戻証券性において権原証券であることに変わりはないのであるから，B/Lの呈示を受けることなく貨物を引渡した運送人は荷主に対し損害賠償責任を負う。

Q5　保証渡しの場合の問題点は？

A5　・保証渡しの場合は，後にB/Lを全通回収する。

　B/Lと引換えでなく貨物の引渡しが行われる場合として，上記の他にいわゆる保証渡しが考えられる。保証渡しについては設問28で取り上げるが，荷受人からB/Lの呈示を受けることなく，補償状（LOI）と引換えに貨物の引渡しを行うことをいう。

　本設問において述べてきたとおり，通常の引渡しであれば，予定された荷揚港での引渡しである場合，B/L1通がB/L所持人によって呈示されれば，その時点で残りのB/Lの効力は失われる。実際に船会社が発行しているB/Lにおいてもその旨の規定が見られることが多い。

　しかし，保証渡しの場合は，その後のB/Lを回収する行為は，他の残りのB/Lを無効化するという効果を有しないため，1通のB/Lのみを回収しても，運送人は残りのB/Lを取得した者に対抗できないという問題が生じる。そのため，保証渡しを行う際には，後にB/Lを全通回収することが必須となる。

設問28　船荷証券（B/L）なしの貨物引渡し

> **Q1**　B/Lなしの貨物引渡しとは？
>
> **A1**　貨物の引渡しに際してB/Lの呈示を受けられないとき、補償状の差入れを受けて、引き渡すことがある。

　B/Lが発行される海上物品運送においては、貨物の到着前にB/Lが荷受人の手元に届けられ、荷受人はかかるB/Lを運送人に呈示して、荷揚港にて貨物の引渡しを受けるのが原則である。しかし、貨物が荷揚港に到着した時点では、B/Lが受荷主の手元に届いておらず、B/Lの呈示ができないという事態がしばしば生じる。このような場合の対処方法として、荷受人が船会社に保証状（Letter of Guarantee）ないし補償状（Letter of Indemnity）を差し入れて貨物を受け取ることが実務上行われる。銀行を連帯保証人とする保証状（バンクL/G）が用いられる場合をダブルL/Gと呼び、求償がより確実なものとなる。銀行の連帯保証を伴わない場合は、シングルL/Gと呼ばれることがある。荷受人はB/Lを入手後、運送人にB/Lを差し入れて、保証状を返戻してもらう。このように保証状と引換えにB/Lの呈示を受けずに貨物を引き渡すことを保証渡しと呼んでいる。

　保証渡しが行われる場面としては、大きく以下の3つが考えられる。

(A) B/LがB/L記載の揚地に未着の場合にB/Lの呈示なくdeliveryする場合

(B) B/L所持人にB/L記載の揚地以外でdeliveryする場合

(C) (A)と(B)の複合パターン

それぞれのパターンについて、国際P＆IグループはLOIの雛形を公表している。たとえば上記(A)については、以下の趣旨の規定がなされる。

> 　上記の貨物は、【▲▲】港において【●●】に引き渡される予定だったが、B/Lが未着であり、当社は貴社に対して、上記の貨物を【○○】、または貴社が【○○】であるもしくは【○○】を代理すると信じる者に対して、B/Lの呈示なしに上記貨物を引き渡すことを要求する。
>
> 1．当社は、貴社、貴社の使用人および代理人に対して、当社の要求に従い貨物の引き渡しを行ったことにより生じたあらゆる責任や損害につき補償する。

2. 貴社，貴社の使用人および代理人に対して上記に関して何らかの手続が開始された場合，当社は，その防御に十分な費用を提供する。
3. 上記に関して本船や姉妹船や関連船がアレストされるなど船舶の使用に何らかの障害が生じる，あるいはその恐れがある場合，かかるアレストなどが正当化されるものであるか否かにかかわらず，かかる障害を除去するための担保を提供し，アレストなどにより貴社が被った損害につき補償する。

Q2　LOIに基づく補償請求の可否は？

A2　補償状はどのような場合でも必ずしもいつも有効とは限らないので，運送人はB/Lの呈示を受けられない背景事情となる事実関係について，充分によく留意すべきである。

設問27で述べたとおり，B/Lには呈示証券性／受戻証券性があると言われる。保証渡しを認めることは，このような呈示証券性／受戻証券性と齟齬を生じることになる。したがって，まずはその前提として，B/Lなしの引渡しの適法性が問われることとなろう。

日本法では，下記のとおり（戦前の）大審院によりその適法性が認められるに至り，現在では保証渡しによるB/Lなしの引渡しが実務上広く行われている。

―― 事例63　高田商会事件（大判昭5・6・14法律新聞3139号4頁）――
　保証渡しをした運送人が，B/Lの所持人であるH銀行から荷渡しを受けられないことに対する損害賠償を請求された。運送人は，その支払後に保証人であるM銀行にその分を求償した。裁判所は，海運業界には保証渡しの商慣習が存在することを認定し，これは，B/L所持人の権利を害することを想定したものでなく，結果的にB/L所持人の権利を害することになってしまった万が一の場合に備えて行われるものであるとした。そして，保証渡しの商慣習としての適法性を認めた。

　もっとも，英国法では，B/Lなしの引渡しは必ずしもいつも当然に適法と考えられているものでもない。以下の事例が参考になる。

事例64　Sze Hai Tong Bank Ltd. v Rambler Cycle Co., Ltd.［1959］AC 576

　運送人は受荷主の銀行からの補償を以てB/Lなしの引渡しに応じたが，これはシンガポールでは通常の実務であった。受荷主は売主に代金を支払わなかったため，売主は運送人を訴えた。運送人は，LOI発行銀行および貨物の受取人を訴訟に引込み，B/L約款中の「運送人の責任は荷揚げにより消滅する」旨の規定に基づき，自らは責任を負わないと主張した。枢密院は，運送人は本来の荷受人に貨物を引き渡す本質的な義務を負うところ，その責任に関する例外規定にも制限があり，かかる義務を故意に無視するような場合に例外規定による免責は認められないとして，運送人を契約違反および横領に基づき有責とした。

　英国法の立場によれば，運送人が傭船者の指示に従って積荷を引き渡した結果，後になって荷主から損害賠償請求を受けたような場合，運送人による引渡しが故意重過失の下で行われたようなときでない限り，運送人は傭船者に補償請求を行うことができると考えられている。

　反対に運送人が，傭船者の指示による引渡しが明らかに違法であると分かっていた場合，運送人はかかる指示を拒否するべきである。それにもかかわらず傭船者の指示に漫然と従って引渡しを行った場合，損害が発生した原因は違法な指示に従ったことであって，運送人から傭船者への補償請求は認められないという考え方がある。すなわち，もはや傭船者の指示によって運送人が損害を被ったとはいえず，因果関係が切断されていると考えるのである。この点，以下の事例が参考になる。

事例65　Sagona号事件　［1984］1 Lloyd's Rep. 194

　船主Xは，傭船者Yに対して，1976年から傭船契約に基づき本船（Sagona）を傭船に出していた。1978年7月当時，本船は軽油を運送していたが，Xが傭船者Yの指示に従い，Yの指定した荷受人Aのタンクに軽油を入れ，貨物の引渡しを完了させたところ，後にAは貨物の受領権原のない者であったことが明らかになった。荷送人は貨物代金の支払いを受けられなかったため，本船を差押さえたところ，それにより被った損害につき，XがYに補償を求めた。

　裁判所は，Yによる誤った当事者への引渡しの指示は違法であり，Xがこれに従う義務はなかったとした上で，もっともかかる指示は違法性が明らかであったわけではないし，Xがかかる違法性につき疑いを持ち，指示を拒否しうるような状況にはなかったと判断した。そして，違法な引渡し指示があった場合，Xに損

害を生じさせたのはかかる指示か否か，あるいはXが何らの調査もせずにかかる指示に従ったことが因果関係を切断するか否かが問題となるが，本件ではXが疑いを持ちうるような状況はなかった以上，Xに損害を生じさせたのはYの引渡し指示であって，因果関係の切断もないため，Xの補償請求は認められると判断した。

同様に，日本法の下でも，LOIで渡すべきものとされる者が真正な貨物所有者であることについて過失はともかく，少なくとも故意重過失があるような場合（傭船者の指示が明らかに違法な場合など）に，LOIの有効性がそれでも認められるかという議論はあり得よう。

Q3 保証渡しは拒めるのか？

A3 船主が保証渡しに応じる義務の有無は，傭船契約の文言に注意する。

原則として，船主はB/Lの所持人でない者に対して運送品を引き渡すことを拒むことができる。しかし，定期傭船契約において，傭船者の然るべきLOIと引き換えに，船主がB/Lの所持人でない者に対して，運送品を引き渡す旨の規定がある場合が実務上よく見られる。このような場合には，B/L上の運送人である船主は，傭船者からLOI渡しのリクエストがあった場合，B/Lの所持人でない者に対して，運送品を引き渡す義務を負う。なお，単にLOIに言及しているのみで，保証渡しを船主に明確に義務づける条項がない場合には，船主は保証渡しを拒む権利を有しているであろう。以下の事例が参考になる。

――― 事例66　Houda号事件　[1994] 2 Lloyd's Rep. 541 ―――

B/Lがイラクのクウェート侵攻前に発行されていたが，その後失われた。傭船者は，船主に対し，傭船者からの指示はクウェートにあるKPCから出されると通知していたところ，クウェート侵攻後に，KPCの経営がロンドンに移転された。船主はロンドンのKPCからの指示に対して，その権限が確認できるまで従わないと拒否し，B/Lの呈示なしでの運送品の引渡しも拒否した。後に傭船者は，船主が傭船者の指示に従わなかった結果本船の運航が阻害されたとしてオフハイヤーを主張したのに対して，船主はかかる傭船者の指示に従う必要はな

かったなどと主張した。裁判所は，船主は，傭船者からB/Lの呈示を受けることなく運送品を引き渡すよう要求されても，船主のかかる義務を明示する規定がない限り，そのような傭船者の要求に従う義務はないと判示した。

Q4　運送人としてLOIをもらう際の注意点は何か？

A4　保証渡しをする場合は，保証状の規定に従った荷受人に引き渡さなければならない。

　船主側が，傭船者がリクエストしたcargo receiver（「X」）とは異なる者（「Y」）に，誤って運送品を引き渡してしまった後，正当なB/L所持人（X）が現れ，船主に運送品のdeliveryを求めてきた場合，運送人はXに対して全額賠償責任負う。またその場合，船主は傭船者からLOIに基づく補償を受けることができない。すなわち，船主は，実際にcargo deliveryに来た者が，「X」であることを確認する義務がある。以下の事例が参考になる。

事例67　Bremen Max号事件［2009］1 Lloyd's Rep. 81

　傭船者は船主に対してLOIを提供し，B/Lの原本の呈示なしに貨物を引き渡すよう要求した。船主はかかる傭船者の要求を受けて，貨物を受け取りに来た者に貨物を引渡したが，それはLOIに記載された受取人とは異なっていた。後にB/L所持人が現れ，船主に貨物の引渡しを請求し，本船を差押えたため，船主は本船解放のためのsecurityを提供し，傭船者に対して，LOIに従いB/L所持人に代替のsecurityを提供するよう要求した。

　裁判所は，貨物の引渡しを行うべきは船主であって傭船者ではなく，LOIにおける傭船者の補償は，そこに記載された荷受人に対し貨物が引き渡されることを前提として与えられたものであるから，船主はLOIに記載された荷受人への引渡しがsecurityの条件であると判断した。

　ただし，船主は傭船者が引渡しを求める者に関する情報がないのが通常であるところ，その者が引渡しを受ける権限を有しているかを確認する必要はない。船主は，引渡しの相手がLOIに記載された者であることを知っていればよく，その点に関して疑義がある場合は傭船者に確認を求めれば足りる。船主が傭船者の説明に従った場合は，傭船者が，LOIに記載された以外の者に船主が貨物を引き渡したという主張をすることは許されない。

上記判決を受けて，国際Ｐ＆Ｉグループでは，貨物受取人の身元について，cargo receiver を「Ｘ」に固定せずに，「deliver the said cargo to X or to such party as you believe to be or represent X or to be acting on its behalf」というように拡張することを推奨している。こうした場合，引渡しを受けに来た者が「Ｘ」でなくても，「ＸまたはＸを代理するもの」と船主が信じたものであれば，船主はLOIにより傭船者の補償を受けられるか。この場合でも，船主がそう信じることについて合理性が必要であり，船主が理由もなく信じただけで補償を受けられるわけではない点には注意を要する。

> **Q5 運送人の責任額はどうなるか？**
>
> **A5** 保証渡しをした運送人の責任には国際海上物品運送法13条の規定は適用されないと考えられる。
> B/L に不知約款が記載されていた場合には，実際の運送品の価値が損害額の基準となると考えられる。

保証渡しを行った運送人に責任が認められる場合，その責任額について，特に国際海上物品運送法に定められている責任制限の規定の適用の有無が問題となる。この点，貨物をB/L所持人に引き渡せないという点では滅失した場合に準じて考えることもできようが，国際海上物品運送法上，B/L と引換えでない引渡しは想定されていないと考えられ，国際海上物品運送法13条の規定は，保証渡しの場合には適用されないものと考えられよう。一方，同法12条の２については，保証渡しの場合にも適用されるものと考えられ，これに沿った裁判例もある。

それでは，B/L上にいわゆる不知約款がある場合，責任額の算定においてはB/L の記載に拘束されるのか。この点，不知約款の効力として，運送人が負う責任額はB/L に記載された運送品の価値ではなく，現実に存在した運送品の価値に相当する部分に限定されると考えられている。

事例15　東京地判平10・7・13判時1665号89頁

運送人Yは，Aとの間で海上運送契約を締結し，運送品についてB/Lを発行しAに交付した。B/LはAからX銀行に譲渡されたが，他方YはBに対してB/Lの呈示なくして運送品を引き渡し，BはこれをCに転送した。B/Lにはいわゆる不知約款が記載されていた。Xは，YがBに運送品を引き渡したことによって，Xが引渡しを受けられなくなったとして，B/Lに記載された運送品の引渡し当時の時価につき損害賠償を請求した。

裁判所は，不知約款の効力として，Yは運送品がB/Lに記載された運送品と同一のものであることについて責任を負うものではなく，かかる不知約款の効力はB/Lなしの引渡しの場合であっても否定されないとして，実際の運送品の価値に相当する部分に限定してXの請求を認容した。

Q6　運送人の責任の出訴期間はどうなるか？

A6　保証渡しをした運送人の責任にも1年間の出訴期間が適用されると考えられる。

運送人の責任に対する1年間の出訴期間（国際海上物品運送法14条）の規定の適用については，保証渡しの場合にも適用があると考えられている。以下の事例が参考になる。

事例68　東京高判平7・10・16金法1449号52頁
（※上告審は最判平9・10・14海事法145号：上告棄却）

運送人がシングルL/Gに基づき運送品を保証渡ししたところ，後にB/L所持人が運送品引渡請求権を侵害されたなどとして，運送人らに対して損害賠償請求を提起した。B/L約款には，運送人は，運送品引渡し後，または引き渡されるべき日の後1年以内に訴訟が提起されないときは，運送に関する責任を免除される旨の規定があった。

裁判所は，当該B/L約款が，B/Lの所持人に対する運送人の運送品の滅失による債務不履行ないし不法行為による損害賠償義務についても適用されることからすれば，保証渡しにより生じた損害賠償債務についても適用されると判断した。また，当該期間の起算点について，運送品が引き渡されるべきであった日が起算点であるとし，その日から1年間の経過をもって，運送人のB/L所持人に対する損害賠償債務は消滅したとした。

事例69　Captain Gregos 号事件　[1990] 2 Lloyd's Rep. 395

　原告Xは，積荷であるエジプト産原油をエジプトからオランダへ海上運送したタンカーの船主である。積荷の船積みが行われる前に積荷を譲り受けたAは，積荷が目的地に到着する前にYにこれを売却した。本船が目的地に到着した時点で，B/LはまだYに提供されていなかったので，AがXに保証状を差し入れ，Yに保証渡しがされた。B/Lには，ヘーグ・ヴィスビー・ルールが摂取されていた。荷揚後1年以上経過後，YがXに対して積荷の数量不足を理由として法的手続に及んだため，Xが，ヘーグ・ヴィスビー・ルール3条6項に規定する出訴期限を徒過しているためYの法的手続は無効であるとの確認を求めた。英国控訴院は，Yは積荷についての船主と荷送人の間の海上運送契約の内容を承知していた事情が認められるとした上で，上記の出訴期限が適用されると判断した。

Q7　船主責任制限法の船舶先取特権の成否は？

A7　保証渡しをした運送人の責任について，船舶先取特権が成立するわけではない。

　保証渡しに伴う損害賠償請求権につき，船主責任制限法の船舶先取特権が成立するかという点についても問題となりうる。船主責任制限法3条1項1号は，「船舶上でまたは船舶の運航に直接関連して生ずる……物の滅失もしくは損傷による損害に基づく債権……」と規定し，同項3号は，「船舶の運航に直接関連して生ずる権利侵害による損害に基づく債権」と規定している。この点については，下記裁判例が，かかる船舶先取特権の成立を否定しており，結論的にも妥当な判断といえよう。

事例70　ロッコー号事件（東京高判平12・2・25判時1743号134頁）

　運送人が，荷受人に対し積荷を保証渡ししたところ，B/Lの所持人が，保証渡しによる損害賠償請求権について，船主責任制限法95条1項の先取特権を有するとして，船舶競売を申し立てた。
　裁判所は，同法3条1項1号について，「滅失」は物理的滅失をいい，引渡不能一般をいうものではないから，積荷が滅失したとはいえない，「滅失」は受取人が積荷の占有を取得した時点またはそれ以降で生じるのであり，「船舶上」で生じたとはいえない，「滅失」は積荷の引渡しによって生じたのであって，「船舶

の運航」により生じたとはいえないと判断した。また，同項3号について，同号にいう「権利侵害」は，船舶の運航により生じる漁業権や船舶上の売店などの営業権の侵害などを想定しており，B/Lに基づく積荷の引渡請求権の侵害は同号の「権利侵害」にあたらないと判断した。結論として，船舶先取特権の成立は否定された。

Q8 港湾当局への貨物の強制的引渡しの局面でも，運送人は責任を負うか？ また，そうである場合，運送人としてはどのような内容の約款をB/Lに挿入すれば免責されるか？

A8 貨物の強制的引渡し制度のある仕向地においても，運送人はB/Lを所持する者に対し貨物が引き渡されるように努める必要がある。

　国によっては，同国に仕向けられた貨物は自動的に港湾当局の管理下に置かれ，荷受人は同国の港湾当局および税関から貨物の引渡しを受けるという，貨物の強制的引渡し制度が存在することがある。こうした場合，運送人は自らB/Lの所持人に貨物を引き渡す余地は失われることになる。運送人としては，港湾当局への運送品の委託をもって荷受人（正当なB/L所持人）に対する運送品の引渡しとみなし，運送人の免責を認める規定を運送契約やB/Lに挿入することが考えられる。たとえば「貨物を税関またはその他の当局の管理下に置くことによって本件B/Lによる運送人の責任は最終的に消滅する」といった条項が考えられる。

　もっとも，かかる条項の有効性には議論の余地がある。国際海上物品運送法3条1項は，運送人に受取から引渡しまで運送品に責任を負わせており，同法15条1項は，同法3条に反する特約で荷送人，荷受人，B/L所持人に不利益なものは無効としている。この15条1項が適用されないのは，船積前または荷揚後の事実によって生じた損害についてのみである（同条3項）から，上記のような条項が有効となるためには，港湾当局への貨物の引渡しが「荷揚後」の事実にあたる必要がある。この点に関しては，以下の事例が参考になる。

事例71　東京地判平22・12・21判例集未登載

　原告が，運送人である被告に対し，ドミニカ共和国に所在する荷受人へ貨物を運送するよう依頼し，記名式B/Lの交付を受けたが，荷受人の代金支払が未了であったためB/Lを荷受人に交付しないでいたところ，荷受人が陸揚港においてB/Lを呈示することなく港湾当局から貨物の引渡しを受けたことから，原告が被告に対し損害賠償を請求した。

　ドミニカ共和国においては，同国に仕向けられた貨物は陸揚げされた時点で自動的に港湾局の管理下に置かれ，荷受人は港湾局および税関により貨物の引渡しを受けることになる。

　裁判所は，運送人は運送契約上，貨物が税関当局の管理下に置かれ，これを管理できなくなった後であっても，B/Lを所持する者に対し貨物が引き渡されるように努める義務を負っていると判断した。

　ただし，本件B/Lには，「貨物を税関またはその他の当局の管理下に置くことによって本件B/Lによる運送人の責任は最終的に消滅する」との免責条項があったため，運送人が貨物の陸揚後にB/Lを所持する者に対し貨物が引き渡されるよう努める義務に違反しても，これに基づく損害賠償義務は，上記免責条項により免責されると判断した（もっとも，この事案では，別の理由で，免責条項の適用は否定された）。

設問29　船荷証券（B/L）における荷受人の責任

> **Q1　荷受人とは何か？**
>
> **A1**　荷受人（"Consignee"）とは，運送人に対し，運送品の引渡しを請求する権利を有する者のことをいう。では，「*B/L上の荷受人*」，つまり，B/L に記載された貨物の引渡請求権を有する者とは誰か。一言でいうと，「B/L の正当な所持人」である。

　日本の国際海上物品運送法7条5号は，B/Lに荷受人の氏名または商号を記載しなければならないと定める。現実のB/Lにも，通常は荷受人を記載すべき欄（Consignee欄）がある。しかしながら，B/Lの荷受人欄に氏名や商号が記載された者と実際の荷受人が必ずしも一致するわけではないことに注意する必要がある。

≪荷受人欄とB/L上の荷受人≫
荷受人欄に氏名や商号が記載された者と，実際の荷受人は，必ずしも一致するとは限らない。

> **Q2　荷受人はどのように特定されるか？**
>
> **A2**　荷受人の特定方法は，B/Lの種類ごとに異なる。

指図式船荷証券（Order B/L）

　指図式船荷証券とは，「指定された者の指図（Order）に応じて運送品を引き渡せ」という内容が記載されたB/Lをいう。通常は，荷受人欄に，"To Order"，"To A's Order"，"To Order of A"，"To A or Order" などの記載があることから見分けることができる。このタイプのB/Lは，連続した裏書によって譲渡することができ（"Negotiable"），運送の途中で荷受人が何度も変更される可能性がある。

指図式船荷証券の荷受人は，B/L上の連続した裏書の最終被裏書人，または，B/Lに関する実質的権利を証明できる証券所持人である。運送人の側から見て荷受人が明らかになるのは，揚地においてB/Lが呈示され，引渡請求権が行使されたときである。

> **小問**
>
> 　運送人Cが発行した3通のB/Lの荷受人欄には，単に"To Order"と記載されていた。荷送人Sは，運送中に貨物をBに売却し，B/LをBに裏書譲渡した。その後，BはRに貨物を転売し，BはB/LをRに裏書譲渡した。揚地において，Sの代理人とRの両方がB/Lを呈示して運送品の引渡しを求めた。運送人Cは誰に運送品を引き渡せばよいか。

- ▸ 本件B/Lは，指図式船荷証券である。
- ▸ 指図式船荷証券の荷受人は，連続した裏書きの最終被裏書人である。
- ▸ したがって，運送人Cは，最終被裏書人であるRに運送品を引き渡すべきことになる。

記名式船荷証券（Straight B/L，Consigned B/Lなど）

　記名式船荷証券とは，特定の者が荷受人として記載されたB/Lをいう。このタイプのB/Lは，通常，荷受人欄に特定人の名称や住所などが示され，かつ，"To Order"などの記載がないことから見分けることができる。
　記名式船荷証券における荷受人の判断方法は，B/Lの準拠法が日本法である場合と英米法である場合とで異なるので注意する必要がある。
　まず，日本法上，B/Lは原則として裏書譲渡が可能なので，単に荷受人欄に"A"と記載されている場合であっても，Aはこれを裏書譲渡によって第三者に譲渡することができる。したがって，荷受人欄に"A"と記載してあるB/Lは，"To Order of A"と記載されている場合と同じ扱いになり，荷受人は別途裏書が禁止されていない限り，Aから連続した裏書の最終被裏書人となる（もちろん，裏書譲渡が行われていなければ，荷受人はAである）。

> **小問**
>
> 　運送人Cが発行した3通のB/Lの荷受人欄には，Bの名称および住所が記載されており，"To Order"などの記載はなかった。その後，BはRに貨物を転売し，BはB/LをRに裏書譲渡した。揚地において，BとRの両方がB/Lを呈示して運送品の引渡しを求めた。B/Lの準拠法が日本法であったとして，運送人Cは誰に運送品を引き渡せばよいか。

- 本件B/Lは，記名式船荷証券である。
- 本件B/Lの準拠法である日本法上，記名式船荷証券であっても裏書譲渡が可能なので，荷受人は，Bから連続した裏書の最終被裏書人となる。
- したがって，運送人Cは，荷受人欄に記載されたBではなく，最終被裏書人であるRに運送品を引き渡すべきことになる。

一方，英米法においては，記名式船荷証券の裏書譲渡は当然に禁止されている（"Non-Negotiable"）。このため，記名式船荷証券イコール裏書が禁止されたB/Lであり，荷受人は原則として荷受人欄に記載された者になる。その意味で，英米法上の記名式船荷証券は，海上運送状と似ている（ただし，英国法上は記名式船荷証券は呈示を要する点で海上運送状と異なる）。

> **小問**
> 前小問と同じ事例において，B/Lの準拠法が英国法だった場合，運送人Cは誰に運送品を引き渡せばよいか。

- 本件B/Lは，記名式船荷証券である。
- 本件B/Lの準拠法である英国法上，記名式船荷証券は裏書譲渡できないので，荷受人は，荷受人欄に記載された者に固定される。
- したがって，運送人Cは，荷受人欄に記載されたBに運送品を引き渡すべきことになる。

なお，記名式船荷証券の場合，荷送人は，運送品の引渡し前であれば，運送人に指示することによっていつでも荷受人を変更することができる（Right to Redirect Goods）。したがって，記名式船荷証券といえども，B/Lの発行時点で荷受人として記載されていた者が，常にそのまま荷受人であり続けるとは限らないことに注意されたい。

持参人式船荷証券（Bearer B/L）

持参人式船荷証券とは，荷受人欄に，"Bearer"（持参人）または"Holder"（所持人）などと記載されているB/Lをいう。

持参人式船荷証券においては，現実に証券を所持／持参する者が荷受人となる。しかしながら，盗難などに弱いという弱点があり，あまり使われていない。

設問29　船荷証券（B/L）における荷受人の責任

> **Q3** 荷受人は法律上どのような義務を負うか？
>
> **A3** 荷受人は，運送品を受け取ったとき，運賃その他の費用を運送人に支払う法律上の義務を負う。なお，運送品の受領義務は原則として負わないが，荷受人が運送品を受け取らない場合，運送人は供託や競売などの手段を執ることができる。

運賃などの諸費用の支払義務

運賃は，運送人と運送契約を締結した荷送人が後払いするのが原則である。

では，運送品を揚地まで運送したにもかかわらず荷送人が運賃を支払おうとしない場合，運送人には何ができるか。

日本法上，荷受人が運送品を受け取ったときは，運送契約またはB/Lの趣旨にしたがって運賃，付随費用，立替金などを支払う義務を負う。そして，運送人はこれら費用が支払われるまで運送品の引渡しを拒み留置権を行使することができるとされている（国際海上物品運送法20条1項，商法753条）。

したがって，上記の場合，運送人は荷受人に対して運賃の支払いを求め，運賃を支払うまで運送品を渡さないと通知することができる。

なお，この場合でも，荷送人と荷受人との関係は両者間の契約によって別途定まる。したがって，たとえば荷送人と荷受人が締結した売買契約において運賃が荷送人負担とされていた場合，荷受人は荷送人に対し運送人に支払った運賃を求償できる。

荷受人の運送品受領義務

運送契約における荷受人の主たる役割は，運送品を揚地で受領することである。しかし，財務状況の悪化，市場下落，運送品の損傷などの理由から，荷受人が運送品の受領を拒むことはままある。このような場合，運送人には何ができるか。荷受人は運送品を受領する義務を負わないか。

英米法においては，運送人が適切に運送品の引渡しの準備を整えた場合，荷受人は，運送品を受け取る義務を負うと理解されている。

これに対し，日本法では，一般論として債権者（運送品の受取りという意味では荷受人）の受領義務は否定されている。これは，「受領は権利であって義

務ではない」という考え方による。もっとも，荷受人が運送品の受取りを拒否した場合，運送人は，法律上，運送品を供託したり競売したりすることができ，保管費などの発生費用を荷受人に請求できる。したがって，法律上の受領義務の有無を論じることにはあまり実益がない。

以下，荷受人の運送品受取りが遅れた場合と，受取りの見込みがない場合のそれぞれについて，簡単に救済方法を紹介する。

荷受人の運送品受取りが遅れた場合の各種救済手段

運送品の受取りが遅れた場合，いつまでも船を止めておくことはできないので，運送人は，差しあたって運送品を一時保管しようと考えるだろう。このための方法としては，供託制度による供託と，倉庫保管が考えられる。

供託

運送人は，荷受人が運送品の受取りを怠った場合，運送品を供託することができる。また，荷受人が積極的に運送品の受取りを拒否した場合には供託義務を負う（国際海上物品運送法20条1項，商法754条）。

もっとも，供託というのは運送人にとって現実的な救済手段ではない。なぜなら，日本の供託法上，運送品のような物品は，法務大臣が指定する全国で20社程度の倉庫業者にしか供託できない（供託法5条1項）。また，倉庫業者が供託による保管義務を負うのは，通常営業している種類の物につき，保管することができる数量についてでしかない（同2項）。したがって，たとえば運送人が鋼材貨物を供託しようとする場合，まずは法務大臣の指定を受けた倉庫業者の中から，鋼材貨物の保管を通常扱っている業者を探さねばならない。その上で，当該倉庫業者の倉庫が揚地の近くにあるか，その倉庫のスペースに空きがあるかを検討しなければならない。

また，供託法によれば，供託物の保管料は，倉庫業者が荷受人に対して請求するものとされているところ（同法7条），運送人から貨物を受け取ろうとしない荷受人が，わざわざ保管料を支払ってまで運送品を受け取りに来るとは考えられない。このため，倉庫業者は，一般的に運送品の供託に消極的とされる。

以上のような事情から，実務上，運送品の供託はあまり行われておらず，貨物を受領してもらえない運送人にとっての救済手段としてほとんど機能していない。

倉庫保管（Warehousing）

　では，運送人は，供託によらず，自ら手配した倉庫などに貨物を一時保管することはできるか。

　B/Lの裏面約款などにその旨の記載があれば，運送人は，荷受人が運送品を受領しなかった場合に運送品を荷揚げして倉庫に保管することができる。そして，民法上，債権者が受領を遅滞した場合は遅滞の責任を負うものとされているところ，荷受人の受取り遅滞によって発生した保管料などは遅滞の責任に含まれるので，運送人は，倉庫保管料を荷受人に請求できる。

　しかし，供託の場合と同様，貨物を受領しようとしなかった荷受人が，倉庫まで運送品を受け取りに来て保管料を支払ってくれる見込みは必ずしも高くない。荷受人が貨物を受け取る見込みがないまま一時保管を続けても，保管費用が嵩んでいくばかりである。したがって，荷揚げ・倉庫保管も，荷受人が貨物を受け取る見込みがない場合は運送人の決定的な救済手段とはならない。

≪一時保管の問題点≫
- 日本法上認められている運送品の供託は，使い勝手が悪く，実務ではほとんど利用されない
- 荷揚げ・倉庫保管も，いずれ荷受人が貨物を受け取ってくれる見込みがないのであれば，保管料が嵩むばかりで，終局的な問題解決にはならない。

荷受人が運送品を受け取る見込みがない場合の救済手段

　荷受人が運送品を受け取る見込みがもはやない場合，運送人としては運送品の処分を考えるだろう。このための方法としては，任意処分と競売が考えられる。

任意処分

　B/Lの裏面約款などには，荷受人による受領拒否などの一定の場合に運送人が運送品を任意売却できる旨の条項が定められていることがある。

　しかし，現実的な問題として，荷受人が受領を拒否するような運送品は損傷したり，市場価格が暴落したりしていることが多いので，これをあえて欲しがるような買い手が現れるとは限らない。

また，幸いにして買い手が現れたとしても，運送品の所有者ではない運送人による売却は無権限者による売却なので，有効に所有権を移転できないのが原則である（民法上の即時取得によって買い手が所有権を取得した場合，運送人は，荷主から損害賠償請求を受けるリスクを負う）。さらに，荷主が売却に同意するなどして有効に任意処分がなされた場合であっても，保管料などを差し引いた売却価格は荷主に返却する必要があるところ，売却価格が安すぎるなどのクレームが荷主から出る可能性がある。以上のように，任意処分はリスクが高い。

競売

　日本法上，運送人は，運賃，附随費用，立替金などの支払いを受けるため，運送品が所在する地の地方裁判所の許可を得て，運送品を競売することができる（国際海上物品運送法20条1項，商法757条）。

　裁判所による競売の場合，売却権限や売却価格については客観性が担保されるので，後になって問題が生じるリスクは任意処分の場合より格段に低い。先に述べたとおり，荷受人が受領を拒否するような運送品は，損傷していたり市場価格が暴落していたりすることが多いが，競売においては，運送人自らが最低限の落札価格で運送品を落札し，それまでかかった費用などと落札価格を相殺して運送品の所有権を取得した後，これを自ら処分・廃棄することがよく行われている。

処分費用の立替請求ができるか

　なお，競売で取得した運送品を処分するための費用を荷受人に対して請求することはできない。自己の所有物を処分するための費用を他人に請求することはできないからである。

≪運送人による貨物処分の方法≫
・任意処分は，売却権限の有無や売却価額の客観性などに問題があり，非常にリスキーである。
・競売なら，任意処分が抱える問題点をクリアできる。

設問30　運送品等の撤去責任

> **Q1**　運送中のコンテナや材木などの貨物が航海中に船舶から流出し，海岸に打ち上げられた。撤去する責任があるのは，運送人なのか，貨物の所有者である荷主なのか？

2つのポイント

誰に撤去する責任があるかは，次の2つのポイントを押さえて丁寧に検討する必要がある。

≪運送品撤去責任の有無を判断する際のポイント≫
① 運送品が本船から流出するに至った事実関係・原因
② 運送品が打ち上げられた国の法制度内容

　実際には，運送人や荷主が，ある日突然，運送品が打ち上げられた土地の関係者から撤去要求を受け，迅速に対応方針を決めなければならないことが多いと思われる。難しい問題であるため，速やかに現地弁護士を選任して助言を得ることが重要である。

材木が日本の海岸に打ち上げられた場合

　たとえば，運送品である材木が日本の海岸に打ち上げられた場合を考えると，撤去義務に直接関係するのは民法上の「物権的妨害排除請求権」という権利である。これは，土地所有権に基づく権利であり，平たくいえば，土地所有者が，打ち上げられた材木のせいで土地の円満な支配を妨げられているから，相手方に対して材木を撤去して妨害状態を除去するように求める権利である。条文には書かれていないが広く認められている。
　土地所有者は，材木の所有者である荷主に対し，この権利に基づいて運送品の撤去を請求することができる。これに対して，荷主は，自己が無過失であると主張しても，撤去義務を免れることができない。しかし，荷主が運送品の所有権を放棄することで撤去義務を免れることができるかどうかは，争いがある。また，荷主が「撤去の手配はするが費用は負担しない」と主張できるのか

どうかも，争いがある。なお，土地所有者は，この権利を行使するためには，材木の所有者を探して特定しなければならない。これは実際には容易ではない。

他方，土地所有者が，運送人に対して，この権利に基づいて運送品の撤去を請求することは，基本的に難しい。この請求の相手方となるのは，現在妨害状態を生じさせている者またはその妨害状態を除去できる地位にある者とされている。これに該当するのは，土地を占拠している材木の所有者であり，材木を運送していただけの運送人は該当しない。土地所有者は，海難事故報道などから運送人を比較的容易に探して特定できる場合があり，運送人に対して事実上撤去を求めてくることがあるかもしれない。しかし，法的に見て撤去義務を負うかどうかは別問題である。

コンテナが日本の海岸に打ち上げられた場合

この場合も，基本的な考え方は材木の場合と同じである。

運送されていた空コンテナが日本の海岸に打ち上げられた場合，土地所有者は，コンテナの所有者に対して，物権的妨害排除請求権に基づいて，コンテナの撤去を請求することができる。

運送されていた実入りコンテナが日本の海岸に打ち上げられた場合も，同様に，土地所有者は，コンテナの所有者に対して，コンテナの撤去を請求することができる。これに加えて，コンテナの中の貨物の所有者に対して，コンテナや貨物の撤去を請求することができるかどうかは，はっきりしておらず，さまざまな考え方があり得る。

土地所有者が日本国や地方公共団体の場合

この場合には，海岸法の制度も検討する必要がある。海岸法は，国や地方公共団体が所有する一定の海岸を「公共海岸」とし，これを「海岸保全区域」と「一般公共海岸区域」とに分けて，それぞれ都道府県知事などに管理させている。

海岸法12条や37条の8は，除却命令や原状回復命令を規定している。この規定は，帰責性がある者に処分を課する監督処分規定とされている。よって，運送品である材木やコンテナが本船から流出して海岸に打ち上げられるに至った事情を考慮して帰責性のある者が命令の名宛人になり，この者が撤去義務を負う。

たとえば，荷主がFIOST条件の下で材木の船積および積付を行ったが，こ

れらが不十分であったために船外に流出したような場合には，荷主が撤去義務を負う可能性がある。他方，航海開始時に本船の船体外板に亀裂があり，そこから船艙内への浸水によって本船が傾き，甲板積みの材木が船外に流出したような場合には，運送人が撤去義務を負う可能性がある。事案次第では荷主および運送人の両方が撤去義務を負う可能性もある。

実際には，海岸管理者が海岸に打ち上げられた運送品の荷主を探し出して特定することは難しく，より容易に特定できる運送人に対して事実上撤去を求めることが多いと思われる。しかし，撤去する法的義務を負うかどうかは，法令が定める要件を検討して判断する必要がある。

なお，海岸法16条や37条の8は，原因者に対する工事施工命令の制度を規定している。しかし，実務上はほとんど利用されていない。

適用法令の変化

以上が設問に対する一応の解説となるが，事案次第で解説内容が変わってくることに留意されたい。たとえば，日本の領海内で木材やコンテナが船外へ流出して日本の海岸へ打ち上げられた場合には，海洋汚染防止法の規定も検討する必要が出てくる。また，設問は運送品が海岸に打ち上げられたケースになっているが，これが港湾内にある場合や一定の海域内にある場合には，別の法令が関係してくる。

では，設問を次のように少し変えると，どうなるか。

> **Q2** 運送中のコンテナや材木などの貨物が航海中に船舶から流出し，海岸に打ち上げられた。その後，土地所有者が打ち上げられた邪魔な材木やコンテナを撤去して別の場所で保管し，撤去費用や保管費用を請求してきた場合，これを支払う責任があるのは，運送人なのか，貨物の所有者である荷主か？

ポイントは同じ

土地所有者との関係で誰に支払う責任があるかも，次の2つのポイントを押さえて判断する必要がある。

≪土地所有者に対する損害賠償責任を判断する際のポイント≫
① 運送品が本船から流出するに至った事実関係・原因
② 運送品が打ち上げられた国の法制度内容

　現地の損害賠償法だけを見ればよいとは限らず，準拠法の問題や公法上の制度が関係することが，十分あり得る。現地弁護士を選任して助言を求めることが重要である。

日本の海岸に打ち上げられた場合

　この場合，土地所有者の請求の根拠となる権利は，民法709条の不法行為の損害賠償請求権である。権利を侵害された被害者は，故意・過失がある加害者に対して，損害賠償として，金銭の支払いを請求できる。請求の相手方となるのは，故意または過失がある者である。前記のとおり，これは荷主であったり，運送人であったり，その両者であったりするのであり，事案ごとに変わってくる。

　なお，撤去費用や保管費用として，土地所有者が不必要に過剰な金額を支出した場合，土地所有者には落ち度があることになるから，過剰部分の金額は請求できない。

海岸が日本国や地方公共団体の所有である場合

　この場合，海岸法31条や37条の8の原因者負担金の制度が関係し得る。海岸管理者は，原因者に対して，海岸の機能回復に要する費用をその必要を生じた限度で負担させることができ，原因者の故意・過失は不要とされている。しかしながら，実務上はほとんど利用されていない。

　では，設問を次のようにさらに少し変えると，どうなるか。

設問30 運送品等の撤去責任　　253

> **Q3** 運送中のコンテナや材木等の貨物が航海中に船舶から流出し，海岸に打ち上げられた。運送人が，材木やコンテナを現実に撤去したり，土地所有者へ撤去費用を支払った場合，船荷証券上の運送契約に基づいて，荷主へ損害賠償請求することは可能か？　逆に，荷主が材木やコンテナを現実に撤去したり，土地所有者へ撤去費用を支払った場合，船荷証券上の運送契約に基づいて，運送人へ損害賠償請求することは可能か？

2つのポイント

この場合には，次の2つのポイントを考慮して検討する必要がある。

《荷主・運送人間の損害賠償責任を判断する際のポイント》
① 運送品が本船から流出するに至った事実関係・原因
② 船荷証券の運送契約の内容＋準拠法の規定内容

事案ごとに問題となる点や結論が異なるため，以下では一般的な解説にとどめる。また，実際には，船荷証券上の運送契約とは別に航海傭船契約に基づく損害賠償請求も検討すべき場合があるが，船荷証券を解説する本書では扱わない。

運送人が荷主に対して請求する場合

この場合には，たとえば，荷主が運送人の主張事実を否定したり「自分には帰責性がない」などと主張し，これが支持される結果，運送人の請求が否定される可能性がある。他方で，荷主がFIOST条件下で運送品の積付けを行い，これが原因となって運送品が本船から流失したようなときには，運送人の請求が認められる可能性もある。

荷主が運送人に対して請求する場合

この場合には，たとえば，運送人が航海過失免責を主張し，これが認められる結果，請求が否定される可能性がある。他方，荷主が船舶不堪航を主張し，運送人が有効に反論できない結果，運送人有責と判断される可能性もある。し

かし，仮に運送人有責と判断されても，運送人が賠償額定額化や責任限度額を主張して，請求が一部しか認められない可能性もある。

> **事例72　ユニソン・スプレンダー号事件（東京高判平12・9・14高民集53巻2号124頁）**
>
> 　運送人はマレーシアから台湾まで丸太を運送していたところ，陸揚港内で，船体外板亀裂による船艙内への浸水が発見された。本船は岸壁に固定されたが，荷揚作業前に30度以上傾斜して海底に着座した状態になった。船荷証券所持人は，費用を支出して，船外へ流出した丸太と海中の船艙内に残存していた丸太を回収し，運送人に対して，船荷証券に基づき，丸太回収費用，保管場所への移送費用，保管場所賃料などを損害賠償請求した。運送人は請求を争った。
>
> 　裁判所は，丸太回収費用のうち船艙内残存分については，請求を認めた（船外流出分については，運送人・船荷証券所持人間の合意を理由に請求を否定）。他方，保管場所への移送費用や保管場所賃料は，請求を認めなかった。

　この判決は，運送品回収費用の請求を扱った数少ない裁判例である。海岸ではなく陸揚港内で回収がなされたケースだが，荷主の運送人に対する回収費用の損害賠償請求を肯定している点，保管場所への移送費用や保管場所賃料を否定している点で，参考になる。ただし，この裁判例の射程は慎重に判断する必要がある。なお，現在は法律が改正され，商法580条2項ではなく国際海上物品運送法12条の2第1項が適用されるが，基本的な考え方は変わらない。

8．カーゴクレーム―運送人の責任―

設問31　運送人の責任の体系・カーゴクレームの体系

> **Q**　カーゴクレームにおいて運送人が責任を負うのは，どのような場合か？

> **A**　カーゴクレームに関する運送人の責任としては，船舶の堪航性を担保する義務違反および貨物の取扱いに注意を払う義務違反がある。運送人は，航海過失免責・火災免責だけではなく，国際海上物品運送法4条2項の列挙事由による免責が実務上頻繁に主張される。

カーゴクレームに関する運送人の責任

運送人の責任は，貨物を目的地に安全かつ迅速に運ぶことである。
いわゆるカーゴクレームに関して，国際海上物品運送法における運送人の責任には，次の2種類ある。

≪運送人の責任の体系≫
① 船舶の堪航性を担保する義務（5条1項）
② 貨物の取扱いに注意を払う義務（3条1項）

堪航能力担保義務とは

運送人は，船舶が発航する時点で，船舶が堪航性を持つことに関して，相当の注意を尽くす義務がある。

堪航性とは，一般的に広く捉えられている。船舶が物理的に航海に堪えられる状態にあることは大前提である。また，船舶の発航の時点において船舶の艤装が十分になされ，燃料などいわゆる需品も装備されていることも必要である。

また，船舶の船倉など運送品を積み込む場所が貨物の運送に適する状態であったことも運送人が注意を尽くすべき堪航性の一部と考えられている。これを船舶の「堪貨能力」ということもある。

運送人の船舶の堪航性が欠くことは荷主が証明する事項である。荷主が船舶

の不堪航を証明した場合，運送人は，堪航性担保のために相当なる注意を尽くしたと証明して責任を逃れることができる。

貨物に関する注意義務とは

運送人は，運送品の受取，船積，積付，運送，保管，荷揚および引渡に関して注意を怠ったことにより生じた運送品の滅失，損傷または延着について，損害賠償の責を負う。

要するに，運送人は，運送品を受け取った時点から運送品を引き渡すまで，運送品のケアを相当の注意をもって行う義務がある。この責任を荷主との特約をもって免れる免責約款は無効とされる。FIOST約款のある場合に運送人は船積に関して注意を行う義務があるのか，Liberty約款のある場合はどうかなどは，実務上この運送人の義務に絡んで問題となる点である（設問24・25）。

航海過失免責あるいは火災免責とは

運送人は，運送品を受け取った時点から運送品を引き渡すまで，運送品のケアを相当の注意をもって行う義務があるが，例外がある。

運送品の滅失，損傷や延着が，船長，海員，水先人その他運送人の使用するものの航行もしくは船舶の取り扱いに関する行為（いわゆる航海上の過失）あるいは船舶における火災により発生した場合は，運送人は免責される。

カーゴクレームにおいて運送人の代理をしていて最も多く使用する免責の一つが，この航海過失免責あるいは火災免責であり，十分な理解が荷主・運送人ともに必要であろう。

国際海上物品運送法4条2項免責とは

航海過失免責や火災免責ほどではないが，運送人が頻繁に使用するのが，国際海上物品運送法4条2項に列挙された事項による免責である。

≪国際海上物品運送法4条2項の列挙事由≫
1．海上その他可航水域に特有の危険
2．天災
3．戦争，暴動または内乱
4．海賊行為その他これに準ずる行為

> 5. 裁判上の差押，検疫上の制限，その他公権力による処分
> 6. 荷送人もしくは運送品の所有者，または，その使用する者の行為
> 7. ストライキ，サボタージュ，ロックアウトその他の争議行為
> 8. 海上における人命・財産の救助行為，または，その救助その他の正当な理由に基づく離路
> 9. 運送品の特殊な性質，または，隠れた欠陥
> 10. 運送品の荷造，または，記号の表示の不完全
> 11. 起重機，その他これに準ずる施設の隠れた欠陥

　以上で列挙した事由によって貨物が損傷などした場合，運送人の無過失が推定され，荷主の方で不堪航や運送人の過失を証明する必要が発生する。

　荷主が不堪航や運送人の過失を証明するのは極めて困難であり，実務上は，同法4条2項の列挙事由が発生した場合は，運送人は免責とされるのが実務上の取り扱いと言っても過言ではない。

　そこで，実務上は，同法4条2項の列挙事由は運送人の免責を定めたものと言っても過言ではないと考える。

「運送中に貨物が滅失・損傷したこと」の証明の内容

　運送人が貨物損害の責任を負う大前提は，「運送中の貨物事故」である。荷主が，最初にこれを証明できなければ，運送人の責任を問う余地はない。

　カーゴクレームで頻繁に問題が発生するのはこの点である。揚地で貨物の損傷が見つかったが，それは航海中ではなく，船積前の損害であったのではないかという議論である。

　法律的にいえば，荷主は，リマークのない無故障船荷証券と揚地での貨物の損害を証明すれば，「運送中の貨物事故」の証明としては十分といわれるが，必ずしもこれで十分ではなく，実務的に船積前の貨物損害が争点となる事例も少なくない。以下に若干の事例を紹介する。

事例14　コア・ナンバーセブン号事件
（東京地判平11・6・18海事法151号57頁）
（東京高判平12・10・25金判1109号43頁）

> フレコン袋詰めの貨物が船積みされ，クリーンB/Lが発行された。揚地で貨物に濡れ損が発見された。メイツ・レシートには，全量について「150バッグ部分的濡れ」というリマークがあったが，B/Lに転載されていなかった。裁判所は，

「クリーン B/L があるので，船積時に袋の外観は濡れていなかったことになり，運送人はこれを否定できない。そして，荷揚時には袋が濡れていたのだから，航海中に袋が濡れたことになる。そして，すべての袋の内部と外部がともに濡れていたこと，揚荷役中に塩水が滴るほどであったことからすると，内部と外部は同じ機会に濡れたと考えられる。よって，内部も航海中に濡れたことになる。したがって，運送人は濡損の責任を負う」と判断した。

事例73　キョーワハイビスカス号／キョーワバイオレット号事件
（東京地判平9・7・30判タ983号269頁）
（東京高判平10・11・26判タ1004号249頁）

　荷送人は，クラフト紙製の袋に詰められた魚粉をコンテナに積み，運送人に引き渡した。デバンニング時に濡損が発見された。裁判では，濡損の発生時期が問題となった。

　裁判所は，「濡損は，コンテナ内の水蒸気が結露し，その水が紙袋に浸透したことが原因である。その水分は，本件貨物から過度の水分量が検出されたこと，本件貨物以外に水分発生源がないことからすると，貨物自体が発生源である。そして，結露はコンテナがヤードに放置されていた間に発生した可能性が高く，運送中に発生した可能性は低いので，運送人に賠償責任はない」と判断した。

事例25　TS YOKOHAMA号事件
（東京地判平20・12・16海事法203号24頁）

　荷送人が工場で貨物をコンテナに積んで，ヤードに搬入され，そこで2日間置かれた。揚地でコンテナを開扉したところ，コンテナの3段目までに積まれたカートンがすべて濡れており，3段目のカートンには，床面とほぼ水平に水跡がついていた。裁判所は，「クリーン B/L は，コンテナ内貨物に異常がなかったことまでは意味しない。コンテナが積地ヤードに搬入される前に冠水した可能性は，荷詰めや搬送の様子についての証拠がないので，ないとはいえない。したがって，運送中の事故であるとは断定できない」として運送人の責任を否定した。

冷凍コンテナ貨物

　冷凍貨物の事故の原因は，温度管理ミス（具体的には，保冷装置の故障，温度設定ミス，電源入れ忘れなど）にあるので，これが認められると「運送中の

事故」と判断される傾向にある。反対に，温度管理ミスがなければ，運送中の事故ではないと判断されやすい。このため，冷凍機の運転状態の記録が重要な証拠になる。

冷凍コンテナも荷送人が詰めることが多く，その場合は，荷主側が運送中の事故であることを証明する必要がある。このため，荷主側が温度管理ミスの存在を証明しなければならない。

―――― 事例74　東京地判平24・12・27判例集未登載 ――――

インドネシアで荷送人が冷凍エビをコンテナに詰め，運送人に引き渡した。同日，インドネシア政府は，適正な品質管理の下で引き渡された旨の衛生証明書を発行し，衛生上の問題なく引き渡されたことが確認されていた。また，同日，コンテナ温度は-20℃であり，要求された温度を維持していた。ところが，揚地で貨物の一部が解凍され，腐敗していた。そこで，直ちにサーベイを入れたところ，コンテナ内での冷気循環が滞っていて，庫内温度が上昇していた。裁判所は，貨物が運送人に引き渡される前に管理が不適切であったことをうたがわせるような証拠がないことからすれば，貨物が運送人に引き渡された後に損傷したと認めた。

―――― 事例75　東京地判平19・3・29判例集未登載 ――――

冷凍コンテナで運送された冷凍イカが揚地で解凍され腐敗していたため，運送人に対して損害賠償を求めた。

裁判所は，「庫内温度が適切であり，相当数の貨物が凍ったままであるから，冷凍装置は故障していなかった。そして，荷送人による証明書によると，荷送人の倉庫でコンテナトラックに荷詰めするため貨物を倉庫から運び出していたところ，トラックの到着が遅れたため，冷凍イカを一日外に放置してしまい，よって一部が解凍したという。よって，運送中の事故とは言えない」として運送人の責任を否定した。

―――― 事例76　東京地判昭58・1・24海事法63号18頁 ――――

　絹さやが積載されたあらかじめ華氏0度にされた保冷コンテナが荷送人の倉庫に運ばれ，荷詰めされ，コンテナ・ヤードで運送人に引渡された。引渡時に，庫内温度は華氏35度に設定されていたが，実際の温度は40度であり，また輸送中は華氏45〜55度であった。デバンニング時に腐敗が確認された。冷却装置は故障していなかった。裁判所は，コンテナ収納前に貨物が十分に冷却されず，しかも，コンテナ内で密着して積んだため，冷風が循環せずコンテナ内部の温度が設定温度に下がらなかったことが腐敗の原因であるとして，運送人の責任を否定した。

―――― 事例77　プレジデント・ハリソン号事件 ――――
（東京地判平7・10・30判タ921号282頁）

　荷送人の倉庫で冷凍茹蟹をコンテナに積込んだ。揚地でデバンニングしたところ，貨物が一度解け，その後に再冷凍していたことが判明し，凍結が緩んだことによる品質低下が認められた。裁判所は，「一般に保冷コンテナでは定期的に保冷装置の霜取が行われて，庫内温度が上昇するにもかかわらず，常時-15℃を示して温度上昇が記録されていないのは，不自然である。温度計が壊れていたとの証言もあり，コンテナ内の温度調整に問題はなかったとは言えない。そして，サーベイヤーの証言によれば，コンテナの屋根部分に穴が開いており，外気が入り込んでコンテナ内温度が上昇ししたため，貨物に解凍事故が発生した」として運送人の責任を認めた。

設問32　船荷証券（B/L）上の運送人の責任原因(1)
—堪航能力担保義務

> **Q** 堪航能力担保義務とは何か？
>
> **A** 運送人は，発航時における①船体能力，②運航能力，および，③堪貨能力を確保する義務を負う。それらの能力を欠いたため（不堪航），貨物が滅失・毀損をすると，運送人が，堪航性担保のために注意を尽くしたと証明しない限り，損害賠償責任を負う。

不堪航とは何か

堪航能力とは，「特定の運送契約を履行するための目的地までの航海において，通常の海上危険に堪えて，船積みされた物品を安全に目的地まで運送できる能力であって，船体をその状態に保有していること」である。具体的には，国際海上物品運送法5条1項が列挙する次の3つの能力である。

> ① 船舶を航海に堪える状態に置くこと（船体能力）
> ② 船員を乗り組ませ，船舶を艤装し，および需品を補給すること（運航能力）
> ③ 船倉，冷蔵室その他運送品を積み込む場所を運送品の受け入れ，運送および保存に適する状態に置くこと（堪貨能力）

不堪航は，特定の航海における特定の貨物ごと，航海の場所，航海の時季，船舶技術の水準，積荷の種類，積載方法等を考慮して，相対的に判断される。また，船体に事故原因があっても，そのすべてが不堪航になるわけではなく，不堪航に相当するかは，「当該欠陥を知っていれば，"慎重な船主"はそのままの状態で出航したか？」という実務的な基準で判断する。

船舶を航海に堪える状態におくこと（船体能力）とは，具体的に何か

(1) 船体の物理的欠陥（内部的要因）

　この典型例は，船体の亀裂という不堪航により，海水が浸入するケースであ

る。その他にも，エンジンや揚錨機の故障，電気系統の故障など，多種多様な事例が報告されている。エンジンを故障させる不良潤滑油も，不堪航にあたることがある（Kriti Rex号事件［1996］2 Lloyd's Rep. 171）。

事例72　ユニソン・スプレンダー号事件（東京高判平12・9・14高民集53巻2号124頁）

　本船は，揚地到着時に，左舷外板にあった75cmの亀裂から海水が船倉に浸入し，結果，船体が大きく傾いて貨物（丸太）が海中に没した。本船は，前年に船級検査を受けて合格していた。また，3年前に板厚検査と5ヶ月前に船底検査を受け，板厚は，左側亀裂箇所を含めて，船級協会規則上は問題なかった。しかし，(a)鱗状の錆が当該亀裂内側まで入り込んでおり，著しく傷んでいた，(b)本船は，事故1ヶ月前に右舷側外板の亀裂浸水事故を起こし，修理がされていたが，船級規則に反して当該修理についての臨時検査を受けなかった。

　裁判所は，船主の不堪航責任を認めた。たしかに，5ヶ月前の船底検査に合格しており，堪航性があったとも思える。しかし，船級検査に合格すれば一律に堪航性があったことにはならない。丸太は，鋼材を腐食させやすい貨物であり，丸太運搬船については特に入念な検査が必要であるにもかかわらず，船主は，1ヶ月前の右舷側事故に際して臨時検査を受けなかった。船主は，その修理に際して，右舷だけでなく左舷外板の状態・亀裂の有無などについても注意を払うべきであった。したがって，船主は，船級検査に合格していても，堪航性担保について注意を尽くしていたとは認められない。

事例78　Toledo号事件［1995］1 Lloyd's Rep. 40

　本船は，航海中，船体外板の亀裂から海水が船倉に浸入し，沈没した。荷主が不堪航を主張したところ，船主は，(1)船級協会からの勧告はなく，修理が必要な個所はなかった，(2)船主と船級協会によって検査を受けており，船体が疲労亀裂を起こすことなど想定しえなかった，と反論した。

　高等法院は，船主の不堪航責任を認めた。本船船体には深刻な歪みがあり，積地での船倉検査時点で，目に見えない亀裂が存在していた。そして，そういった歪みが明白だった以上，より適切な検査のために船級協会を呼ぶべきであり，そうすれば修理が勧告されて修理が行われていたであろう。仮に，船体の歪みから事故を想定できなかったとしても，慎重な船主ならば，水密性に影響を及ぼす内部構造にダメージ・劣化がないかを検査するシステムを構築していただろう。そして，そのシステムが作動していれば，船級協会検査員が呼ばれ，亀裂が発見さ

れて，そうして修理がされることで本件事故も防げていただろう。よって，船主に注意義務違反がある。

(2) 積付不良による船体能力の喪失（外部的要因）

船体能力は，積付不良によっても失われる。積付不良が船舶を不安定にさせたり，危険物を積んで貨物火災を招いたりして，船自体を危険にさらす場合である。

事例79　ホワイトフジ号・ホワイトコーワ号事件 （東京地判平23・7・15判タ1384号270頁）

両船は，ポリプロピレン編みの袋に入れられたニッケルマットを積んで航行中，荒天に遭遇して大きく横揺れをした際，全貨物が右舷側によって船が大きく傾き，ホワイトフジ号は潮岬沖で航行不能になり，ホワイトコーワ号は室戸岬沖で沈没した。ポリプロピレン編みの袋は，滑りやすい性質ものだったが，袋の底や横にダンネージを用いておらず，また，船の揺れから貨物を守るために固縛ロープで船体に固定されるなどはされていなかった。裁判所は，荒天が，通常予見できる程度のものであったと認めた上で，それにもかかわらず両船とも，それに耐えられずに事故に至ったとして，不堪航と認めた。

事例80　Friso号事件　[1980] 1 Lloyd's Rep. 469

本船は，木材を甲板に積んで航行中，荒天に遭遇した。本船が大きく傾いたので，木材を投棄して横転を防いだ。船主は，傾きの原因を片側の木材が水分を吸収して重くなったからと主張し，荒天遭遇による免責を主張した。しかし，裁判所は，傾きの原因は積付不良にあるとし，不堪航を認めた。

事例81　Kapitan Sakharov号事件　[2000] 2 Lloyd's Rep. 255

無申告で危険物が積まれたコンテナが甲板上で発火した。その甲板下にも，可燃性のイソペンタン（IMDGコード上の危険物）が積まれたコンテナがあった。イソペンタンから放出された可燃性蒸気は，船倉に換気装置がなかったため，滞留していた。甲板上の火災によって当該蒸気にも引火し，火災が拡大して本船は沈没した。控訴院は，次のように述べて船主責任を認めた。イソペンタンを換気装置のない船倉に積んだことは，不堪航に該当する。さらに，先に無申告の危険物が発火しても，この注意義務違反と損害との因果関係は否定されない。

(3) 軽微な欠陥

一切の不具合が不堪航に該当するわけではない。航海中でも簡単かつ迅速に修理できるような軽微な欠陥は，そもそも「欠陥」に値せず，不堪航とは評価されない。欠陥か否かは，事故当時の実務界における合理的な基準に従って判断される。

事例82　Lendoudis Evangelos号事件　［2001］2 Lloyd's Rep. 304

本船の航海中，船員が誤って燃料の緊急停止システムのレバーを動かしてしまったため，エンジンが停止し，結果，座礁した。船主がGA分担金を荷主に求めたところ，荷主は，レバーが透明なカバーで囲われていなかったという不堪航による事故と主張して，払いを拒んだ。高等法院は，「慎重な船主は，事故当時，火災などに迅速に対応できるよう，直ちに緊急レバーが使えることがより重視されていたという事情に依拠できる」と述べ，カバーがなくとも不堪航ではないと判断した。

事例83　イミアス号事件（東京地判昭57・2・10判時1074号94頁）

本船が荒天に遭遇した際，通風筒を通って海水が船倉に浸入した。当該通風筒は，帆布カバーで被覆固縛されず，ダンパーを受けるゴムパッキンが硬化して水密性がなく，さらに，錆のためにダンパーを締めることができなかった。そこで不堪貨が問題になった。しかし，当該通風筒は，構造上水密性のみならず風密性を備えている必要はなく，それに代わるものとして風雨に備えて帆布カバーが用意されており，かつ，それで十分なものとされていた。よって，(1)ダンパーに整備不良があっても，そのことから直ちに不堪航になるわけではなく，(2)帆布カバーが用意されていれば，発航時にそれで通風筒を被覆していなくとも不堪航にはならない。

船員配乗させ，船舶を艤装し，需品を補給すること（運航能力）とは，具体的に何か

(1) 船員

国際海上物品運送法の「船員を乗り組ませ」とは，必要な員数を乗り込ませることだけでなく，「航海・船体・貨物について適切な知識や技能を持った船長や船員を配乗させること」も含む。こういった船員の能力不足は，人的不堪航と呼ばれる。

事例44　クーガーエース号事件（東京地判平24・11・30判例集未登載）

　自動車運搬船である本船は，洋上バラスト水交換作業を行った。洋上でバラスト水を排水すると復原力が小さくなり，横転の危険が生じる。しかし，作業を担当した一航士は，本船上で以前に実施した2度の作業経験から，復原力が多少小さくても問題ないと考え，十分な復原力が確保されないまま作業を行った。結果，本船は横転した。裁判所は，人的不堪航を認めた。

　船舶の復原性の確保は，安全運航に必須である。しかし，一航士は，復原性を喪失させる危険のある計画をあえて立てた。よって，一航士は，基本的な安全意識を欠いており，貨物を安全に目的地まで運送する船員としての適格性を欠いていた。

　注意義務違反について，(1)バラスト水取扱日誌に作業の内容を記録するべきところ，一航士の上記2度の作業内容は記載されておらず，船主は，その事実を看過している。よって，船主は，内部監査時に当該日誌を含む船上書類を点検していても，本船業務に問題がないことを確認していたとは言えない。(2)本船のバラスト水管理計画書は，IMO推奨の復原力値を維持すべきことを明示しており，歴代の一等航海士はそれに署名をしてきたが，一航士は，これをせず，船主もこれを看過してきた。したがって，もし船主が，これらの書類を正しく点検していれば，一航士の復原性に関する基本的な安全意識を欠いていることを認識できた。よって，一航士に対して一般的な乗船前の講習や内部監査をしていたりしていても，注意を尽くしたとは言えない。

事例84　Eurasian Dream号事件　[2002] 1 Lloyd's Rep. 719

　自動車専用船が港で停泊中，火災が発生し，船員だけで消火できなかった。次を理由に人的不堪航が認められた

(1) 船長・船員の知識・訓練不足　火災は，船舶に対する重大な脅威なので，本船は適切な消火能力（＝堪航性）を有していなければならない。その消火能力は，船長の統率力と船員の作業能力にかかっている。ところが，船員は，自動車船における火災の危険を十分に認識せず，給油を受けている車両近くで，禁止されている作業を行わせていた。また，本船の消火設備に無知であった（CO_2消火設備は，非常に有効な手段なので，その使用方法の知識は必須だが，それを知らず適切に操作できなかった）。この2点は，船員の消火活動訓練が不十分であったことが原因である。

(2) 本船上のマニュアル不足　SOLAS条約上，本船のためだけに作成された簡潔かつ明瞭な消火マニュアルを船内に備えていなければならない。ところ

が，本船のマニュアルは，内容的に不適切かつ陳腐で，また膨大すぎて把握困難なものだった。さらに，船長には自動車専用船の経験がないので，マニュアルの要約を渡したり，ポイントを指示したりするべきであったのに，単に，読むことだけを指示していた。
(3) <u>本船上の機器不足</u>　トランシーバー・自蔵式呼吸器具・消火器が十分に備えられていなかった。CO_2消火設備のメインバルブは腐食していた。2つの消火栓がロープで縛られていた。

―― 事例85　Torepo号事件　[2002] 2 Lloyd's Rep. 535 ――

　本船は，水先人乗船中にパタゴニアン水道で，変針を怠ったため対岸に座礁した。高等法院は，人的不堪航を否定した。
(1) 航海士候補生が，灯火に気が付いて報告していれば座礁しなかった。しかし，船主および船長は，その候補生に見張りをする能力がないとは，知る由もなかった。
(2) 一航士は，座礁直前，操船を水先人に任せきりで，本船の進行を自身で注視していなかった。しかし，それだけで船員の無能が基礎づけられるわけではない。
(3) 航行計画（passage plan）が，一航士が水先人を監視しやすいように作成されなかった（たとえば「灯火が見えたら変針する」というチェック箇所の記載がない）。しかし，だからといって船員は水先人を監視する意思がなく，船員としての適格を欠くことにはならない。経験ある水先人が作成した航行計画について，船長が改善点を指摘しなくとも，船長は無能とは言えない。

―― 事例86　Makedonia号事件　[1962] 1 Lloyd's Rep. 316 ――

　本船は，エンジン故障によって洋上で航行不能になったので，避難港まで曳航された。エンジン故障の直接の原因は，燃料油不足であり，機関士の能力不足が原因で燃料油不足を招いた。裁判所は，「船員の能力欠如について，それは知識や技能の欠如に限られない。十分な知識や技能をもっていても，それを使う意思が欠落している場合がある。そのような船員は，アルコール中毒や身体的能力を欠いている場合と同じであり，船員としての能力を欠いている」と述べた。

(2) **艤装・需品・その他**
　船舶は，艤装の不備，燃料油の不足，需品（海図など）の不足，証書上の不

備により，法的にまたは事実上，運航能力を失うことがある（Arianna号事件 [1987] 2 Lloyd's Rep. 376）。ただし，そういった不堪航と事故との間に因果関係が認められるかは，別問題である（⇒273頁）。

船倉等を貨物運送に適する状態にすること（堪貨能力）とは，具体的に何か

(1) 貨物設備の物理的な欠陥

堪貨能力が問題になる典型例は，船舶自体に物理的な欠陥がある場合である。

──── 事例87　大阪高判昭54・2・28判時938号108頁 ────

フィリピンから日本までの航海中，油槽の膨張トランク（温度が上昇することによって高圧になる等の危険を防ぐために貨物タンクに設けられた場所）の上部板が荒天のために破損し，海水が船倉に浸入した。当該上部板には，出航時から全般に点蝕や著しい衰耗があった。当該荒天はその海域では予想可能なものであった以上，その欠陥は不堪貨にあたる。たしかに，船主は，本船が船舶安全法に基づく中間検査を，当該上部板を一定期限までに取り換えることを条件に合格し，かつ，本件航海は当該期限内であった。しかし，検査で欠陥を指摘された以上，期限に関係なく当該欠陥に留意して，適時に修理するべきであり，船主に注意義務違反がある。

──── 事例40　ケイヨー号事件（東京地判平20・10・27判タ1305号223頁） ────

本船は内航船と衝突したので，船体検査を受けたところ，貨物の濡損が確認された。その検査時に，本船外板上に小さな穴（ピンホール）が発見され，そこから海水が浸入していた。しかし，ピンホールが発航時に存在していたかはわからなかった。荷主側は，ピンホールが発航時になかったとしても，発航時に本件航海中にピンホールが生じるほど外板が劣化していたことが不堪航である，と主張した。そこで，ピンホールの発生原因が，①衝突事故によるものか（→航海過失免責），②船体の整備不良によるものか（→不堪貨）を考える必要がある。衝突の衝撃が外板に穴をあけるほどに強いものではないので，①ではない。むしろ，検査時に，ピンホール周辺の外板で錆が進行していた状態からすれば，錆の剥離が進んだことが原因であり，よって②である。仮に，衝突の衝撃で錆の剥離が進行したとしても，錆の進行を防ぐなどの整備を十分にしていなかった結果生じたものだから，やはり衝突が原因ではない。よって，不堪貨である。

(2) 設備の不設置

　特別な設備を要する貨物について，その設備がないと不堪貨になりうる。典型例は，冷凍貨物を積むのに冷凍設備がない場合であり，船主は当該設備が必須と知った上で運送を引き受けた以上，必要な設備を設ける義務がある。では，換気や除湿設備などはどうだろうか？

設備の不設置による不堪航

① 設備が必要かどうかは，実務的に判断する。
　－通常の設備が不設置のとき，不堪航になりうる。
　－通常以上の新型設備が不設置のとき，不堪航にならない。
② 貨物の「隠れたる欠陥」のために，事故後に特別な設備が必要だったと判明した場合は，不堪貨にはならない。

事例88　Westerdok号事件 [1962] 1 Lloyd's Rep. 180

　本船はジャガイモを運送したが，船倉に十分な換気装置がなかったため凝結が発生し，貨物が毀損した。凝結を防止するためには定期的にハッチカバーを開ける必要があったが，荒天のために開けることができなかった（この荒天は予想外のものではない）。ただ，当時，同型船にも十分な換気装置がなかったため，ジャガイモの一部毀損は一般的なことで，本件貨物損傷も一般的な程度であった。しかし，受荷主は，換気能力不足は不堪貨にあたると主張した。高等法院は，「堪航性担保義務の履行というために，本船の装置を最新にする必要はない。問題は，船主が新装置を設置したかではなく，当該運航において他の船主も実施している一般的な作業を行ったか，すなわち，『当該欠陥を知っていれば，慎重な船主がそのままの状態で出航したか』である」。そうして，船主責任を否定した。

事例89　Benlawers号事件 [1989] 2 Lloyd's Rep. 51

　本船は，3月にチリで玉ねぎを積み，30日後に英国で揚げたところ発芽や腐敗が確認された。この時期に30日間かけて玉ねぎを輸送するには，良好な換気装置が必須であったが，本船の換気装置では不十分であったため，貨物が損傷した。船主が荷主に賠償したあと，定期傭船者に求償したが，傭船者は，不堪航を理由にインタークラブ協定上の補償義務はないと反論した。高等法院は，玉ねぎは特別な貨物ではない以上，それを運ぶのに適した設備を用意しなければならないとし，不堪貨を認めた。

事例90　Gudermes号事件　[1991] 1 Lloyd's Rep. 456

本船は，アデンで重油を積んだが，本船には稼働可能な加熱コイルがなかったため，加熱しないままイタリアまで航行した。このため受荷主の電力会社は，パイプが詰まるおそれがあるとして受領を拒否した。そこで，本船から別船に移し，そこで加熱してからデリバリーすることになった。高等法院と控訴院は，本船が不堪貨であったと判断した。

事例91　Ankergracht号・Archangelgracht号事件　[2007] FCAFC 77

スチール・コイルを日本から豪州まで運送したが，船倉内の結露により，濡損が生じた。荷主は，本船には除湿装備がなく，よって鋼材を運ぶのには不適切であったと主張した。しかし，豪州連邦最高裁は，次のように述べて不堪航責任を否定した。発航時の船倉内には，ある程度の水蒸気があった。しかし，それだけでは不堪航にならない。発航時に存在した水蒸気量と，貨物保管の方法からして，船倉内が，航海中に結露が生じて濡損が生じる状態であれば，不堪航になりうる。しかし，発航時に存在した水蒸気量は不明であり，航海中に水蒸気が浸入した可能性もある。したがって，本船が発航時に不堪航であったとは言えない。

事例26　ジャスミン号事件（東京高判平5・2・24海事法114号1頁）

本船は米糠のペレットを積んだ。しかし，貨物の一部が船積前から高温という「隠れたる瑕疵」があったため，水で冷やされた船側外板に結露が発生し，濡損が生じた。(1)本船には機械式換気装置がなく，自然式通風換気装置しかなかったが，自然式装置は雑貨撒積船にとって通常のもので，その型式で多くの穀物や植物性ペレットが輸送されている現状からすると，不堪貨ではない。(2)貨物と船側外板沿いにダンネージが設置されていなかったことについて，ダンネージを設置しないという一般的実務からすると，これも不堪貨にあたらない。

(3) **船倉等の状態**

船舶自体に物理的な欠陥がなくとも，異物の存在という外部的事情によって，船倉が貨物を積むのに適さない状態になることがある。これも不堪貨の一場面である。

設問32　船荷証券（B/L）上の運送人の責任原因(1)—堪航能力担保義務

―――― 事例92　Fehmarn号事件　[1964] 1 Lloyd's Rep. 355 ――――

　本船は，テレビン油を積んだが，前荷のアマニ油とコンタミが生じた。これは，前荷を揚げた後に十分なタンククリーニングを行わなかったことが原因として，不堪貨が認められた。

―――― 事例93　Good Friend号事件　[1984] 2 Lloyd's Rep. 586 ――――

　本船が袋入り大豆粕をキューバで揚げようとしたとき，貯穀害虫が発見されたので，検疫所から揚荷役を禁止された。このため，スペインまで運んで salvage sale をした。害虫は，最初から大豆粕袋にいたのではなく，船倉内に残留していた前荷の小麦に生息しており，よって，船倉は船積前から感染していた。その事実は，不堪貨にあたる。大豆粕を積む際に，船倉内を点検せず，前荷を残したまま積んだことは，注意義務違反にあたる。

―――― 事例94　Fiona号事件　[1993] 1 Lloyd's Rep. 257 ――――

　本船は重油を積んだところ，静電気によって爆発してしまった。重油の引火点（揮発して空気と可燃性の混合物を作ることができる最低温度）は60℃以上であるため，通常は引火性気体を発生させない。そこで船主は，本件重油は特別に不安定なものだったとして，荷送人に対し，危険物責任による賠償を求めた。しかし，高等法院と控訴院は，前荷のコンデンセート油とコンタミを起こしていたために引火性気体が発生したのであり，それは不堪航であり，荷送人に対する賠償請求は認められないと判断した。

　ただし，あくまでも外部的事情が「船舶自体の状態」を悪化させるものでなければならない。たとえば，荷崩れが起きるような不適切な積付けをして出航しても，"船倉が貨物の保管に不適切な状態（不堪貨）"で出航したとは考えない（しかし，第87号大盛丸事件：東京高判平4・8・10海事法111号25頁は，それでも不堪航になると判断した）。
　同様に，英国法では，ある貨物を積んだために他の貨物が損傷した場合（貨物Ａが積付不良によって荷崩れをし，隣の貨物Ｂが損傷を受けた）も，「船舶自体の状態」が不堪貨であったとは考えない。ただし，危険物を積むことは不堪航にあたるとする例もあり（事例81），実際は難しい問題である。

航海中に不堪航になっても，運送人に義務違反があるのか

運送人の義務は，「発航時」における堪航性を確保することである。その「発航時」とは，「個々の積荷につき最初の港における，船積開始のときから発航のときまで」とされている。

(1) **発航後の不堪航――義務の終期**

発航後に不堪航となっても不堪航責任は問われない。

> **事例95　ジャイアントステップ号事件（東京地判平22・2・16判タ1327号232頁）**
>
> 　本船は，鹿島港沖で錨泊中，荒天に遭遇し，たびたび走錨したが，適宜避難をするなどして錨泊を続けた。その際，揚錨機の作動テストを行い，油圧ポンプなどの異常は確認されなかった。しかし，錨泊開始から約10日後，再び走錨した際，揚錨機や主機の故障により避難ができず，走錨を続け，結果座礁した。裁判所は，①事故前日の時点では，油圧ポンプおよび油圧モーターは正常に作動していたこと，②主機について，事故当日の朝まで正常に動作し，異常な兆候はなかったことから，本件発航時には堪航性を有していたと認めた。

(2) **発航前の不堪航――義務の始期**

積付開始のときに存在していた不堪航によって発航できなかった場合も，不堪航責任が問われる。

> **事例96　Maurienne号事件　[1959] AC 589**
>
> 　本船が積積を完了し出航を待っているとき，甲板排水口が凍結していたのでアセチレン溶接機で解凍したところ，配管自体が燃え出して大規模船舶火災が生じた。本船は，貨物とともに沈没した。英国の枢密院司法委員会は，船主は，少なくとも船積開始のときから，発航のときまで継続的に堪航性を維持する義務を負うと述べた。そして，火災発生時点から本船は不堪航であり，かつ，船員がそのような解凍作業をしたという点で船主に注意義務違反があるとして，不堪航責任を負う。したがって，船主は火災免責（ヘーグ・ルール4条2項(b)）を主張できない。

(3) 途中港の不堪航

　貨物ＡをＡ港で積んだときに堪航性はあったが，途中のＢ港で貨物Ｂを積んだ時点で不堪航であった。このとき，貨物Ａについては不堪航ではなく，貨物Ｂについて不堪航が問題になる。

> **事例97　Chyebassa号事件［1966］1 Lloyd's Rep. 450**
>
> 　本船は，インドで貨物を積みオランダに向かう途中，スーダンに寄港したところ，スーダンのステベが波止弁の蓋を盗んだため，その後の航海中に海水が船倉に浸入した。本船は，インド出航時には堪航性があったが，スーダン発航時に不堪航であった。しかし，不堪航はインド発航時を基準に判断するから，本件は不堪航の問題ではない。

不堪航と損害との間に，因果関係はあるか

(1) 不堪航と損害との因果関係

　荷主は，不堪航の事実のみならず，不堪航と損害との因果関係も証明する必要がある（不堪航と免責事由の競合の場面における因果関係⇒278頁）。

> **事例98　Isla Fernandina号事件［2000］2 Lloyd's Rep. 15**
>
> 　本船が座礁したので，船主は，航海過失を理由に免責を主張した。そこで，荷主は，海図が最新版でなく，撤去された灯台が記載されたままであったため座礁したと主張し，古い海図を備え置いていたことは不堪航にあたると反論した。高等法院は，たしかに誤った海図を置くことは非常に危険なことであるけれども，座礁の原因は，灯台がなかったことではなく船員が測量を誤ったためであり，仮に灯台が海図に記載されていても事故は避けられなかったとして，古い海図と事故との因果関係を否定した。

(2) 注意義務違反と損害との因果関係

　英国法では，船主が，たとえ注意義務違反はないという証明に失敗しても，「注意を尽くしていたとしても，いずれにせよ事故は起きていた」と言えれば，船主は責任を免れうる。

不堪航の事実は、誰が証明しなければならないのか

(1) 証明責任

荷主は、①不堪航が発航時に存在したこと、②不堪航と損害との因果関係を証明しなければならない。しかし、不堪航の事実の特定は、容易ではない。

事例99　Toledo Carrier号事件［2006］EWHC 2054（Comm）

揚地で貨物に濡損が見つかった。荷主は、海水が原因であり、海水が船倉に浸入した不堪航があると主張した。硝酸銀テストの結果からすると、「もし船倉に海水が入りうる状況であれば」、濡損の原因は海水であると考えられた。そこで、船体状況について、荷主は、「ハッチカバーの欠陥、および／または、ビルジの逆流、及び／又は、通気筒の腐食による海水浸入」があったと主張した。しかし、いずれの欠陥も認められないとして、船主責任を否定した。

---

(2) 「何らかの不堪航」——要証命題の不特定

そこで、不堪航を具体的に特定しないまま、「何らかの不堪航」というだけで船主責任を認める例がある（商法738条の事案だが、大江山丸事件（東京高判昭45・2・28判時589号70頁）もある）。ただし、民事訴訟法上の観点から疑問が呈されている。

事例27　東京地判平9・9・30判時1654号142頁（カムフェア号事件）

本船が荒天に遭遇したところ、大きく傾いて沈みかけたので、船員が本船を放棄した。無人で漂流した本船は、真っ二つに断裂して沈没した。船主は、貨物滅失の原因は、船員の退船であって不堪航ではないと主張した。しかし、裁判所は、次のように述べて、船主責任を認めた。

荒天は本船にとって危険な程度ではなかったにもかかわらず、船員が本船を放棄しなければならないほどに大きく傾いて沈みかけた。よって、本船が無人で漂流した原因は、船体能力不足であると<u>一応認められる</u>。そして、断裂の原因は未解明だが、大波に打たれて破壊されたという目撃証言からすると、本船は不堪航で、船体老朽化のために断裂したと推認されないわけではない。そして、荷主が不堪航の事実を証明することは簡単ではないので、荷主は、不堪航の事実を一応証明すればよい。その場合、運送人が堪航性について注意を尽くしたと証明できなければ、賠償責任を免れない。

設問32　船荷証券（B/L）上の運送人の責任原因⑴—堪航能力担保義務

事例46　Fjord Wind 号事件［1999］1 Lloyd's Rep. 307, ［2000］2 Lloyd's Rep. 191

　出航の翌日にベアリングが故障して機関停止となり，数ヶ月の修理が必要になった。荷主は，代船と貨物積替の費用について，不堪航を理由に費用償還を船主に求めた。

（不堪航について）　荒天遭遇といった事情なく出航の翌日にベアリングが故障したということは，ベアリングを故障させる「何らかの不堪航」が発航時に，因果関係の特定は不可能ではあるものの，存在していたということである。

（注意義務違反について）　本船は，本件の7年前から9回もクランクシャフトが故障しており，船主も，7ヶ月前にメーカー技術者を呼んでベアリングと潤滑油システムの分解検査を行っている。故障歴からすれば，相当に充分かつ徹底的な分解調査が必要であった。しかし，船主は，どの程度の検査を実施したのか，詳細を主張しないので，船主が注意義務を尽くしたとは認められない。

堪航性を担保するための注意は，どうすれば尽くしたことになるのか

⑴　「慎重な船主（prudent shipowner）」

　注意を尽くしたかどうかは，実務を加味した上で客観的に決まる。そして，現時点ではなく発航時の知識を基準に評価する（Subro Valour 号事件［1995］1 Lloyd's Rep. 509）。そこで，「船主が実際に有し，かつ，有すべき技能と知識を兼ね備えた『合理的に慎重な船主』が，船主と同じ状況下において尽くしたであろう程度の注意を尽くさなければならない」とされる。

事例100　Amstelslot 号事件［1963］2 Lloyd's Rep. 223

　1957年12月，航海途上でエンジンの減速装置が破損し，機関停止になった。不堪航があること（発航時に減速装置内の部品にあった疲労亀裂が原因で，減速装置が航海中に破損した）を前提に，注意義務違反の有無が争点になった。貴族院は，次のように述べて船主責任を否定した。

　船主は，中古船として1956年に本船を購入し，同年7月に船級協会の臨時検査を受けた。その際に減速装置も調べたが亀裂は発見されなかった。そこで問題は，⑴当該疲労亀裂を事前に発見することは可能だったか，⑵可能であった場合，事故前に行った検査は十分であったか，である。たしかに，減速装置を分解して，より緻密で徹底的な検査をしていれば亀裂の発見は可能であった。しか

し，実務的に合理的な程度の検査というものがあり，バランスを取らなければならない。そのバランスは，"慎重なサーベイヤー"が本件で実際に行ったもの以上の検査をすべきと感じたかで決まる。本件サーベイヤーは，減速装置を分解して亀裂を発見する方法を知っていたが，実務的に確立された通常の検査で充分と考え，分解検査までは不要と判断した。その判断には過失はなく，船主に注意義務違反はない。

(2) 船体能力・堪貨能力に関する注意義務

事例100から分かるように，①実際に行った検査や注意の内容が，検査時の知識からして，慎重な船主が合理的に行うべき程度のものであったか，そして，②そのような検査や注意は，実際に適正になされたか，を客観的に検討する。

①の検査内容について，どの程度，徹底的にまたは頻度で検査すべきかには，実務上のバランスというものがある。異常の兆候もないのに徹底的な検査をすることは，要求できない。この点は，「合理的な意見の相違があるだけでは，注意義務違反があるとはされない」と表現されている。

ただし，過去の事案からすると，船級や公的検査に合格しているという事実を信頼するだけでは不十分であり，事故につながる欠陥や兆候に気が付いたときは，修理や検査を独自に行う必要がある（事例72・78）。反面，事故につながる兆候に事前に気付けなかったときは，責任を問われない。

── 事例101　Hellenic Dolphin号事件　[1978] 2 Lloyd's Rep. 336 ──

本船は，1944年建造のリベット構造船である。外板に存在した凹損によってリベットが破断し，外板の継ぎ目に隙間が生じた。そこから海水が浸入して濡損が生じた。高等法院は，次のように，注意義務違反はないと述べた。本船は，事故前年に船級検査に合格しているほか，事故2ヶ月前にも工務監督による検査を受けているが，特に異常は指摘されていない。荷主は，母港に帰還する際に追加検査すべきであり，その検査システムを構築しなかったという注意義務違反があると反論するが，そこまでする義務は船主にはない。

設問32　船荷証券（B/L）上の運送人の責任原因⑴—堪航能力担保義務　　277

事例102　Danica Brown号事件　[1995] 2 Lloyd's Rep. 264

　本船は，結氷のなか航行して船体に損傷を負ったので，ドライドックに入った。そこで，プロペラやシャフトにもダメージが見つかったので修理をした。同時にスラスト・ベアリングも検査をしたが，特にダメージは見つからなかった。しかし，ドック後，間もなくして，スラスト・ベアリングの故障によって航行不能になる事故が起きた。争点は，不堪航があることを前提に，不注意によってベアリングに異常がないと判断したのかである。高等法院は，ドライドックの際，合理的な技術者は，ベアリングの異常に気が付かなかったであろうから，船主に注意義務違反はないと述べた。

事例103　Yamatogawa号事件　[1990] 2 Lloyd's Rep. 39

　本船が航行中，エンジンの減速装置が故障し，洋上で修理を試みたが航行不能になった。減速装置に設計ミスという不堪航があった。この設計ミスは，目視検査からでは判明しないものだったが，定期検査時に分解検査をすれば判明していた。サーベイヤーは，この減速装置が新造時から分解検査されていないことを知ったのであれば，それをすべきであった。しかしながら，分解すると装置を破損させる危険があったので，分解まで必要と思わせる何らの異常がない限り，分解すべきではなく，本件でもそのような異常はなかった。したがって，船主は責任を負わない。

---

(3)　**運航能力（人的不堪航）**

　船主は，単に船員免許を見るだけでは足りず，当該船員の能力を独自に調査したり，必要な訓練や教育を与えたりしなければならない。どの程度まで船員の能力を確認し，訓練や教育を施すかについて，安全運航のために特に重要な事柄であれば，より慎重な確認や訓練が要求されるように思われる。

船主は，誰の行為についてまで注意義務を負うのか

　運送人は，運送人自身または「その使用する者」の不注意について責任を負う（国際海上物品運送法5条1項）。「その使用する者」とは，運送人のために運送人の義務を代わりに履行する者（＝履行補助者）を含む。ただし，履行補助者とは，広範な概念なので，その範囲を限定する必要がある。

　前船主（前船主の所有中に生じた欠陥について），造船所（建造中の欠陥について），荷送人は，船主にとって「使用する者」ではない。なぜなら，船主は，それらの者の作業を監督することができないからである。もっとも，新造

船や中古船のデリバリー後や，荷送人や傭船者が貨物を積んだ後，船主が独自の注意義務を尽くすことは要求される。

他方，船主が手配した修繕業者（Muncaster Castle 号事件［1961］AC 807），エンジン部品供給者（Kamsar Voyager 号事件［2002］2 Lloyd's Rep. 57），船級協会（Happy Ranger 号事件［2006］1 Lloyd's Rep. 649）は，船主にとって「使用する者」にあたるとされた。

堪航性担保義務違反は，運送人の責任・免責に関する国際海上物品運送法のその他の条項と，どう関係するのか

実際の事故では，国際海上物品運送法の免責事由（3条2項）や証明責任軽減事由（4条2項）と不堪航が同時に存在していることがある。その場合，不堪航と損害との間に事実的因果関係がある限り，免責事由があっても船主は免責されない。同法3条2項や4条2項は，堪航性担保義務（5条1項）ではなく「運送品に関する注意義務」（3条1項）に対するものと規定しているからである。しかし，次のように，不堪航と免責事由が相互に関係し合っているため，そもそも不堪航が原因と言えるのか明らかではない場合もある。

---— 事例104　Lilburn 号事件［1940］AC 997 —---

本船は，積付不良のため出航時から右舷側に傾いていた。途中の港で燃料油を積んだ際，船長が給油の方法を誤って傾きが悪化し，結果，沈没した。船主は，「船長のミスがなければ沈没しなかったのだから，事故原因は，船長のミス（＝航海過失）であって不堪航ではない」と主張した。しかし，貴族院は，不堪航が唯一の原因でなくとも，「実際上の／有力な原因」であれば，不堪航責任を負うとした。そして，本件で，積付不良がなければ沈没しなかったという因果関係もあるので，不堪航であると判断した。

設問33　船荷証券（B/L）上の運送人の責任原因(2)
　　　　　―運送品に関する注意義務

> **Q** 運送品に関する注意義務とは，具体的にどのようなものか？
>
> **A** 運送人は，貨物の受取・船積・積付・運送・保管・荷揚・引渡に関し，注意を怠ったことによって生じた貨物損害について，賠償責任を負う（国際海上物品運送法3条1項）。注意を怠ったかは，個々の貨物の種類や運送の状況など，関連事情を総合的に検討して判断される。

運送人は，どのようなサービスを提供する義務を負っているのか

(1)　運送人によるサービス提供の範囲
　国際海上物品運送法3条1項は，「受取・船積・積付・運送・保管・荷揚・引渡」と列挙しているが，「運送人が，これらのサービスを提供しなければならない」とは定めていない。運送人が提供するサービスの範囲は，法律ではなく運送契約が定める（Liberty Clause⇒設問24，FIOST条項⇒設問25）。3条1項は，むしろ「運送人が貨物の受取・船積・積付・運送・保管・荷揚・引渡しをするときは，注意を尽くさなければならない」と定めるものである。これを「運送品に関する注意義務」という。

(2)　運送人の注意義務の程度
　同法3条1項での問題は，「運送人は，どの程度の注意をもって，サービスを提供しなければならないのか？」である。たとえば，荒天になると通風筒から水が船倉に入ってしまうという状況下で，船員が通風筒にカバーをかけないと，3条1項違反となって貨物損害賠償責任を負う（事例83）。
　では，より一般的に，運送人はどのように貨物を取り扱わなければならないか？　英国法では，「健全なシステムに従って」貨物を取り扱っていれば賠償責任を免れる，と言われている。

―― 事例105　Maltasian号事件　[1966] 2 Lloyd's Rep. 58 ――

　船主は，塩漬け魚を積んでクリーンB/Lを発行したが，揚地で好塩性バクテリアが増殖して，損傷していた。当該バクテリアは，魚が死んだあと，華氏41度以上のときに活動を始め，華氏51度になると増殖を始める。しかし，本船は冷凍船ではなかったので，9月という輸送時に本船が本件貨物を安全に輸送することは不可能であった。しかし，関係者は，誰一人としてこの点に気が付いておらず，荷送人も，「エンジン・ボイラーから離して積むこと」とだけ運送人に伝えていた。貴族院は，次のように述べて運送人の責任を否定した。ヘーグ・ルール3条2項の「適切に」とは，「健全なシステムに従って」という意味である。そして，運送人には，貨物の性質について運送人が持っていた／持つべきであった知識に照らして，健全なシステムを採用する義務がある。その際，運送人は，その貨物についての一般的な方法に従って扱えばよく，個々の貨物のあらゆる脆弱性や特異性をもカバーする必要はない。よって注意義務違反はない。

―― 事例106　Volcafe v CSAV　[2015] 1 Lloyd's Rep. 639 ――

　運送人がコーヒー豆をドライコンテナに詰めた。運送中，豆から出た蒸気がコンテナの鉄板で冷やされて水滴となった。豆袋と鉄板の間にクラフト紙を挟んだが，それで吸収しきれずに豆に滴り落ちたため，濡損が生じた。そこで，当該クラフト紙を使用したことは「健全なシステムに従ったものか」が問題になった。コーヒー豆がドライコンテナ内で濡れる危険は，業界の常識であるから，運送人は，なぜ当該クラフト紙を本件の方法で用いれば濡損防止には十分であると考えたのか，その根拠を示さなければならない。つまり，運送人は「健全なシステムに従ったと主張するためには，最低限，予想される損害を防止できると考えた合理的で，充分な，信頼に足る根拠を示さなければならない」と述べた。そのような根拠が示されていないので，運送人が貨物を適切に管理したとは認められない。

―― 事例91　Ankergracht号・Archangelgracht号事件　[2007] FCAFC 77 ――

　スチール・コイルを日本から豪州まで運送したところ，腐食と濡損が確認された。豪州連邦最高裁は，貨物に対する注意義務違反について，次のように述べて運送人の責任を認めた。損害の原因は，結露にある。そこで運送人は，結露を生じさせないように，健全なシステムに従って注意を尽くしていれば，責任を免れる。具体的には，運送人は適切に換気をしたのかである。一般的に，換気は，外気の露点が船倉内の露点より低いときに行うもので，これとは反対に，寒い地域から暖かい地域への航海では，船倉に除湿設備がない限り換気をしてはならない。しかし，運送人は，換気によって水蒸気を含んだ外気を船倉内に取り込んだ

のだから，健全なシステムを有しておらず，よって，ヘーグ・ルール3条2項違反がある（同じ換気ミスの事案として事例131）。

日本法も英国法と同じと考えられ，次のように言えるだろう。当該貨物の種類についての海運界における一般的知識に基づいて管理をすればよく，個々の貨物のあらゆる脆弱性や特異性にまで配慮する必要はない。荷送人から個別の情報が提供されない限り，通常の方法で運送できる貨物と信頼してよく，運送人が独自に脆弱性などを予想して事故防止措置を講じる義務はない。

── 事例26　ジャスミン号事件（東京高判平5・2・24海事法114号1頁）──

　米糠ペレット（バルク）の一部が船積前から高温であったため，水で冷やされた船側外板に結露が生じ，結果，その周辺貨物に濡損が生じた。裁判所は，運送人には貨物と外板との間に隙間を確保するためのダンネージを設置する義務はなかったとして，賠償責任を否定した。①荷送人は，ダンネージを要求していない。②航海傭船契約で，ダンネージの備置きを要求する条項をあえて削除した。③現在，荷送人が船積前の貨物の管理を厳重にし，温度や湿度を低く保った貨物を積ませることにより，運送中の発汗事故が極めて少なくなっており，このため穀物類をバルクで運ぶ際にダンネージは要求されなくなった。④外板沿いにダンネージをすると，荷役費用と時間が著しくかさみ，その費用節約のためにバルク輸送を選択した荷主の意思に反する（また船長は，航行中，昼間を選んでハッチを開けて換気をし，貨物の温度上昇を防ごうとした。それでも貨物は高温であり続けたのだから，換気が事故原因ではない）。

── 事例107　マノリス号事件（東京高判平13・10・1判時1771号118頁）──

　下部船倉（lower deck）に積まれていた袋詰魚粉に黴損があった。事故原因は，船倉内にあった水分を含んだ暖かい空気が海水によって冷やされ，結露が生じたことであった。そこで，不適切な積付や通風換気のため，結露を招いたかが問題になった。しかし，漁粉はIMDGコード上の貨物であるところ，IMDGコードに従った積付方法が実施されており，不適切なものではない。また運送中に機械換気をしているので，不適切な通風換気もない。よって，運送人は無過失である。

事例73　キョーワハイビスカス号／キョーワバイオレット号事件
（東京高判平10・11・26判タ1004号249頁）

　荷送人が魚粉をコンテナに積んだ。貨物の水分含有率は，分析証明書上，安全基準値以内と表示されていたが，実際は基準値を超えており，しかも貨物が十分に冷却されることなくコンテナに積まれていた。結果，コンテナ内で蒸発・結露し，結果，濡損が生じた。裁判所は，運送人の義務違反を否定した。運送人は，荷送人の表示した内容を前提として貨物の運送を行うほかないから，それを前提とした注意を尽くせばよい。よって，運送人は，基準値内という表示に基づき，通常であれば濡損は発生しないという前提に立って運送すればよく，濡損を予測して特別の注意を払うことまで要求されていない。そして，船倉内の温度は，船舶の構造・通気装置等によりほぼ一定の温度に保たれていたのだから，コンテナの保管について通常の注意義務を尽くしていた。「基準値内であっても，通気性のないコンテナでは濡損が生じる危険があるから，基準値内の表示を盲信することなく，換気と温度設定に配慮すべき義務があった」という荷主側の主張は認められない。

(3) 運送人の注意義務の程度——シッパーズパック・コンテナ免責条項

　コンテナ貨物のとき，B/Lに「シッパーズパック・コンテナ免責条項」が挿入されていることが多い。この条項は，(a)コンテナ内での積付方法，(b)当該貨物の輸送にとってコンテナが不適合である場合，(c)荷送人に空コンテナを提供した時点で存在していた，外観から分かるコンテナの欠陥について，運送人は責任を負わない（事例109），などと規定している。この条項は，事例30・108からすると当然のことを確認するものであって，運送人の国際海上物品運送法上の注意義務の程度を軽減するものではないとされる（事例74もそう述べている）。

事例30　トレード・フォイゾン号事件（東京地判平19・7・31判例集未登載）

　荷送人は，木箱入り銅箔をコンテナに積み付け，運送人に引き渡した。揚地では，木箱のほか，コンテナの外装も損傷していた。事故原因は，荷送人の積付不良であった。荷送人がコンテナに木箱を積み付け，その後に運送人がコンテナの引渡しを受けたのだから，運送人の契約違反が原因の事故ではない。よって運送人に賠償責任はない。

―― 事例108　PAN HE号事件（東京地判平22・6・4判例集未登載）――

　荷送人は，フラットラック・コンテナに固縛した貨物をコンテナ・ヤード（CY）で運送人に引き渡した。しかし，ステベの固縛不良のため，本船上で落下して損傷した。荷主は，「運送人がコンテナを受取って本船に積載するにあたり，固縛の脆弱性を見逃し，船内での補強を怠って転落防止の措置をとらなかった」と主張して運送人に賠償を求めた。裁判所は運送人の責任を否定した。CY受け・CY渡しの本件運送契約において，運送人は，固縛の不備が外観を一見して明らかでもない限り，固縛が充分であるかを確認する義務を負わない。また，シッパーズパック・コンテナ免責条項もあり，運送人は固縛について責任を負わない。

―― 事例109　TNT Express号事件　[1992] 2 Lloyd's Rep. 636 ――

　空コンテナが運送人から荷送人に渡された。その受領に際して，荷送人によってコンテナの状態が点検されたが，不具合は記録されなかった。しかし，完全にドアを閉めることができないという欠陥があり，雨水が浸入して濡損が生じた。運送人は，「コンテナの欠陥は，配送時に荷送人が適切に点検すれば発見できたものだからシッパーズパック・コンテナ条項によって免責される」と主張した。しかし，免責されるコンテナの欠陥とは，サーベイヤーではなく一般人が点検しても外観から分かるものでなければならず，荷送人にとって本件不具合は明白ではなかったから，免責条項の適用はない。

運送人は，誰がした作業の責任を負うのか

　国際海上物品運送法3条1項では，運送人は，「その使用する者」の作業に事故原因があると，自分自身に過失がなくとも，責任を負わなければならない。というのも，これらの者は，運送人の代わりに運送契約を履行しているから，荷主からしてみれば，運送人自身の行為だろうとステベの行為だろうと，契約違反があることに変わりがないからである。

　運送人が責任を負う「使用する者」には，運送人の従業員や，船長・船員・水先人のほか，ステベ，ターミナル・オペレーター，倉庫業者，船舶代理店，海貨業者，下請運送人などの下請業者（独立契約者：independent contractor）も含まれる。

　ここでのポイントは，2つある。まず，注意義務違反の有無は，運送人自身についてではなく，「その使用する者」について検討する。次に，下請業者の作業に事故原因がある場合，その作業は，はたして運送契約の履行の一部なの

か，吟味が必要である。履行の一部ではないならば，運送人は責任を負わない（事例97など）。そこで，運送人の契約債務の範囲がどこまでかが重要になる（⇒279頁）。

事例97　Chyebassa号事件　[1966] 2 Lloyd's Rep. 193

　本船はインドからロッテルダムまで紅茶を運送した。本船が航海の途中，スーダンで荷役を行った際，船主が起用したステベが真鍮製のストーム弁（波止弁）の蓋を盗んだ。その後の航海で本船は荒天に遭遇し，この蓋がなかったために海水が船倉に浸入し，貨物が損傷した。控訴院は船主責任を否定した。ステベの行動は本船荷役とは全く関係がないので，蓋がなくなったことはヘーグ規則(q)号の「使用人の故意・過失」に該当しない。そして，泥棒のような部外者が乗船しないよう注意を尽くしていれば，船主は免責される。

設問34　運送品に関する注意義務の時間的範囲

> **Q** 運送人は，いつの時点から貨物に責任を負うのか？
>
> **A** 運送人は，国際海上物品運送法3条1項上，貨物を受け取ったときから引き渡すまで，貨物を滅失・損傷させない責任を負う。しかしB/L約款により，その範囲が狭められていることがある。

運送人は，いつの時点から貨物に責任を負うのか

(1) 貨物の「受取・引渡」

　運送人は，貨物の受取・船積・積付・運送・保管・荷揚・引渡に関し，注意を怠ったことによって生じた貨物損害について，賠償責任を負う（国際海上物品運送法3条1項）。よって，運送人が貨物を受け取ると，以後，運送人が貨物を管理するので，その後に生じたダメージは運送人が責任を負う（図34-1）。

(2) 貨物の「船積・荷揚」

　しかし，多くのB/Lは，「責任期間」という条項の中で，「船積前・荷揚後に生じたダメージについて責任を負わない」と定めている。これは図34-1と比較すれば分かるように，責任期間を短くするものである（図34-2）。

　このような条項は，国際海上物品運送法15条3項・4項で許容されているので，多くのB/Lで採用されている。ちなみに，ヘーグ・ルールは，日本法と異なり，最初から図34-2と規定している。

図34-1　国際海上物品運送法での責任期間

図34-2 一般的なB/Lでの責任期間

　在来船の貨物は，図34-2を採用するのが一般的である．他方，船社によっては，コンテナ貨物について，船積前にヤード内で生じた事故についても責任を負うと定め，図34-1を採用するB/Lもある（なお，実際に貨物を受け取るのは，ステベ，ターミナル管理者，トラック運送業者などである）．この違いが生じる理由は，在来船の場合だと，船側に貨物を事前に受け取って保管できる倉庫がなく，事実上，船積前の受取りが起こらないのに対し，ターミナル内には専用の保管スペースがあるので，事前の受取りが可能だからといわれている．

　さらに，LCL貨物（運送人がコンテナに積み込む場合）でありながら，図34-2を採用するB/Lを発行するケースもある（事例106）．

―― 事例106　Volcafe v CSAV ［2015］1 Lloyd's Rep. 639 ――
　運送人が行ったコンテナ内での積付不良により貨物に損害が生じた．運送人は，コンテナに詰める作業は船積前だから，その責任にヘーグ・ルールの適用はないと主張し，ヘーグ・ルールよりも運送人に有利なB/L条項での責任制限を求めた．しかし裁判所は，コンテナ詰めと船積作業が時間的に離れていても，一体の作業であるから，コンテナ詰め作業もヘーグ・ルール上の「船積み」に該当するとして，ヘーグ・ルールを適用した．

(3)　**貨物の「運送・保管」のみ**
　図34-2よりも運送人の責任期間（＝サービス提供範囲）を狭めるB/L条項がある．たとえば，「運送人は船積・荷揚を行わない」というFIO約款や，「運送人は船積・積付・荷揚を行わない」というFIOS約款などである（図34-3）（⇒設問25）．

(4)　**責任期間外の事故におけるカーゴクレーム**
　運送人の責任期間外の事故のため，B/Lの免責約款によって運送人に賠償

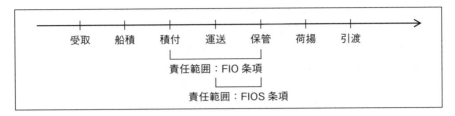

図34-3　FIOST条項での責任期間

請求できないとき，荷主は，ステベやターミナル管理者に対して損害賠償を求めることがある（事例110）。このとき，ステベやターミナル管理者は，ヒマラヤ約款（⇒設問22）を援用して免責を主張することがある（しかし，英国では複数の事件で免責が否定されている）。

事例110　神戸地判平12・4・20判時1731号75頁

荷主は，神戸港の海貨業者に輸出および船積業務を依頼した。貨物は，運送人の船舶に積まれる予定としてステベに引き渡され，港湾施設で保管されていた。しかし，台風による高波によって，貨物が海水に浸って損傷した。裁判所は，高波によって貨物が毀損するおそれをステベが認識しながら，貨物を荷主に返すなどの対策をとらなかった過失があるとして，損害賠償を命じた。

船積作業の具体的にどの瞬間から，運送人は責任を負い始めるのか

(1) 「船積」の意義：Tackle to tackle とは

「船積」にも，時間的な幅がある。考え方は，「運送人が担当する作業が原因で貨物にダメージを与えれば，責任を負わなければならない」というものである。そこで，いつの時点から運送人は船積作業を担当し始めるのだろうか。

この点について，「テークル・トゥー・テークル（tackle to tackle）」という言葉がある。テークルとは，「索具」と訳され，ロープと滑車で貨物を吊り上げる器具である。現在では本船クレーン（デリック）がテークルに相当するだろう。この言葉は，2つの文脈で使われている。

① 「船側から船側まで（from alongside to alongside）」

これは，「運送人は，船積から荷揚まで責任を負い，船積前や荷揚後の責任を負わない」という，図34-2の意味である。

② 「船積港で本船クレーンのフックが貨物にかけられてから，荷揚港で本船

クレーンのフックが外されるまで（hook to hook）」

これは，運送人の責任期間をより具体的に示している。もっとも，コンテナ，バルク貨物，液体貨物，陸上クレーンを使う場合などには，直接には当てはまらない。ただ，「船側が貨物の管理を始めた時点から，管理を終えた時点まで」と言い換えることができるだろう。そこで，B/Lで細かく規定されていないかぎり，この考え方をスタートにして，港での慣行や実際の作業分担をみながら，個別具体的に判断することになる。

船積中の事故には，どのような法的問題があるのか

本船クレーンで吊り上げている最中に貨物が落下してしまう事故は，しばしば発生するのだが，実は法的な問題が隠されている。というのも，B/L発行前の事故なので，ヘーグ・ルールが適用されないのではないかとも思えるからである（ヘーグ・ルール1条(b)）。もし適用されないと，運送人は，ヘーグ・ルール上の責任制限ができなくなってしまう（なお，日本法では，B/Lの発行がなくとも国際海上物品運送法は適用されるので，この問題は起きないと思われる）。

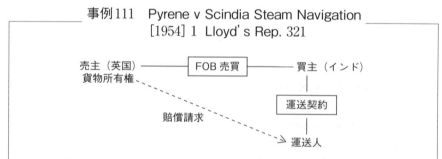

事例111　Pyrene v Scindia Steam Navigation [1954] 1 Lloyd's Rep. 321

このように売買契約と運送契約が結ばれた。本船クレーンが貨物を吊り上げたところ，本船の手すりを越える前に落下してしまった。当時のFOB条件では，本船の手すりを越える前の損害は，売主負担とされていた。そこで，運送契約の当事者ではない売主が，運送人に賠償を求めた。高等法院は，運送人の主張を認め，次のように判断した。B/Lが発行される前であっても，発行が予定されており，また海上運送契約の履行における事故であるから，ヘーグ・ルールが適用される。よって，運送人は，ヘーグ・ルール上の責任制限を主張できる。この結論は，運送契約の当事者ではない売主が賠償請求する場面でも妥当する。

設問34　運送品に関する注意義務の時間的範囲

――― 事例42　Happy Ranger号事件［2002］2 Lloyd's Rep. 357 ―――

イタリアからサウジアラビアまで原子炉を海上輸送する契約が，船主と原子炉所有者の間で結ばれた。重量物船である本船のクレーンを使って原子炉を積み込もうとしたが，本船手すりを少し越えたところで本船クレーンのフックが壊れて貨物が落下した。荷主には責任制限額を超える損害が発生した。控訴院は，運送人の責任を認めた。また，B/Lが実際に発行されていなくとも，運送契約内でB/Lの発行が予定されているからヘーグ・ルールの責任制限の適用も認めた。

船積中の事故の事案でも，荷主は，運送人ではなくクレーンを操作したステベに請求をすることもある。その際，ステベは，ヒマラヤ約款を通じてB/L上の抗弁を援用し，免責や責任制限を主張することがある（横浜地判平18・1・24判例集未登載）。

陸揚後の貨物事故には，どのようなものがあるか

荷揚後の事故の典型例は，貨物をB/L所持人以外の者に引渡した場合である（⇒設問28）。それ以外には，次のような事例が報告されている。

――― 事例112　Crosbie号事件［1973］2 Lloyd's Rep. 469 ―――

本船から貨物をバージに下ろす際，貨物がバージから落下して沈没してしまった。カナダ最高裁は，貨物をバージに下ろしてから岸壁に運ぶことまでが，運送人の責任であるとした。そして，この責任にはヘーグ・ルールが適用されるので，運送人は条約上の責任制限を主張することができるとした。

――― 事例113　ヴィシュバ・ビクラム号事件（神戸地判昭
　　　　　　58・3・30判時1092号114頁）―――

本船から貨物をバージに下ろされたが，港内混雑のため陸揚げに時間を要していたところ，荒天によって艀上で濡損が生じた。運送人は，「船積前・荷揚後の損害について責任を負わない」というB/L条項によって，責任を負わないとされた。

設問35 運送人によるカーゴクレームに対する防御(1)
　　　　　—免責事由

> **Q**　運送人が国際海上物品運送法3条2項で免責されるのは，どのような場面か？
>
> **A**　3条2項は，次の3つの損害について免責を認めている。①船長や船員などの航行に関する行為によって生じた損害（航行上の過失），②船長や船員などの船舶の取扱いに関する行為によって生じた損害（船舶取扱いの過失），③運送人の故意・過失に基づかない船舶火災によって生じた損害。

航行上の過失によって免責されるのは，具体的にどのような場面か

(1)　航行上の過失とは—その意義と具体例

　航行に関する行為とは，「操船や海技に関する行為」であると言われる（Argo号事件（1887）19 QBD 242）。船舶同士や岸壁との衝突や，プロペラをサンゴ礁に接触させて座礁した場合（Portland Trader号事件［1964］2 Lloyd's Rep. 443）も該当する。また，悪天候のため港外に出るべく出航したが圧流されて座礁したような事例で，離岸を選択した船長の判断も，停泊中の判断ではあるものの，「航行に関する行為」であると言われる。このため，海難事故の多くが免責対象になる。

> **事例95　ジャイアントステップ号事件（東京地判平22・2・16判タ1327号232頁）**
>
> 　本船は，鹿島港沖で錨泊中，荒天によって走錨した。揚錨機や主機の故障により避難ができず，走錨を続けたため，最終的に座礁した。裁判所は，座礁の原因を，船長の荒天回避措置の遅れという航海過失にあるとした。そして，その航海過失と損害との因果関係も認められるので，船主の責任を否定した。

(2)　故意・無謀な行為

　船長や船員に故意や，無謀・不誠実な行為があっても免責される。法文上，

「航行……に関する行為（"act, neglect or default"）」が全般的に免責され，それ以外の条件を要求していないからである。

事例114　Tasman Pioneer号事件　[2010] 2 Lloyd's Rep. 13

本船が横浜から釜山へ航行中，船長は，航海の遅れを取り戻すため，通常，高知県宿毛市の沖ノ島西側を航行するところ，蒲葵島東側とオシメ鼻の間の狭水道を航行させた。そこで岩礁と接触して船底に穴が開き，船倉に海水が浸入し始めた。しかし，全速前進を続け，宇和島市平城錨地で座礁させ，それから船主代理店に事故報告をした。船長は，船員に対し，沖ノ島西側を航行した際に未確認の浮遊物体と衝突したと海上保安庁に証言させ，また，海図における航行経路も書き換えさせた。荷主側は，この船長の行為は不誠実であるから，航行上の過失免責は認められないと主張した。しかし，ニュージーランド最高裁は，船長が不誠実であっても免責されると判断した。

---

(3)　不堪航との関係

船舶・岸壁衝突や座礁は，航行上の過失が原因であることが多いので，運送人は免責される。そこで，荷主側は，免責させないよう，不堪航（特に人的不堪航）が事故原因であると主張するのも多い。航海過失があっても，運送人は堪航性担保義務違反による責任を負い続けるからである（⇒278頁）。

船舶取扱いの過失によって免責されるのは，具体的にどのような場面か

(1)　船舶の取扱いに関する行為—具体例

「船舶の取扱に関する行為」の範囲はとても広い。これは船舶に関する行為で，操船に関するものを除いたもの，と言われている（Glenochil号事件［1896］P.10）。具体例としては，次のものがある。

(2)　商業上の過失と船舶の取扱いの過失

本船の設備・属具の取扱いに関する過失であっても，それらが貨物を保管するためだけにあると，その取扱いミスは免責されない。たとえば，それは「貨物の取扱い」の過失であって，「船舶の取扱い」の過失ではないと考えられるからである。たとえば，船倉冷蔵設備の操作ミスは，貨物の取扱いの過失だから免責されない（Rimutaka号事件［1928］2 KB 424，事例98）。日本では，

そういった免責が認められない過失を「商業上の過失／商事過失」と呼んでいる。

表35-1　「船舶の取扱いに関する行為」にあたる具体例

バラストタンクへの水の注入：揚荷役中，船体を安定させるためバラストタンクへ水を注入しようとしたが，配管が破損していたため水漏れし，貨物に濡損が生じた	Glenochil号事件［1896］P.10；事例119
排水管の詰まり除去：排水管の詰まりを棒で除こうしたところ，パイプを破壊してしまい，貨物に濡損が生じた	Rodeny号事件［1900］P.12；Touraine号事件［1928］P.58
バンカー加熱：バンカータンク近くに危険物を積んだところ，バンカーをタンクからエンジンまで移動させるため加熱した際，危険物も加熱されて爆発した。	事例58；Aconcagua号事件［2010］1 Lloyd's Rep. 1

(3) 「貨物の取扱い」と「船舶の取扱い」の区別

　ただ実際上，貨物の取扱いと船舶の取扱いの区別は容易ではない。次の2つの事例を比較してみよう。

───　事例115　Canadian Highlander号事件［1929］AC 223　───
　本船が貨物を積んだままドライドックで修理をした際，ハッチカバーを開けてターポリンで船倉を覆っていた。その際の降雨により船倉に雨水が浸入し，貨物に濡損が生じた。貴族院は，次のとおり免責を認めなかった。「貨物に関する注意」と，「貨物にも間接的に影響する，船舶の取扱いにおける注意」とを区別する必要がある。濡損の原因は，ターポリンの誤用であって，修理作業中にハッチカバーを開けていたことではない。ターポリンは，船倉上に被せて貨物が濡れないよう，貨物保護のためだけに使用された。船舶の修理中にターポリンを使用した場合でも，貨物保管行為だから免責は認められない。

───── 事例116　Hector号事件［1955］2 Lloyd's Rep. 218 ─────
　船倉を覆うターポリンがロッキングバーで十分に固定されていなかったため，荒天によってターポリンが飛ばされて雨水が船倉に浸入した。高等法院は，ロッキングバーでターポリンを固定することは，満載喫水線証書の発行の前提であることから，船舶の安全確保が目的の作業であるとして，船舶取扱いの過失免責を認めた。

　事例115と116を比較すると分かるように，本船設備や船内作業の目的が，貨物保護なのか安全な航海なのか，判然としないこともある。というのも，設備や作業の機能が，貨物保護と運航の両方に関わることもあるからである。では，どう考えたらよいか。英国では，「その設備・作業は，まずもって（primarily）何のためのものか」を考える。そして，究極的には貨物の保護に関わることであっても，直接の目的が船舶運航・管理だと，それは船舶の取扱いである。

───── 事例117　Iron Gippsland号事件［1994］1 Lloyd's Rep. 335 ─────
　本船は，軽油（ADO）を積んだ。ADOから生じる可燃性気体による爆発を防ぐため，本船タンクに不活性ガスを充填した。しかし，不活性ガスシステムを通じてベーパーコンタミ（vapour contamination）が生じ，結果，引火点がカッター材としては許容できないレベルまで下がった。豪州ニューサウスウェールズ州最高裁判決は，次のように述べて，船舶取扱上の過失免責を否定した。不活性ガスシステムは，根源的には（fundamentally）船舶を保護するためのものだが，一次的には（primarily）また本質的に（essentially），貨物の管理のためのものである。よって，不活性ガスシステムの操作ミスによって貨物に損害を与えた場合は，船舶取扱上の過失に該当しない。

---- 事例118　Eternity号事件　[2009] 1 Lloyd's Rep. 107 ----

本船は，軽油とガソリンを積んだ。不活性ガスラインにおいて分離バルブを十分に締めなかったため，両製品でベーパーコンタミが生じ，軽油の引火点が下がりすぎ，かつ，ガソリンに不純物が混じった。高等法院は，次のとおり船舶取扱上の過失免責を否定した。分離バルブには，コンタミを防止することと，ガスフリーを行うことの二つの目的が同時に存在する。本件において，分離バルブを締めた際に，ガスフリー作業を行っていないのだから，その作業の一次的な目的は，コンタミ防止である。よって，一次的な損害の原因は，貨物に対する注意の欠如である。

(4) ステベ等と船員の過失の競合

運送人自身に航行上・船舶取扱上の過失があっても免責は認められない。あくまでも，船長，海員，水先人，その他運送人の使用する者の過失が免責事由である。

では，ステベや船舶修理業者に船舶取扱上の過失がある場合，運送人は免責されるか？　日本法上，それらも「その他運送人の使用する者」に含まれると考えられるが，英国法では議論があるようである（Ferro号事件　[1893] P.38 も）。

---- 事例119　Fresco City号事件　[1951] 2 Lloyd's Rep. 265 ----

本船の揚荷役中，船主の指示で本船の検査も同時に行っていた。それらの作業中，一航士がバラストタンクに注水するべく，修繕業者に対し，タンクの蓋を閉めるよう指示した。しかし，一航士自身は，蓋が適切に締められていることを確認しなかった。結果，タンクから水があふれ船倉に浸入した。運送人は，船舶取扱上の過失による免責を主張した。しかし，高等法院は，「貨物損害の原因が，免責範囲内にある船員と，免責の範囲外にある修繕業者のそれぞれにある場合，船主は免責されない」とした。

船舶火災によって免責されるのは，具体的にどのような場面か

法律上，「船舶における火災により生じた損害（運送人の故意または過失に基づくものを除く）」について，運送人は免責される。

(1) 「船舶における」火災とは何か

「船舶における」という文言では，船舶内に原因がある火災に限定されない

ので，岸壁の火災が甲板積貨物などに燃え移った場合でもよい。

(2) 船舶における「火災」とは何か

「火災」とは，科学的に言えば，燃焼現象，つまり，発熱を伴う急激な酸化である。このため，科学的には火炎（発光現象）のない火災もありうるのだが，社会一般でそれを「火災」と呼んでいない。そこで，法律上も火炎が必要とされている。これは英法でも同じである（Campus号事件（1930）36 L 1. L. R. 159, Santa Malta号事件［1967］2 Lloyd's Rep. 391）。そこで，火炎を伴わない爆発では免責されない（Inchmaree号事件貴族院判決（1887）12 App. Cas. 484）。

(3) 船舶火災「により生じた損害」とは何か

これは，船舶火災と因果関係のある一切の損害という意味であり，それ以上の限定はない（表35-2）。

(4) 火災の原因——火災免責と不堪航責任の区別

火災の原因によっては，本船が不堪航になることもあり，その場合，火災免責の適用はない。そこで，火災の原因究明が重要になる。

表35-2　船舶火災による損害の例

火災が直接，貨物に損傷を与える必要はない。（例）火災が船倉の冷蔵設備を破壊したため，バナナが腐った	Tasman Star号事件 1996 AMC 260
貨物損害が，船舶上で発生する必要はない。（例）燃料である石炭の火災によって船内のトウモロコシが加熱されたので，バージに降ろして避難させたが，バージ上で発火してしまった	Campus号事件（1930）36 L 1. L. R. 159
貨物の自然発火において，発火後の損害のみならず，発熱の時点で生じた損害も免責される	Knight of the Garter号事件［1908］AC 431
消火用水による濡損	Diamond号事件［1906］P.282
その他，火災から生じた煙による損傷，延焼防止のための処分，貨物を船外に搬出する際の損害や費用など	

(5) 「運送人の故意または過失」とは何か

国際海運法は,「運送人の故意または過失に基づく」船舶火災のときは,運送人を免責しないと規定している。そこで,(a)「運送人」とは誰か,(b)「故意または過失」とはどのような状態か,を検討する必要がある。

(a) 「運送人」とは,具体的に誰のことか

「運送人」とは,運送人自身を意味し,船長などの使用人や履行補助者を含まない。

運送人は会社組織であるのがほとんどなので,「運送人自身」というとき,具体的に誰の故意・過失が問題になるのか？ 取締役会や代表取締役は,これにあたる。しかし,これら経営上層部に限られるのか？ である。もしそうならば,個々の船舶の運航の細かい事柄は,現場の担当者に任せており,経営上層部がそういった細かい事実を知らないことも多いので,常に故意・過失がないことになりえる。そこで,問題になっている個々の過失行為（たとえば,可燃物の取扱い,機関整備,溶接工事での事故防止策など）について,社内では誰が最終的な監督者であったのかを見定め,その者に故意・過失があったかを考える,という見解がある。

(b) 「故意または過失」とは,どのような状態か

要するに,故意とは「火災が発生するだろうと認識しながら,火災発生を容認した」ことであり,過失とは「火災が発生するであろうと予測することが可能であったのに,特に有効な対策を講じなかった」ことである。

事例120　Edward Dawson号事件　[1915] AC 705

本船のボイラーに以前から不具合があった。本船が荒天に遭遇中,遂にボイラーから出火したため,座礁して貨物が流出した。船主は,本船の管理を管理会社に委託しており,実際には,管理会社の業務執行取締役であり,かつ本件船主の取締役の一人であるLenard氏が運航管理を行っていた。Lenard氏は,ボイラーの不具合に以前から気が付いていたが,その不具合を完全に修理することなく運航させていた。貴族院は,Lenard氏の過失は,運送人の故意・過失に相当するとして,免責を認めなかった。

──── 事例121　Apostolis号事件［1997］2 Lloyd's Rep. 241 ────
　綿花を積んだ本船が岸壁で停泊中，甲板上溶接作業をしたところ，火花が船倉に落下し，火災が発生した。そこで，工務監督の故意・過失が問題になった。工務監督は，事前に溶接作業が行われるとは知らなかったので，運送人自身に故意過失はないとされ，免責が認められた。

(6)　「運送人の故意または過失」の証明責任

　火災免責を求める運送人は，次の①と②の両方を証明する。

①　船舶における火災の事実
②　当該船舶火災と貨物損害との因果関係

　では，運送人は，これに加えて「③運送人自身に故意・過失がないこと」の証明も必要か？　英国（事例121）やカナダ（Orient Trader号事件［1972］1 Lloyd's Rep. 35）では，荷主が「運送人自身に故意・過失があること」を証明して，火災免責を求める運送人に反論する。

設問36　運送人によるカーゴクレームに対する防御(2)
　　　　―証明責任軽減事由

> **Q** 国際海上物品運送法4条は，何を規定しているのか？
>
> **A** 運送人は，貨物の船積・積付などについて注意を尽くす義務（3条1項）を怠って貨物を滅失・損傷させると，損害賠償責任を負う。賠償責任を免れるには，運送人は，「注意を尽くした」と証明しなければならない（4条1項）。しかし，運送人において，「事故原因が4条2項で列挙された事由にありそうだ」と証明できると，荷主が「運送人は注意を尽くしていないこと」を証明できなければ（4条2項但書），運送人は賠償責任を免れる。

国際海上物品運送法4条2項の列挙事由には，どのようなものがあるか

　4条2項は，次の11の事由を列挙している。本設問では，紙幅の都合上，B/Lクレームでしばしば問題になる，「①海上その他可航水域に特有の危険」，「⑥荷送人もしくは運送品の所有者またはその使用する者の行為」，「⑨運送品の特殊な性質または隠れた欠陥」だけを扱う。

> ①　海上その他可航水域に特有の危険
> ②　天災
> ③　戦争，暴動または内乱
> ④　海賊行為その他これに準ずる行為
> ⑤　裁判上の差押，検疫上の制限その他公権力による処分
> ⑥　荷送人もしくは運送品の所有者またはその使用する者の行為
> ⑦　ストライキ，サボタージュ，ロックアウトその他の争議行為
> ⑧　海上における人命もしくは財産の救助行為，または，そのためにする離路もしくはその他の正当な理由に基く離路

⑨ 運送品の特殊な性質または隠れた欠陥
⑩ 運送品の荷造の不完全，運送品の記号の表示の不完全
⑪ 起重機その他これに準ずる施設の隠れた欠陥

「海上その他可航水域に特有の危険」によって免責されるのは，どのような場面か

(1) 「海上その他可航水域に特有の危険」とは

これは，「海の危険（perils of the sea）」と呼ばれ，海に特有の危険を意味する。そこで，海水の船倉への浸入や，嵐・衝突・座礁なども含まれるが，衝突や座礁は航海過失免責が利用されるので，ここでは荒天遭遇をめぐる事例が多い。危険は，「海に特有なもの」でなければならず，落雷など，陸上でも起こりうる災害は，4条2項2号「天災」に含まれる。

(2) 「通常予期しがたい危険」──付加的要件

あらゆる荒天が本事由に該当すると，運送人にとって非常に有利になる。そこで，本船が暴風雨に遭遇した際，ハッチカバーの隙間から海水が浸入して濡損が生じたような場面で，運送人は，この事由を持ち出して免責を主張したいところである。

しかし，そうはならないのが，この事由の難しいところである。なぜなら，こういった海特有の危険が存在したことに加えて，「その危険が，当該航海における通常のものとして運送人に予期できず，かつ，防げなかったこと」も要求されるからである。

この付加的要件は，要するに，運送人の無過失を意味している。というのも，「海の危険に遭遇した際，適切な技術や注意を尽くして損害発生を回避できたのであれば，それは運送人が免責されるような海の危険から生じた貨物損害ではない。むしろ，運送人の過失に基づく損傷である」（Nugent v Smith (1876) 1 CPD 423, 437）と考えられているからである。そのため，この事由は，「堪航性のある船において，何人の過失にもよらず，航行中に海の行為によって貨物が損傷した場面に適用がある」とも言われる。

(3) 「通常予期しがたい危険」の場面──通説

そこで，この事由での最大の問題は，この付加的要件をクリアーする場面は

いつかである。

　伝統的には，予期可能な悪天候であれば本事由の適用はないと言われている（事例122）。日本の裁判所も，「海上特有の危険」を，「沈没，座礁その他通常堅固な船舶が堪え難いほどの予期できない異常な波浪等を伴う荒天」（事例123）や「当該時期の当該海域において予測しえないような異常な変災」（事例83）などと定義し，予期不可能性と異常性の2点に着目している。

―― 事例122　Tilia Gorthon号事件　[1985] 1 Lloyd's Rep. 552 ――

　本船は，木材を甲板に積んでカナダから英国に向けて航海中，荒天に遭遇し，ラッシングが外れて貨物が流出した。運送人は，「海上特有の危険」による免責を主張したが，高等法院は次のように述べて退けた。たしかに，強力な嵐がなければ甲板積貨物は流出しなかったであろう。しかしながら，荒天の状況は，船主にとって予期不可能なものではなかった。たしかに，48～55ノットの風力10の荒天で，稀にしか遭遇しないものである。しかし，秋冬における北大西洋においては，全く例外的なものではなく，これに遭遇する可能性は無視できない。したがって，この時期に大西洋を横断しようとする船は，このような荒天に遭遇するものである。

―― 事例123　大江山丸事件（東京地判昭39・1・31判時362号7頁） ――

　インドから横浜までの航海で，船倉に海水が浸入した。運送人は，海上特有の危険が原因で海水が浸入したと主張した。しかし，裁判所は，その主張を認めなかった。本船がシンガポールを出港するにあたり，南シナ海で季節風に遭遇することが予想されたので，荒天準備をして出航したが，途中，1月6日から11日にかけて，連日風速20ｍの荒天に遭遇した。船体の動揺が激しく難航したが，船体自体には損傷なく，14日に大阪に到着した。この時期に南シナ海では，強弱に差こそあれ，北東の季節風に遭遇するのが常であり，本船の遭遇した程度の強風も予想できるものであった。したがって，(1)予想できた荒天であったこと，(2)風速20ｍ程度の風速であったこと，(3)本船に損傷なく大阪港に入港したことからすると，賠償義務を免責し得るような海上の危険ではない。

設問36　運送人によるカーゴクレームに対する防御(2)—証明責任軽減事由

事例83　イミアス号事件（東京地判昭57・2・10判時1074号94頁）

　キューバから千葉までの航海で，本船が荒天に遭遇した際，海水が船倉に浸入した。裁判所は，その荒天は本事由に該当しないと判断した。本船は，1月11日から23日まで度々荒天に遭遇し，22日から約6時間が最大であった。荒天は，北海道南海上で急速に発達した中心気圧960mbrの低気圧の影響であったが，本船は1000mbrの等圧線の外側を航行しており，風速は45ノット（風力9），波高は9m前後であった（ただし，最大瞬間風速は68ノット・風力12，最大波高は14m前後と推測されている）。しかし，この程度の風力や波高は，冬季の北太平洋では1，2度あり，決して珍しくはなく，当然予期しなければならない程度のものである。また，本船甲板上の器具が曲損しているところもあったが，全般的に損傷の程度は軽微であり，荒天だけが原因とは言えない損傷も多かった。したがって，本件荒天は，かなり激しいとはいえ，いまだ「海上特有の危険」に該当するとまでは言えない。

事例113　ヴィシュバ・ビクラム号事件（神戸地判昭58・3・30判時1092号114頁）

　インドから神戸までの航海で，本船が荒天に遭遇した際，海水が船倉に浸入した。裁判所は，その荒天は本事由に該当しないと判断した。本船は，10月10日に香港を出航し，11日から13日に荒天に遭遇した。風力は，11日が5～10，12日が10～11（風速48～63m），13日が10～7であり，波高も最大11mで，船体の縦揺れが激しく，波が激しく打ち当たる状況だった。しかし，この時期に南シナ海や東シナ海では時化があるのは通常であり，本船の香港出航時にもある程度の時化は予測されたが，通常の時化であったため出航している。また，船長は，北大西洋で風力14，波高23mの荒天に遭遇した経験があると言い，それと比べれば本件荒天は，程度の低いものといえる。さらに，本船船体にも一定の損傷が生じたが，本船全体としては部分的な損傷であったし，甲板上の荷物も流出しなかった。したがって，本件荒天の程度は，免責が認められるほどのものではない。

　このように日本の裁判所は，①予期不可能性：その荒天は予期可能なものであったか，②異常性：その荒天はどれほど強烈であったか，の2点に着目している。また，異常性について，風力・波高等の記録と，船体がどれだけ損傷を受けたか，が考慮されている。

　たしかに，予期不可能な荒天であれば，事前の対応が取れないから，事故は不可抗力であったと言える。さらに，人間の技術や注意でも貨物損傷を防げな

い非常に苛烈な荒天だと，運送人にとって不可抗力であったということである。

しかし，この予期不可能性という基準だと，「海上特有の危険」によって免責される場面は，限定的だろう。というのも，天気予報が発達した現在，発生が稀であっても，予期不可能ではないと判断されかねないからである。

(4) 「通常予期しがたい危険」の場面——近時の議論：無過失説

そこで，英国や豪州では，予期可能だったかではなく，直截に，運送人が注意を尽くしたか否かを検討すべき，という意見がある。そもそも「海上特有の危険」というのは，発生不確実な海上の危険に対して，そこまで考慮した事前対策をとっていなくとも，対策をとるべきであったと事後的に非難されることがないよう，運送人に保護を与えるものである。そこで，「予期不可能ではないにせよ，そのようなレアケースのために，費用と時間をかけてまで追加の対策をとる義務があるのか。契約上，そこまでしなければならないのか。実務的に相当なことをしていれば十分なのではないか」と考える。

> **事例124　Bunga Seroja号事件豪州連邦最高裁判決 (1998) 158 ALR 1**
>
> 　コンテナ船である本船は，グレートオーストラリア湾を横断していた。その際，風力11の荒天に遭遇して船底が海面に叩き付けられ，その結果，本件貨物がコンテナ内で移動して損傷した。また，本船もウィンドラスが壊れ，いくつかのコンテナが海中に没した。運送人は，「海上特有の危険」による免責を主張したが，荷主は，①荒天が予想された場面では，海の危険による免責は認められない，②荒天が予測できたのだから港内にとどまるべきであった，などと反論した。
>
> 　裁判所は，次のように述べて，船主免責を認めた。荒天が予想できたものであるからというだけでは，「海上特有の危険」による免責が一律に否定されるわけではない。本件で，船長は，荒天に備えるべく，コンテナの積付方法についてターミナルと実務的に適切なやり取りをした。それでも事故が起きたのだから，運送人は免責される。その中で，Kirby判事は，海上特有の危険か否かは，(a)本船の構造，(b)本船には適切な装備があり，メンテナンスされていたか，(c)稀に起きるような荒天であったか，(d)荒天の激しさと予見可能性，(d)運送人の通常の能力と慎重さをもって防げるものであったか，という諸要素を考慮すべき，述べた。さらに，本船は港内にとどまるべきだったかについて，「本船サイズの船が

港内にとどまることは，極めて経済的に非効率であり，事故防止と経済的に見合うものではない」と述べ，その主張も退けた。

「荷送人もしくは運送品の所有者，または，その使用する者の行為」によって免責されるのは，どのような場面か

(1) 「荷送人もしくは運送品の所有者，または，その使用する者の行為」の意義

荷送人や貨物所有者の不注意が原因で貨物損害が生じる場面として，荷造りの不完全（4条2項10号），記号の不十分・不完全（同10号），貨物自体の欠陥（同9号）もある。そこで，本事由は，それ以外の場面をカバーするのだが，具体例に乏しい。適用場面の例として，次のものが挙げられる（事例125）：

- 荷送人の積付方法の指示が誤っていたため，積付不良となり荷崩れが生じた場合
- 貨物の性質を偽られたため，不適切な取扱いや積付けをし，それが事故原因になった場合

> **事例125　Ciechocinek号事件　[1976] 1 Lloyd's Rep. 489**
>
> ヘーグ・ルールを摂取した航海傭船契約の事案である。本船は，エジプトから英国までジャガイモを運んだ。船長は，1000トンまで本船に載貨可能と考えたが，傭船者の代理人が，ダンネージは不要だから1400トンまで積めるというので，そのとおり積載した。しかし，過積載とダンネージがなかったため，貨物損害が生じた。傭船者は，船主に損害賠償を請求したが，控訴院は船主責任を否定した。その際，Denning判事は，本号によっても船主は免責されると述べた。

「その使用する者」について，荷主の使用人（社員）のほか下請業者（ステベ業者など）も含むと考えられる。

さて，誤った指示をした荷送人の貨物の貨物が損傷した場合，運送人は，当該別の貨物の荷主に対しても免責を主張できると考えられる。次のような例である。

- 荷送人の指示に従って貨物Aを積み付けた。しかし，荷崩れをし，隣にあった貨物Bが損傷した。
- IMDGコード上の危険物であるにもかかわらず事前申告されなかったため，船倉内に積んだところ，航海中に爆発し，付近の貨物も破損した。
- コンテナ重量が過少申告されたので，軽量とみなして上部に積んだ。悪天候で航海中に本船が横揺れした際，GMの影響で下のコンテナに過大な負荷がかかり，下のコンテナが潰れてしまった。

「運送品の特殊な性質，または隠れた欠陥」によって免責されるのは，どのような場面か

(1) カーゴクレームでの登場の仕方

　損害の原因が，貨物自体の性質にあって防ぎようがなかったのか，あるいは運送人の保管ミスにあったのかは，しばしば争点になる。前者ならば，運送人の責任ではない。たとえば，液化ガスが蒸発した場面で，蒸発が不可避な分量については，貨物の「特殊な性質」が原因なので，運送人に責任はない。また，貨物ショーテージが，貨物自体の発熱により水分が蒸発して軽量化したことが原因だと，運送人の責任ではない（事例107）。このため，この4条2項9号は，実務的に重要である。

　しかし，液化ガスは一般的に蒸発するものだから，それも「特殊な性質」と呼ぶのに違和感があるかもしれない。これはおそらく，ヘーグ・ルール4条2項(m)の正文である"nature spéciale"という仏文を直訳したためと思われる。しかし，仏文の基礎になった英文は，"inherent defect, quality or vice of the goods"というように，「貨物そのものの性質（inherent quality）」と明示している。ここがポイントで，貨物に欠陥や異常がなくても構わない。ただ，本事由は総称して「固有の瑕疵（inherent vice）」と呼ばれている。

(2) 「固有の瑕疵」の意義——英国での具体例

　本事由の内容を具体的に見ていこう。事例126がリーディングケースである。

> **事例126　Barcore号事件　[1896] P.294**
> 　本船は，カナダで松材を積んだ。積荷役中に雨が降っていたが，雨水で松材は傷まないから降雨があっても荷役を続けるという荷送人の指示に従い，積荷役が

続けられ，クリーン B/L が発行された。しかし，揚地で木材にシミや変色があったので，きれいな状態を好む英国では価値が低下していた。船主が受荷主に運賃支払いを求めたところ，受荷主は，貨物損傷を理由にその支払いを拒んだ。高等法院は，「貨物損害は，船主の契約違反や，船主がなすべきことを怠ったことが原因で生じたものではない。むしろ，通常の航海に耐える力が貨物になかったため，状態が悪化したものである」と述べ，船主勝訴とした。

ここで着目すべきは，「通常の航海」という説示である。事例105は，この点を「運送契約上，運送人が提供しなければならない態様の航海」と言い換えている。そうして，運送人が運送契約に従って貨物を適切に管理しても，貨物の性質上，損害を避けられなかったとして，固有の瑕疵による免責を認めた。

このように，英国法上，本事由は，運送人に契約違反がないことの裏返しと考えられている。そこで本事由は，「運送人が運送契約に基づいて貨物を適切に管理していても，貨物が，航海中の通常の事柄に堪えられないこと」と定義されている。最近では，事例106でも確認されている。

そこで，裁判で実際に争点となるのは，「当該船舶による輸送が難しい貨物であっても，運送人は，どの程度まで，貨物設備を設けたり（⇒堪貨能力担保義務），特別な措置を講じたりする（⇒貨物に関する注意義務）サービスを引き受けていたのか」である。この観点から，その他の具体例も見てみよう。

―― 事例127　Atreus号事件　[1959] 2 Lloyd's Rep. 500 ――

本船は，小樽でブナ材を積んだが，船積前から十分に乾燥されていなかったため，揚地で腐敗が確認された。しかし，船員が積荷役において貨物の状態を点検した際，十分に乾燥されていなかったことは分からなかった。そして，本船は航海中に，船倉の適切な機械換気を行っていた。そこで，カウンティ裁判所は，運送人に貨物に関する注意義務違反はないとして，本事由による免責を認めた。

―― 事例128　Ahmadu Bello号事件　[1966] 1 Lloyd's Rep. 677 ――

本船は，ナイジェリアでタロ芋を積んでクリーン B/L を発行した。しかし，揚地で腐敗が確認された。腐敗は，タロ芋の細胞破壊（cell rupture）によってのみ生じるので，細胞破壊の原因が問題になった。荷主は，貨物を詰めた袋を高く積み上げすぎたため，貨物の細胞が破壊されたと主張した。しかし，高等法院は，次のように述べて荷主の請求を棄却した。本件での積付態様では，細胞破壊を引き起こすほどの圧力が貨物に加えられていない。むしろ，腐敗の原因は，船

積前から貨物に存在した傷にあると考えられる。その場合，貨物の傷は袋の外からでは分からず，また運送人には袋の中を検査する義務もない。したがって，貨物の隠れた瑕疵が腐敗の原因である（第二審も本判決維持（[1967] 1 Lloyd's Rep. 293））。

―――― 事例129　Flowergate号事件　[1967] 1 Lloyd's Rep. 1 ――――

　本船は，ナイジェリアでカカオ豆を積んだが，揚地で湿損が確認された。船主は，湿損の原因は貨物の高い水分量にあるとして，本事由による免責を求めた。高等法院は，カカオ豆自体から発散された水分が，換気システムによって，ツインデッキ（tween deck）から下部船倉（lower hold）に送られ，そこで結露が起きたため，湿損が生じたと認定した。しかし，その換気をしなくとも結露は防げなかったであろうから，当該換気システムは適切であったと判断した。そして，不堪航もなく，ダンネージも適切であり，その他の義務違反もないとして，運送人の責任を否定した。最後に，本件によってカカオ豆の運送実務に問題があることが判明したので，運送人は今後，水分量を事前に確認すべきであり，それをせずに運送を引き受けて湿損が生じたら，水分量が高い貨物であっても，賠償責任を負いうる，と述べた。

―――― 事例130　Rio Sun号事件　[1985] 1 Lloyd's Rep. 350 ――――

　本船は，Belayim Blend原油を積んだが，航海中に加熱していなかったために粘度が高く，陸揚げができずに，大量のショーテージが生じた。荷主は，貨物を加熱しなかったという貨物に関する注意義務違反があると主張した。しかし，高等法院は，貨物固有の瑕疵があると判断した。一般的に，原油は加熱が必要な貨物とは考えられていない。たしかに，積載した原油が通常よりも重く粘度が高いと知っていれば，加熱が必要かもしれない。しかし，Belayim Blend原油は，加熱が必要な通常とは異なる貨物とは認識されていない。したがって，船主は，高粘度のために陸揚げできなくなるとは予想しえなかったので，注意義務違反はなく，本事由を主張することができる。

事例131　Mekhanik Evgrafov号・Ivan Derbenev号事件
［1987］2 Lloyd's Rep. 634

　本船は，リール状の新聞印刷用紙を積んでクリーンB/Lを発行した。しかし，揚地で真水による濡損や破損が確認された。損傷の原因は，船倉内での凝結にあり，リールの外側に生じた結露が内部に浸入したためであった。運送人は，気温-20℃という真冬のカナダで貨物を積んで，比較的温暖なイングランドまで航行すれば，船倉内の凝結は不可避であるから運送人に責任はないとして，本事由による免責を主張した。しかし，高等法院は，寒い地域から暖かい地域への航海では，船倉に除湿設備がない限り換気をしてはならないにもかかわらず，本船が換気したために凝結が生じたとし，それは貨物に関する注意義務違反にあたる，と述べて船主責任を認めた。

(3)　「固有の瑕疵」の意義—日本での事例

　日本の裁判例にも目を配っておこう。概説書では，英国法と同様，本事由を「運送人が契約上用いるべき程度の注意を尽くしても，運送品が航海の通常の出来事に堪えるのに適していないこと」と定義している。もっとも，「特殊な性質・隠れた欠陥」は，貨物の客観的状態から定まると考える判決例もある。

表36-1　「固有の瑕疵」が争点となった日本の事例

事例26 （ジャスミン号事件）	（適用肯定例）一部の米糠ペレットが船積時点で，他の貨物よりも高温であったため，結露を招いて濡損が生じた。裁判所は，船員が高温であったことを知り得なかった，という事情だけで「隠れた瑕疵」を認定した。その上で，ダンネージや換気について，運送人に貨物に関する注意義務違反があったかを検討し，違反はないとした。
事例73 （キョーワハイビスカス号／キョーワバイオレット号事件）	（適用肯定例）コンテナに積んだ魚粉の水分含有率が高いという本件貨物の性質・状態自体が原因で，濡損が生じた。裁判所は，貨物に関する注意義務違反はないと判断し，その上で「隠れた欠陥」が事故原因であるから運送人は責任を負わないと述べた。
事例107 （マノリス号事件）	（適用否定例）魚粉が，水濡れによって発熱して損傷した。その原因は，貨物の抗酸化処理が不十分であったことではなく，積荷役中の降雨によって貨物や船倉内が濡れたことにあった。抗酸化処理に問題がない以上，本事由には該当しない。そして，IMDGコード上，濡れた魚粉を積んではいけないとされているのに，積荷役を続行した点で運送人に過失があるから，運送人は責任を免れない。

設問37　運送人の損害賠償額の範囲・責任制限

> **Q** 国際海上物品運送の運送人が賠償すべき額はどのように算定するか？　責任に限度額はあるのか？

　民法の規定によると，当該債務不履行に陥った債務者は，債務不履行によって通常生ずべき損害（民法416条1項），および当事者が予見し，または予見することができた特別な事情によって生じた損害を賠償しなければならない（同条2項）。

　しかし，国際海上物品運送の運送人が債務不履行により運送品に関する損害賠償義務を負う場合は，これとは異なる。賠償額は，荷揚げされるべき地および時における運送品の市場価格等により定型化され（国際海上物品運送法12条の2），規定の責任制限額を超える場合はその額に制限される（同法13条）。

賠償額の定型化（国際海上物品運送法12条の2）

(1) 規定およびその趣旨

　国際海上物品運送法12条の2第1項

　運送品に関する損害賠償の額は，荷揚げされるべき地および時における運送品の市場価格（商品取引所の相場のある物品については，その相場）によって定める。ただし，市場価格がないときは，その地および時における同種類で同一の品質の物品の正常な価格によって定める。

　この規定は，上記の民法の規定の特則であり，運送人の債務不履行により運送品の滅失，損傷または延着が生じた場合，運送人は，この規定に従い，運送品の価格によって定型化された損害額の賠償義務しか負わないと解される。

　この規定の趣旨は，損害賠償額を運送品の価格によって定型化し，逸失利益その他の間接損害を賠償の対象としないことにより，大量の運送品を頻繁に低廉な価格で運送する運送業を保護し，また賠償額算定の基準を画一化してこれに関する紛争を防止することであると言われている。

(2) 損害賠償額の算定方法

　荷揚げされるべき地および時における運送品の市場価格等（以下，「荷揚地

市場価格」という）によって損害賠償額を定めるとは，常に荷揚地市場価格が賠償額となるという意味ではなく，運送品の価格を基準として賠償額を定めるという意味であり，具体的には，以下のとおりとなる。

① 運送品の全部滅失の場合における賠償額

> 荷揚されるべき地および時において滅失がなければ運送品が有していたであろう価額相当額

② 運送品の一部滅失または損傷の場合（延着はない場合）における賠償額

> 荷揚されるべき地および時において一部滅失または損傷がなければ運送品が有したであろう価額相当額
>
> － 当該運送品の実際の価額相当額

③ 運送品の延着の場合（延着し，かつ一部滅失または損傷がある場合を含む）における賠償額

> 荷揚されるべき地および時において（一部滅失または損傷がなければ）運送品が有したであろう価額相当額
>
> － 現実の荷揚時における当該運送品の実際の価額相当額

なお，「荷揚げされるべき地および時」とは，実際に行われた荷揚の時期，場所にかかわらず，運送契約で定められた荷揚地および荷揚時を意味すると解されている。

(3) 荷揚地市場価格の認定

損害賠償額は，荷揚地市場価格を基準として上記のとおり算定されるが，日本では，商品取引所で現物取引市場が開設されている物品がほぼないこと等から，荷揚地市場価格の認定が困難である場合が多い。このような場合，荷揚地市場価格をどのように認定するのであろうか。

平成4年の国際海上物品運送法改正前のものを含めると日本を荷揚地とする事例に関する日本の裁判例では，ロンドンの市場価格（事例83），保険金支払額（大江山丸事件（東京高判昭45・2・28判時589号70頁）），CIF価格（事例40）等を基準としたもの等がある。公表されている最近の裁判例は，保険価額ではなく，CIF価格を基準に損害額を算定するものが続いている。

事例79　ホワイトフジ号・ホワイトコーワ号（東京地判平23・7・15判タ1384号270頁）

　運送人は，荷主から，インドネシアのマリリ港から三重県松阪港までのニッケルマットの海上運送を請け負った。しかし，本件運送中，本件運送に使用されていた2隻の船のうち，1隻は航行不能となり，もう1隻は貨物とともに沈没した。貨物保険会社は，保険契約に従い荷主に保険金を支払い，保険支払額を限度として，荷主の運送人に対する損害賠償請求権を代位取得したとして，運送人に対し，その支払を求めた。
　損害について，貨物保険会社は，第一次的に，保険価額を基準に算定すべきであるとし，予備的に，保険価額によることができないとしても，貨物の到達地における市場価格は少なくともCIF価格を下らない等と主張した。
　この点について，裁判所は，利益相当分としてCIF価格にその約10％を上乗せした本件保険価額が市場価格に相当することを認めるに足りる証拠はない一方，CIF価格は，FOB価格に，保険料，海上運送料を加算した価格であり，荷受人の利益分を含んでおらず，荷揚されるべき地および時における運送品の市場価格に，保険料および海上運送料相当額が含まれると解することには合理性があるから，CIF価格を市場価格の基準とするのが相当である旨を判示した。

(4)　賠償されない損害の例

　上述のとおり，国際海上物品運送法の下では，損害賠償額は荷揚地市場価格を基準に定型化されており，個別の事情により特別な損害が発生していたとしても，それらの損害について運送人は賠償義務を負わない。
　特別損害・間接損害にあるとして，運送人の賠償義務を否定されるのは，どのような費用であろうか。
　裁判例では，仕分費用，事故原因および損害査定のための鑑定費用，貨物の処分廃棄費用，保証状取得費用等については，運送人が当該損害を予見し，または予見することができたか否かにかかわらず，運送人は賠償義務を負わないと判断された（事例83・113・40等）。

(5)　特約禁止（インボイス価格条項・CIF価格条項の有効性）

　国際海上物品運送法15条により，国際海上物品運送法の定めより運送人に有利な特約は禁止されている。したがって，運送品の荷揚地市場価格によって算定される賠償額より低額の賠償額の合意は無効である。
　上記のとおり，具体的に賠償額を決める際にCIF価格が基準とされる場合があるが，現物取引市場を扱う商品取引所が存在し，その市場の相場に基づい

て荷揚地市場価格を認定すること等が可能な場合がある。それにもかかわらず，B/Lには，賠償額の算定はインボイス価格やCIF価格を基準とする旨を定めるインボイス価格条項・CIF価格条項があらかじめ定められていることが多い。

インボイス価格条項・CIF価格条項は常に有効と言えるのであろうか。

市場価格の証明が困難な場合等にインボイス価格・CIF価格を損害額を推定する補助的な算定基準とするにすぎないような条項は有効と考えられるが，荷揚地市場価格がインボイス価格・CIF価格より明らかに高額な場合にもインボイス価格を損害額とみなすような条項は荷主に不利益となる範囲で無効となると言われている。

English Carriage of Goods by Sea Act 1924が適用された事例に関するカナダの裁判例であるが，あるインボイス価格条項を無効であるとしたものがある。

―― 事例132　Cape Corso号事件 [1954] 2 Lloyd's Rep. 40 ――

運送人は，荷主から，リバプールからバンクーバーまでの胡椒の海上輸送を請け負った。当該輸送に関して発行されたB/Lの裏面には，以下のようなインボイス価格条項が規定されていた。

In calculation and adjustment of claims for which the carrier may be liable shall for the purpose of avoiding uncertainty and difficulty in fixing value be deemed to be the invoice value, plus freight and insurance, if paid, irrespective of whether any other value is greater or less

運送中に貨物が損傷したため，B/L所持人は，運送人に対し，当該貨物の損害賠償を求め，カナダ裁判所へ訴えを提起した。本件にEnglish Carriage of Goods by Sea Act 1924が適用されることに争いはなかった。

運送人は，インボイス価格条項に従い，賠償額はインボイス価格に運賃および保険料を加えた額である旨主張した。しかし，到達地市場価格は当該合計額より高額であることにつき当事者に争いはなかったので，B/L所持人は，当該条項は，運送人の責任を減じるものであり，ヘーグ・ルールより運送人に有利な特約を禁止したEnglish Carriage of Goods by Sea Act 1924第3条第8項により無効であるとし，運送人は到達地市場価格を基準に損害を計算し賠償すべきである旨主張した。

カナダ裁判所は，B/L所持人の主張を認めた。

(6) **実損害額が規定する価格に達しない場合等**

運送人の損害賠償責任を一定限度内にとどめて運送人を保護すると同時に，賠償額算定の基準を画一化してこれに関する紛争を防止するという賠償額の定型化の趣旨から，実損害額が規定する価格に達しない場合であっても，運送人はこれを理由として責任の減免を受けることはできないと解されている。

(7) **各条約の損害額算定に関する規定**

ヘーグ・ルール，およびハンブルグ・ルールには賠償される損害の範囲に関する明文の規定がなく，各国における条約の解釈や一般法によることになる（ヘーグ・ヴィスビー・ルール批准前（ヘーグ・ルール適用時）の英国では，運送契約の不履行による貨物の滅失の場合，基本的に，到達地の市場価格に基づいて損害を算定するとしたリーディングケースがあり（Rodocanachi v. Milburn（1886）18 QBD 67 CA.），一般法によっても，原則として，逸失利益は損害賠償の範囲に含まれないと解されていた）。

他方，ヘーグ・ヴィスビー・ルール4条5項(b)は，国際海上物品運送法12条の2第1項の基となった条文であり，文言上国際海上物品運送法12条の2第1項と同様の規定を置いている。また，ロッテルダム・ルール22条1項および2項も，運送品の滅失または損傷に対する賠償に関し，同様に定めている。

英国の上記リーディングケースを勘案すると，いずれの条約の下でも，単純な貨物の滅失・損傷であれば，滅失した貨物の到達地における価額相当額を基準にして算定される損害の賠償に限られ，特別損害・間接損害は賠償されないと解される場合が多そうである。しかし，条約の解釈，一般法の適用等により，具体的な場合にどのような損害が賠償されるかは各国で異なり得るため，注意が必要である。

≪賠償額の定型化の内容と実務≫
- 日本の裁判例において賠償額の定型化を理由に賠償が否定された費用としては，貨物の処分廃棄費用，仕分費用，検数料等がある。
- 損害賠償額は，荷揚されるべき地および時における運送品の市場価格（荷揚地市場価格）を基準に定型化される。
- 損害額をインボイスに記載のCIF価格等を基準とした損害額とみなすインボイス価格条項やCIF条項は無効とされる場合もある。

> ・実損害額が荷揚地市場価格に基づく損害額に達しない場合でも，運送人は原則として荷揚地市場価格に基づく損害額を賠償しなければならない。
> ・各条約の規定振り，および各国におけるその解釈等は異なり，具体的な事情よって各国法上の結果は異なり得るため，注意が必要である。

責任制限（パッケージ／キロリミテーション）（国際海上物品運送法13条）

(1) 規定

国際海上物品運送法13条1項

　運送品に関する運送人の責任は，1包または1単位につき，次に掲げる金額のうちいずれか多い金額を限度とする。
1. 1計算単位の666.67倍を乗じて得た金額
2. 滅失，損傷または延着に係る運送品の総重量について1キログラムにつき1計算単位の2倍を乗じて得た金額

※計算単位は，SDRに相当する金額（同法2条4項）。

　国際海上物品運送法12条の2によって算定された額が，同法13条1項に規定の額を超える場合，運送品に関する運送人の責任は同法13条1項に規定の額に制限される。

　国際海上物品運送法の規定は上記のとおりであり，「1包または1単位につき」が，第1号および第2号の両方にかかるように読める。しかし，本条文は，1979年改正議定書で改訂されたヘーグ・ヴィスビー・ルール4条5項(a)に対応するものであるところ，同規定は，「1包または1単位あたり1計算単位の666.67倍を乗じて得た金額」，または「滅失または損傷した物品の総重量1キログラムあたり1計算単位の2倍を乗じて得た金額」のいずれが多い金額を限度とすると定めており，「1包または1単位」は，「1計算単位の666.67倍を乗じて得た金額」の部分にしかかからない。

　そこで，国際海上物品運送法13条1項の「1包または1単位につき」は，条約と同じようになるよう，同条約の文言にかかわらず，第1号にのみかかると解するべきであると言われている。

商法(運送・海商関係)等の改正に関する要綱案においても,文言の改正が提案されている。

いずれの解釈をとるかにより,たとえば,以下のような場合に違いが生じる。

(例) 1箱500kgの貨物が5箱損傷し,4箱は全損,1箱は1箱のうち可分な200kgだけが損傷した場合

・「1包または1単位」が,第1号「1計算単位(SDR)の666.67倍を乗じて得た金額」にのみかかるとすると,責任制限額は4,400 SDRとなる。
(計算)
5個×666.67 SDR = 3,333.35 SDR ＜ 2,200kg×2 SDR = 4,400 SDR

・「一包または一単位」が,第1号「1計算単位(SDR)の666.67倍を乗じて得た金額」,および第2号「滅失,損傷または延着に係る運送品の総重量」の両方にかかるとすると,責任制限額は全体で4,666.67 SDRとなる。
(計算)
全損貨物1箱についての責任制限額　　：
666.67 SDR ＜ 500kg×2 SDR = 1,000 SDR
一部損傷貨物1箱についての責任制限額：
666.67 SDR ＞ 200kg×2 SDR = 400 SDR
4箱×1,000 SDR + 1箱×666.67 SDR = 4,666.67 SDR

(2) 「1包」「1単位」とは

1包とは,箱,袋,樽等の容器により梱包されている貨物を意味すると言われている。貨物はさまざまに梱包されているため,何が責任制限額を計算する際の1梱包と言えるか,問題となり得る。

米国では,package(包)とは,運送のために貨物を置くものでなければならないが,貨物を完全に覆う必要はなく,運送中の船積,積付,移動の際の荷扱を手助けする輸送準備品を指すと言われている。そして,このような意味を超えて当事者が責任制限の基準となる1包を定義することは許されないが,1包が何を指すかを判断するにあたっては,当事者の意図が考慮され,B/Lの表面が当事者の意図を示す一応の証拠となると言われている。

1単位は,通常は船積単位(shipping unit),ばら積み貨物の場合は運賃単位(freight unit)を指すのが原則であると言われているが,具体的場合において,何が1単位となるか,これも問題となり得る。

US COGSAでは,梱包がある場合は包(package),梱包がない場合は慣習

的な運賃単位（customary freight unit）によると規定されている。たとえば，自動車の場合，船積単位（shipping unit）を単位とすると1台が1単位であると考えられるが，慣習的な運賃単位（customary freight unit）を単位とした場合，慣習的な運賃単位（customary freight unit）が1立方メートル等と認定され，1台が数百単位にあたることも有り得る。

(3) コンテナ等を用いて輸送される場合

運送品がコンテナ，パレットその他これらに類する輸送用器具（「コンテナ等」）を用いて運送される場合は，運送品の包もしくは個品の数または容積もしくは重量がB/Lに記載されているときを除き，コンテナ等の数を包または単位の数とみなされる（国際海上物品運送法13条3項）。

(4) SDRの算定基準時

SDRは，運送人が運送品に関する損害を賠償する日において公表されている最終のものである（国際海上物品運送法13条2項）。

SDRの値は，時差の関係で，日本では翌日にならないと判明しないので，支払日ではなく，支払日において公表されている最終の値によることとされている。判決では，事実審口頭弁論終結時に公表されている最終のものになると考えられるが，上記は任意規定であるので，当事者の合意によって異なる日を基準時とすることも可能と説明されている。

(5) 特約禁止

国際海上物品運送法15条により，同法の定めより運送人に有利な特約は無効となる。したがって，上記のような責任限度額よりも低額の責任制限額の合意は無効である。なお，規定により高額の責任制限額を合意する場合は無効とならない。

事例79　ホワイトフジ号・ホワイトコーワ号（東京地判平23・7・15判タ1384号270頁）

　本件各B/L裏面約款には，B/Lの他の規定にかかわらず，運送人は，運送品の保管または運送に関連し，損失，不引渡し，誤渡し，損傷または遅延の責任を負う場合，（責任制限額を1包もしくは1単位あたり100スターリング・ポンドまたは他の通貨におけるこれと同等の金額と規定する）ヘーグ・ルールの4条5項または本件B/L裏面約款に従い適用されるヘーグ・ルール立法における関連条項に規定された1包または1単位当たりの金額のいずれか高い金額を超えて法的責任を負わない旨が規定されていた。

　そこで，運送人は，1包当たり100スターリング・ポンドを超える金額については責任を負わない等と主張した。これに対し，貨物保険者は，同約款17条が，国際海上物品運送法13条規定の限度額より低い額を定めている限り，同法15条により無効である等と主張した。

　裁判所は，ヘーグ・ルールの規定に基づいて算定した責任制限額と国際海上物品運送法の規定に基づいて算定した責任制限額を比較し，前者が後者より低額であるため，上記約款17条による責任制限は，国際海上物品運送法15条に反し，無効であるとした。

---

(6)　各条約等の責任制限額

　ヘーグ・ルール，US COGSA，ヘーグ・ルールを改正する1968年議定書（ヘーグ・ヴィスビー・ルール），ヘーグ・ヴィスビー・ルールを改正する1979年議定書，ハンブルグ・ルール，およびロッテルダム・ルール上の責任制限額は，以下のとおりである。

≪責任制限の内容≫

・運送人の責任には，法定の責任制限額がある。
・法定の責任制限額以下の責任制限額を合意したとしても，その合意は無効である。

設問37 運送人の損害賠償額の範囲・責任制限

ヘーグ・ルール	US COGSA	ヘーグ・ルールを改正する1968年議定書（ヘーグ・ヴィスビー・ルール）	ヘーグ・ヴィスビー・ルールを改正する1979年議定書	ハンブルグ・ルール	ロッテルダム・ルール
1包もしくは1単位あたり100スターリング・ポンドまたは他の通貨におけるこれと同等の金額	1包(package)あたり、または物品が梱包されずに船積みされる場合は、慣習的な運賃単位（customary freight unit）あたり、500米ドル	1包もしくは1単位あたり10,000金フラン、または滅失もしくは損傷した物品の総重量1キログラムあたり30金フラン、いずれか多い金額	1包もしくは1単位あたり666.67SDR、または滅失もしくは損傷した物品の総重量1キログラムあたり2SDR、いずれが多い金額を限度	(1) 滅失損傷 1包もしくは1船積単位あたり835SDR、または滅失または損傷した物品の総重量1キログラムあたり2.5SDR、いずれか多い金額 (2) 延着による損害 延着した物品について支払われるべき運賃の2.5倍、ただし、海上物品運送法上支払われるべき運賃の総額を超えない。 (3) いかなる場合にも、(1)(2)に基づく運送人の責任の合計額は、物品の全部滅失に関し(1)に従って定められる額を超えない。	(1) 運送人の債務不履行による損害一般 1包または1船積単位あたり875SDRまたは請求もしくは紛争の対象である物品の総重量1キログラムあたり3SDR、いずれか多い金額 (2) 延着による経済的損害 延着により生じた物品の滅失または損傷についての損害賠償は(1)に従って計算され、延着により生じた経済的損失についての責任は、延着した物品について支払われるべき運賃の2.5倍に制限される。 (3) (1)(2)に基づき賠償すべき総額は、当該物品の全部滅失に関し(1)に従って定められる制限額を超えてはならない。

損害賠償額の定型化および／または責任制限の規定が適用されない場合

(1) 運送品の価格が通告され、かつ B/L に記載された場合

運送品の種類および価額が、運送の委託の際荷送人により通告され、かつ、B/L が交付されるときは、B/L に記載されている場合には、責任制限の規定（国際海上物品運送法13条1項〜4項）は、適用されない（同法13条5項）。

この例外が定められたのは、運送品の種類と性質によっては、画一的な責任

限度によることが荷主に酷であることがあり，このような場合に荷主のために法定の責任限度を排除し，実損害の填補を受けることを可能とするためであると言われている。

ただし，荷送人が実価を著しく超える価額を故意に通告した場合，運送人は，運送品に関する損害について責任を負わない（同法13条6項）。これは，不当に高額の賠償を得ようとする詐害的行為を防止しようとする趣旨であると言われている。他方，荷送人が実価より著しく低い価額を故意に通告した場合，損害算定にあたっては，その価格が運送品の価額とみなされる（同法13条7項）。これは，運送品の価格が過少申告された場合，荷主に詐害的意図はないと考えられ，運送人の責任を全く逃れさせるまでの制裁を課す必要はないため，禁反言的な取扱いをすることとしたものと言われている。これらの場合，運送人は，荷送人のみならず，善意の船荷証券所持人に対しても，責任を負わず，または通告に反する主張は許されないとされている。

通告価額が実価を著しく超えること，または実価より著しく低い価額であることを，運送人が知っていた場合は，虚偽の通告に関する上記の規定は適用されない（同法13条8項）。

以上のとおり規定されているが，運送品の価額を通告した場合，価額に応じ従価運送賃（Ad valorem freight）が生じるため，荷送人から運送品の価額が通告されることは実務ではほとんどない。

(2) **故意により，または損害発生のおそれがあることを認識しながらした無謀な行為**

運送人は，運送品に関する損害が，自己の故意により，または損害の発生のおそれがあることを認識しながらした自己の無謀な行為により生じたものであるときは，賠償額の定型化，および責任制限の規定にかかわらず，当該不履行と相当因果関係にある一切の損害を賠償しなければならない（国際海上物品運送法13条の2）。

「損害発生のおそれがあることを認識しながらした自己の無謀な行為」とは，通常の運送人の認識を基準として，損害発生の高い蓋然性を認識しながら行われた，無謀な行為を意味すると言われている。この場合の認識は極めて「故意」に近いと言われているが，その具体的な内容については，いまだ検討の余地があり，裁判例の積み重ねが待たれる。本条の行為は，運送人自身の行為に限られ，運送人の使用人・代理人の行為は含まれない。

船舶の所有者等の責任の制限に関する法律3条3項にも，責任制限阻却事由

として,「損害の発生のおそれがあることを認識しながらした自己の無謀な行為」が定められているところ,同要件につき判断した裁判例がある(名古屋高決平12・8・17海事法166号76頁(否定例))。

(3) 仮渡し・保証渡し

運送人が運送品に関して損害賠償を請求される場合として,運送人が,仮渡し・保証渡しをしてしまった場合が考えられる。この場合も,国際海上物品運送法上の責任制限等がなされるのだろうか。

この点に関し,仮渡し・保証渡しにより,運送人が証券所持人に運送品を引き渡すことができないことは運送品の滅失または滅失に準ずるものと解されるとし,運送人は国際海上物品運送法に基づいて損害賠償責任を負い,同法の責任の減免規定が適用されると解する考えもあるが,争いがある。

中国では,「原本B/Lとの引換えなしに運送品を引き渡した事件の審理に際する法律の適用における若干の問題に関する最高人民法院の規定」4条において,仮渡し・保証渡しの場合,運送人の責任制限の規定が適用されない旨が明記されている。

英国では,裏面約款に記載の「貨物の滅失,または損傷」に,仮渡しによる滅失は含まれないとして,仮渡しの場合,裏面約款に記載された賠償額の定額化の規定の適用がないと判断された裁判例がある(Ines号事件[1995] 2 Lloyd's Rep. 144)。

(4) 船主責任制限手続

船主責任制限手続において,貨物損害賠償請求権が,制限債権として届けられる場合がある。日本では,船舶所有者等の責任の制限に関する法律が適用されるが,同法および国際海上物品運送法の両方を適用し,二重に責任制限をすることは許される。

事例133　ブエン・ビエント号（東京地判平15・10・16判タ1148号283頁）

本船が福山，横浜および清水の三港で鋼材，および陸上自衛隊のテスト用兵器等を積載し，清水港から米国カリフォルニア州ワイナメ港に向けて航行中，荷崩れが発生した。それにより貨物の一部が船体に当たり，船体に穴が開き，本船は沈没した。本船に積載されていた全貨物が全損となった。各荷主に保険金を支払った貨物保険会社は，運送人に対する荷主の損害賠償請求権を代位取得し，責任制限手続において，制限債権として当該債権を届け出た。この届出債権について，当該債権額は国際海上物品運送法13条による重量制限額に限られるべきであるとして，異議が述べられ，この異議を認める査定決定が出されたが，貨物保険者は，船舶所有者等の責任の制限に関する法律による責任制限に加え国際海上物品運送法13条による責任制限を重ねて適用することはできない等として，東京地方裁判所に異議の訴えを提起した。

裁判所は，国際海上物品運送法13条による制限が個々の運送契約上の損害賠償請求権に対する実体法上の制限であり，一方で，これらの個々の債権を一括して集団的に処理する場面で船主責任制限法による制限がなされるものであることからすると，まず，実体法である国際海上物品運送法13条が適用され，その結果制限された運送契約上の損害賠償請求権が船主責任制限手続において，船舶所有者等の責任制限に服するものと解するのが素直な法解釈というべきであり，また，当該2つの法律が競合する場面が当然に予想されたにもかかわらず，後から制定された船舶所有者等の責任の制限に関する法律の制定時に国際海上物品運送法の適用を排除する規定が設けられなかったことからすると，立法にあたり，船主責任制限手続において行使される運送契約上の損害賠償請求権について，国際海上物品運送法の責任制限が適用されることを当然の前提としていたと解されるとし，国際海上物品運送法の適用を否定する主張を排斥した。

≪損害賠償額の定型化および責任制限の規定が適用されない場合≫

・運送品の種類および価格の通告がある場合，責任制限の規定は適用されない。
・運送人の故意または損害発生のおそれがあることを認識しながらした自己の無謀な行為により損害が発生した場合，責任制限はされない。この場合，賠償額の定額化の規定も適用されず，民法の規定に従い，相当因果関係のある一切の損害が賠償される。

・仮渡し・保証渡しによって生じた損害賠償について，責任制限の規定が適用されるかは，日本法上は，争いがある。
・船主責任制限手続において，国際海上物品運送法上の責任制限の規定は適用される。

設問38　カーゴクレームにおける荷主の対応

> **Q**　カーゴクレームに関する荷主の通知義務とは？
> 　カーゴクレームにおけるサーベイレポートの役割とは？
> 　B/L上の運送人の荷主に対する責任に関する出訴期間の制限と期間の延長に対する実務上の留意点とは？
>
> **A**　カーゴクレームは書面でなす必要がある。
> 　カーゴクレームにおけるサーベイレポートは損害の立証および適切かつ迅速なクレーム解決のために重要な役割を有する。
> 　B/L上の運送人の荷主に対する責任は，原則として１年の出訴期間の制限があるが，合意の延長も可能である。出訴期間が問題となるような対応は避けることが実務上望ましい。

カーゴクレームに関する荷主の通知義務

(1)　カーゴクレームはどのように提起されるか

　カーゴクレームはまず，荷主から運送人に対して提起される。通常，電話など口頭で最初のクレームがB/L上の運送人に対して行われることが多い。我が国では，荷送人との関係ではNVOCCが運送人となってB/L（HB/L）を交付しているケースも多いところ，そのような場合には，荷受人から直接または荷送人を通じて，実運送人ではなく当該NVOCCに対してなされるのが一般的である。その後，荷主から，運送人に対して書面によりクレームの通知がなされる。もっとも，貨物の滅失・損傷を伴わない遅延により代替品を空輸したとしてそのコスト負担を求めるカーゴクレームなどは荷送人から運送人になされ，当初は口頭であることが多い。

　また，貨物の盗難などにより受領した当初から貨物の一部の喪失していることが明らかな場合などには，事情によって当初から書面による通知によりカーゴクレームが提起されることもある。

　荷主がNVOCCにカーゴクレームを提起した場合には，当該NVOCCは，

実運送人との運送契約に基づき実運送人に対して，同様のクレームを行うことが多い。

(2) 荷主の通知義務

このようにして荷主からのカーゴクレームが提起されるのが通常であるが，外航におけるカーゴクレームに関して，国際海上物品運送法は，一定の場合，口頭の通知ではなく，書面による通知義務を課している。

すなわち，荷受人またはB/Lの所持人は，運送品の「一部滅失または損傷」があったときは，受取の際，運送人に対しその滅失または損傷の「概況」につき「書面」による通知を「発し」なければならない。もっとも，その滅失または損傷が直ちに発見することができないときは，貨物を受け取った日から3日以内にその通知を発すれば足りるとされている（国際海上物品運送法12条1項）。

上記通知は，貨物の「一部滅失または損傷」の場合に必要であり，全部滅失の場合には不要である。同様に法の文言から，一部滅失または損傷を伴わない単なる遅延に基づく場合も不要と解する。また，運送品の状態が引渡の際，当事者の立会によって確認された場合にも不要である（同条3項）。

書面による通知の方法としては，荷受人が運送人に対して交付する荷物受取証に記入する方法でも有効であると解されている。また，通知は発送すればよく期限内に到達する必要はない。

もっとも，有効な書面による通知といえるためには，一部滅失や損傷の「概況」を記載することが必要である。概況は，一部滅失や損傷の状況を詳細かつ正確に記載する必要はなく，たとえば「一部濡損」のように，その一般的な性質・程度を概略的に示せば足りると解されている。

> **事例134　明哲丸事件（最高裁昭48・4・19民集27巻3号527頁）**
> 　最高裁は，「荷受人等は運送品の受取に際して運送品の点検をするのが通例であり，運送品に異常があるときは通知書に基づき運送人をして証拠の保全その他の善後策を講じさせる趣旨に出たものであるから，右通知書には，必ず，荷受人等が運送品の点検をした結果知りえたその損傷の種類および程度の概略が『損傷の概況』として記載されなければならないものと解するのを相当とする」と判示した上で，「予定されていたロイド代理店の損害検査に立会いを求める旨の記載があるにすぎない本件通知書は『損傷の概況』の記載を欠く」と判断し，控訴審の判断を覆した。

(3)　通知の効果

　B/L の所持人または荷受人が，通知義務を履践して，書面による通知をした場合は，「運送品が滅失および損傷がなく引き渡されたとの推定を受けない」という効果を有する。もっとも，かかる効果に止まり，運送品につき，一部滅失または損傷があったことまでの推定を生じる効果を有するものではないとされている。

　カーゴクレームにおける損害賠償請求においては，常に，B/L の所持人または荷受人が，運送人の占有下で運送品に損害があったことについて立証責任を負う点に留意が必要である。

(4)　荷主が通知を怠った場合の効果

　荷主が運送人に対して通知義務を負うにもかかわらず，通知を怠った場合の効果については，内航と外航では大きく異なる。すなわち，内航においては，運送人への通知を怠った場合には損害賠償請求権は消滅する（商法588条）。他方，国際海上物品運送法が適用される外航では，上記通知を怠ったとしても，損害賠償請求権自体は消滅しない。外航の場合には，後述する1年の除斥期間の満了で消滅する。

　もっとも，法は，上記通知がなかったときは，運送品は，滅失および損傷がなく引き渡されたものと推定すると規定している。また，我が国の大手の船会社の裏面約款にも運送品は，この証書に記載のとおり引き渡されたものとみなされると規定している。

　荷受人等が運送人に対して，書面による通知義務を怠った場合，荷受人またはB/L所持人は，当該貨物が運送人の占有下で運送品に損害が生じたことの立証責任を負う。

また，外航における貨物運送の貨物には通常貨物保険が付保されているところ，貨物保険約款には，貨物保険会社によって損害がてん補されるためには，損害を回避し，あるいは軽減するために合理的な措置を講じることに加えて，運送人や受託者またはその他の第三者に対するすべての権利が適切に保全され，かつ行使されることが明記されている（2009協会貨物約款第16条）。上記の荷主の運送人への書面による通知は後者に含まれると考えられる。

　実務では，多くのカーゴクレームにおける荷主自身の損害は，貨物保険からの保険金受領によっててん補されることが多いことに鑑みると，保険による損害のてん補という観点からも書面による通知義務を履践しておくことは重要であると考えられる。

　また，B/Lの裏面約款においては，「下請人の管理下にある間に運送品が滅失または損傷した場合（またはそのように推定される場合），荷主が運送人に対して滅失およびクレームの通知を運送人が下請人の出訴期限等の要件を満たすようにしない限り，運送人は運送品に関する一切の責任を免除される」などと規定するものもある。私見では，この約款については運送人の求償権等の権利確保のための規定であるから，運送人のかかる権利が損なわれない限り，単なる通知の懈怠をもって全責任を免責する効果まで付与するものではないと考える。しかし，通知によって防ぎ得るこのような法律上の争点が具体的な事案において生じること自体，リスクを伴い，また容易な紛争解決を困難にすることから，実務上，通知義務を有している場合には，通知をなすべきである。

サーベイレポート

(1) サーベイの役割と重要性

　カーゴクレームにおける損害賠償請求では，常に，B/Lの所持人または荷受人が，運送人の占有下で運送品に損害があったことについて立証責任を負うことは前述のとおりである。また，無用の紛争を避けカーゴクレームを適切に解決するため，あるいは，訴訟等において損害賠償額を適切に認定してもらうためには，その原因と損失・損害の有無および程度，損害額の算定などについての適切な情報が必要となることが多い。特に，損害額が大きいカーゴクレームの場合には，貨物の滅失または損傷の原因や程度が責任の有無や損害の評価に大きくかかわってくる。外航における貨物は，種々様々であることから，当該貨物の性質に応じた適任者による適正な損害評価も必要である。

　損害の適切な算定・評価は，カーゴクレームの早期解決にとって重要である。双方当事者にとって貨物の損失または損害が生じたことおよびその原因に

ついては共通認識がある場合でも，損害額についての見解の相違により解決が長期化しあるいは訴訟などの紛争になることも少なくない。

このようにサーベイは，貨物受取りの際のリマークや他の書類とともに損害の立証および適切かつ迅速なクレーム解決のために重要な役割を有する書類である。

(2) サーベイの実施と種類

上記のようなサーベイの性質から，サーベイは現場が保存されているできるだけ早い時期に行うことが理想である。現場が保存されていなければ原因関係の究明にまで至らない場合もあるほか，原因関係が判明しても立証資料として弱い（十分ではない）場合もあるからである。

サーベイは荷主がサーベイヤーを起用して行うのが原則である。貨物が貨物保険に入っている場合には，保険会社がサーベイヤーを手配することも事実上多いが，貨物の種類などによっては荷主が手配する場合もある。また，保険会社は損害が一定額を下回る場合などはサーベイを行わないことも多い。

多額の賠償が要求される場合などは運送人側もサーベイを別に行うことがある。このような場合には，荷主側のサーベイと運送人側のサーベイの結果が異なることも少なくない。そのようなときは，サーベイレポートを補充し，あるいは追加で入手し，その後の立証に備えることもある。

サーベイの種類としては，以下のようなものがある。

① 損害の原因および適切な損害額の算定を行う通常のダメージ・サーベイ。
② 船舶上で貨物の損害状況の現況を検査するハッチ・サーベイ。
③ 貨物の外観などを検査の上，損害の程度や数量の確認程度を行い，損害評価等の内容に深く立ち入らないコンディション・サーベイほか。

また，当事者との関係に着目した分類として，荷主と運送人が共同して同一のサーベイヤーを立てるジョイント・サーベイと呼ばれるものもある。双方が各々のサーベイヤーを立て，双方のサーベイヤーの協議により選出されたサーベイヤーによるサーベイもジョイント・サーベイの系列に属するといえる。この種のサーベイは共通のサーベイヤーを起用することで損害の原因や滅失・損傷の程度および損害の評価について，共通認識を作ることができるため，無用な対立を避け，迅速な紛争解決に役立つことが多い。

(3) サーベイレポート

サーベイヤーのサーベイの後，通常サーベイレポートが作成され起用者に交

付される。このサーベイレポートは，たとえば通常のダメージ・サーベイでは，荷主や保険会社から提供を受けた事実関係や資料に加えて，サーベイヤーが独自に収集した情報に基づいて，天候・気温・当時の波浪などの状況，貨物の状態および滅失・損傷が生じた状況などの客観的データが複数のカラー写真付きで記載されていることが多い。その上で，これらの資料に基づき，当該クレームの発生原因などについて専門的知見を踏まえた意見の報告と損害についての評価の記載がなされている。そのためサーベイレポートの分析は重要である。なお，サーベイレポートは，外航の場合には英文で作成されることが多い。

サーベイヤーが収集した情報はすべてサーベイレポートに記載されているわけではない。また，相手方のサーベイレポートがこちらのサーベイレポートと事故原因などにおいて相対立している場合，あるいは，相手方のサーベイレポートによって，こちらの当初のサーベイレポートでは認識していなかった事実などが判明することもあり得る。そのため複雑な事案や損害が多額に上る可能性のある事案については，サーベイヤーに連絡の上，サーベイレポートに表れていない基礎資料などについても保管するように依頼しておくことが肝要である。

出訴期間の制限と期間延長に関する実務上の留意点

(1) 除斥期間と時効

荷主が貨物の損失について運送人に損害賠償請求権を有するとき，いつまでも請求できるわけではない。外航においては，国際海上物品運送法上，運送品に関する運送人の責任追及について出訴期間の制限があり，これは除斥期間と解されている（国際海上物品運送法14条）。内航や陸上運送の場合も同様に1年の期間制限があるが，これは除斥期間ではなく時効と解されている（商法766条，566条，586条）。もっとも，近時の商法（運送・海商関係）改正の要綱においては，内航の商法の規定を外航における上記規律に改める方向となっており，近い将来，外航・内航が同一制度になる可能性が高い。なお，国際航空運送における貨物クレームの場合，出訴期間は2年とされている（モントリオール条約35条）。

このように，外航海上運送，内航海上運送，陸上運送，国際航空運送と規律が異なるところであるが，除斥期間と時効の区別は重要である。特にカーゴクレームの場合の期間は，通常の民法・商法の一般的なものに比べて1年と短いため，この点の相違を正確に認識しておく必要がある。時効は，催告により中

断するため通常内容証明等による書面によって催告し，時効の中断をすることが可能である。これに対して，除斥期間は催告によっても中断せず，期間内に提訴を行う必要がある。また，時効の場合には相手方，貨物クレームにおいては運送人が時効を援用するまでは請求権は消滅しないとされているが，除斥期間の場合には，援用をすることなく当然に消滅するとされている。

この相違は，訴訟期日において相手方が欠席し判決がなされる場合や相手方が訴訟に出頭した上で時効を援用しない場合，時効以外の請求のための要件が充足していれば，荷主（原告）の請求が認められることになる。他方で，除斥期間の場合には相手方当事者による援用は不要であることから，未送達の場合でも，あるいは，相手方が出廷したものの除斥期間を主張しない場合でも，裁判所の職権で，除斥期間を経過しているかどうかを判断し，期間が満了していれば原告の請求は退けられることになる。

(2) 期間の起算点，裁判上の請求および不法行為との関係

ヘーグ・ウィスビー・ルールでは，ヘーグ・ルールにおける出訴期間の表現が改正された。これによりこの1年の出訴期間は，運送品に関する滅失，損傷または延着に関する一切の損害賠償請求について適用されると考えられている。したがって，運送人に離路がある場合のほか，不当な甲板積みによる貨物の損傷の場合においても適用されると解されている。後者について英国裁判所は，ANTRES号事件［1986］2 Lloyd's Rep. 622. において適用を認めた。

我が国の国際海上物品運送法上，カーゴクレームに関して運送人に損害賠償請求するためには，以下の日からそれぞれ1年以内に「裁判上の請求」をする必要がある。

① 貨物の滅失・損傷の場合には，貨物が引き渡された日から。
② 全部滅失の場合には，貨物が引き渡されるべき日から。
③ 延着の場合には，貨物が引き渡された日から。

この「裁判上の請求」の意味については，民法の時効中断における裁判上の請求と異なり，支払督促，調停申し立て，船主責任制限手続きへの参加が含まれると解されている。また，B/Lに仲裁条項がある場合に行う仲裁申立もこの裁判上の請求に含まれると解されている。

では，不法行為に基づく損害賠償請求の場合には，上記の出訴期間の制限の適用を受けるのであろうか。本来，契約上の債務不履行責任と不法行為責任は別個の責任であり，各々が別途の時効にかかり，当事者はいずれの責任を追及するのかの選択権がある（請求権競合説）というのが，我が国の民商法におけ

る判例・通説の理解である。このような理解を前提に，最高裁判所は，平成4年の国際海上物品運送法改正前の事案において，不法行為の場合については本条の適用がないと判示していた（最判昭44・10・17判時575号71頁）。

しかし，平成4年改正時に，この1年の出訴期間の制限は，運送契約に基づく契約上の請求のみならず，運送人の荷送人，荷受人またはB/L所持人に対する不法行為による損害賠償の責任にも準用するとされるに至った（法20条の2第1項）。

それゆえ，現在においては，不法行為と債務不履行に基づく損害賠償請求の時効期間が異なる通常の医療過誤や労働者災害の事案とは異なり，カーゴクレームに基づく損害賠償請求には1年の出訴制限が適用される。

このように外航におけるカーゴクレームでは，1年の出訴制限期間を正確に把握し，当該期間内に誰を当事者として提訴するかを検討することが，損害の回収を図るために極めて重要である。海運業界における当事者は多数にのぼり法律関係が複雑である上，陸運，空運との複合一貫輸送が行われている現在においては，提訴の相手方である契約当事者または不法行為者を確定する作業は容易でないこともしばしばある。たとえば以下のような場合にも，1年の出訴制限の適用があるため，期間経過により責任追及をなしえないということも往々にして起こりうるからである。

① 荷主が運送人と考える者に対して提訴したが，後に，運送人は別人であることが判明したため，その者に提訴をし直す場合。
② 別の運送に荷主がNVOCCである運送人と運送契約を締結していたところ貨物損害が実運送人の過失により生じた事案において，荷主が契約当事者であるNVOCCに対して1年以内に提訴したものの当該NVOCCに資力がないことが判明したあるいは敗訴した等の理由から，実運送人の責任を追及しようという場合。

このようなことから，提訴や仲裁申し立てを行う場合には，事情に応じて，運送人と損害を与えた張本人（上記の例では実運送人）を同時に提訴するなどの工夫が必要である。上記を例にとった場合の同時提訴のメリットとしては，①真に損害を与えた者を訴訟または仲裁手続きに巻き込んだ上で損害の回復のための議論ができること（巻き込まない場合には，損害を与えた張本人ではない者同士でどちらが損失負担するかという問題になりやすい），②損害の原因と程度が明らかな場合，NVOCCと実運送人の関係によっては，NVOCCを通じて和解が可能となることもあり損害の回復に資することが挙げられる。なお，実運送人が外国企業の場合，NVOCCとしてはマスターB/Lの約款で外

国法が準拠法となり法廷地も外国の地が指定されていることも多く，NVOCC から提訴などにより我が国の法的手続に巻き込むことが困難であることも多い。他方，デメリットとしては，当該外国企業のための翻訳文書の作成が必要となることもありその分コストが高くなることが挙げられよう。なお，提訴にあたっては，インコタームズの条件なども考慮の上，当該海上運送下における貨物の所有権はどちらにあるかの検討も不可欠である。

(3) 出訴期間の延長の合意

　上記のように外航においては1年の出訴制限期間があり除斥期間と解されているものの，法は，当事者の合意による延長を認めている。すなわち，運送品に関する損害が発生した「後に」限り，当事者間の合意により延長できるとしている（国際海上物品運送法14条2項）。

　かかる合意は，上記一部滅失または損傷の場合の荷主の通知と異なり，必ずしも書面で行う必要はなく，口頭でも理論上は可能である。もっとも，出訴期間の制限に該当するとそもそも請求がすべて認められなくなるという重大な効果が発生すること，合意により延長されたことの立証責任は損害賠償請求をする側にあることなどから，通常は，両当事者において書面が作成される。メールなどによる合意も可能であると解するが，後に権限者によって行われていないとか，単なるやり取りにすぎず合意に達していないとの反論がなされる可能性がある点は留意する必要がある。

　書面が作成される場合，当該合意書には，特定の年月日まで延長される旨の記載があるのが通常である。なお，延長期限については特に法律上の制限はない。また，合意書においては，延長の対象となる事案を明確にするために，カーゴクレームまたはそれを発生させた事故などを船舶名や年月日により特定することが必要である。なお，書面のタイトルは，TIME EXTENTION AGREEMENT など合意事項が明確なタイトルが付けられることが多いが，通常の契約書におけるタイトルと同様，必ずしも，期間延長を示すタイトルである必要はない。以下に一例を紹介する。

TIME EXTENSION AGREEMENT
M/V Sun Shine,
sank off Singapore on May 8, 2015

It is hereby agreed that each party hereto, i.e., the Cargo Owner and the Carrier both of whom had executed the Bill of Lading dated February 14, 2015 for the above-mentioned vessel, shall waive the benefit of prescription to the extent of the time elapsed since the date of the above captioned incident up to the date of this Agreement in respect of the claims between each other (including its assignee/subrogee) for the damage, loss and expenses with respect to the above-captioned incident, so that the one year prescription period for such claims will commence to run from May 9, 2016.

　もっとも，B/L の所持人が運送人との間で期間延長の合意をした場合でも，合意した当事者以外の者，たとえば実運送人に対しては合意の効力は及ばない点には留意する必要がある。このため，関係者が3名以上の場合（上記の例のように NVOCC が運送を引き受け HB/L を発行し，当該 NVOCC が実運送人に海上輸送を依頼し MB/L の交付を受けたところ実運送人の下で損害が生じたような場合）には，当該関係者全員で期間延長の合意をするのが適切である。

　我が国の国際海上物品運送法は，上記の例などのように，運送人が第三者に対して運送を委託した場合，運送人の実運送人等の第三者に対する求償について次のように定めている。すなわち，①運送品に関する第三者の責任は，運送人が，上記1年の期間内に，損害を賠償し，または裁判上の請求をされた場合においては，上記期間より3ヶ月経過するまでは消滅しないとし，また，②期間延長の合意が当該第三者を含めてなされた場合には，運送品に関する第三者の責任は，延長期間満了後3ヶ月経過するまでは消滅しないと規定している（同法14条3項）。なお，この①の規定は，裁判上の請求をされた場合，すなわち提訴された場合であり，訴訟が終了した場合ではないことに注意が必要である。

　以上から，期間延長の合意をするかどうか検討する場合には，上記の求償権に関する法の規定も考慮した上で，次の観点に留意する必要がある。まず，運送人と実運送人との出訴期間の確認である。両者にどの国のどのような法令や条約が適用されまたは約定がなされているかによって，出訴期間が2年となるなど，B/L の所持人と運送人との間の出訴期間と異なる場合もあるからであ

る。我が国の国際海上物品運送法やハンブルグ・ルールなどの条約の適用の有無および傭船者または船主が運送人である場合には、インタークラブ・アグリーメントの摂取の有無など諸般の事情を考慮した上で、出訴期間を正確に把握する必要がある。次に、各々の当事者の出訴期間を踏まえた上で、B/Lの所持人としては実運送人の責任を将来追及することがありうるか、他方、運送人としては、将来、実運送人に求償することがあるかどうかの観点から、延長の合意を行うかどうか、行う場合には実運送人も含めるかどうかの検討である。上記の例でいえば、期間延長の合意が全くなされない場合において、運送人であるNVOCCのみが提訴されまたは仲裁の申し立てを受けた場合でも、通常裁判所の終了までに実運送人に対する出訴期間が経過してしまっていることも多いからである。また、B/Lの所持人と運送人との間のみで出訴期間延長の合意がなされた場合、実運送人に対して合意の効力は及ばないことに加えて、通常、提訴されるのは本来の出訴期間経過後である。そのため、上記の運送人の実運送人に対する求償の規定に基づき責任追及をできる場合を除いては、B/Lの所持人も運送人も、実運送人の責任を追及できなくなっていることが多いからである。

　実務上は、この合意による出訴期間の延長の制度を利用して円満な和解が行われている。

　以上の観点のほか、実務上の取り扱いとして重要な点は、必ず、船荷証券の約款の規定を確認することである。実務上、出訴期間の制限を9ヶ月としている規定も存するため、上記1年の期間のみを念頭に置いて対応するのは適切ではないからである。このような約款の条項の有効性については米国において否定されたものもあり、我が国においても否定される余地もないわけではない。しかし、そのような争点を生ぜしめるような実務的な対応自体、避けるべきであるのは当然である。

　外航においては貨物保険に加入している場合がほとんどであるため、企業自身が提訴することは多くなく、荷主が加入している貨物保険の保険会社が代位して手続きを行っているのが通常である。しかし、当該貨物が貨物保険の対象となっていなかった場合はもちろん、損害額が多額に上り貨物保険では損害のてん補が一部しかなされない場合、あるいは、滅失・損傷のない単なる延着損害などのように貨物保険が適用されない場合などの事案も存する。そのため企業自身が主体的に手続きを行う事案もあるという点には十分に留意する必要がある。

Practical tips to defend cargo recovery claims

Nick Burgess, Partner BDM Law LLP

Introduction

It is impossible to know the exact value of everything carried at sea but according to the International Chamber of Shipping about 90% of world trade is carried by the international shipping industry and annual world trade is projected to be about US$8 trillion this year. Without shipping the export of goods on the scale necessary for the modern world to function would simply not be possible.

It is fair to say that ships are probably safer now than they have ever been and ships crews are probably better trained and equipped than they have ever been. However, as world trade continues to grow, there is an ever increasing need for more ships to perform the necessary export of goods required to keep the global economy functioning.

Although the vast majority of goods carried by sea arrive without any problems, it is inevitable that there will be times when the unexpected happens. There are many risks associated with shipping and the international insurance market has provided a solution in the form of "all risks" cargo insurance to deal with these risks. In most cases, the first step in any loss or damage to cargo is for the insured cargo owner to bring a claim under the cargo insurance policy.

Of course it would be nice and simple if cargo claims were directed only at cargo insurers but that would lead to a situation where ship owners and operators had no incentive to do their job properly. Over the years, the shipping community has adapted so that liabilities are apportioned between cargo insurers and the ship owner/ operators' insurers. The latter are known as P&I insurers and such form of insurance is usually underwritten on a "mutual" basis. This means ship owners and operators pool their funds and agree to cover each other for claims out of the collective fund. Mutual insurers are often known as "Clubs" comprised of "members". The whole principle of mutual insurance is that there is no profit element. Cargo insurance on the other hand is usually underwritten by commercial companies looking to make a profit.

This paper is not intended as in depth analysis of the English law issues relating to the carriage of goods by sea and how such risks and liability are apportioned between cargo insurers and owners' P&I insurers. There are various international conventions that have attempted to standardise the liability regime between cargo owners and carriers, most notably the Hague, Hague-Visby and Hamburg Rules. We are even looking forward to the possibility of a new set of rules if and when the Rotterdam Rules come into operation. These international conventions and their enactment into the local laws of certain jurisdictions are designed to keep lawyers busy.

This paper is about practical ways to deal with, defend and compromise cargo claims from the ship owner or operators' perspective. In other words, what should the owner of the ship or the contractual carrier of the goods do when faced with circumstances that might give rise to a cargo claim? What practical steps can he take to persuade the claimant to think again and to put himself in the best position?

Before we go on, I should perhaps say that when I talk about the ship owner or operator I am not talking about one particular person. I am referring to those who support and insure the ship owner or operator. By and large, that means the P&I insurers who insure the ship owner or operator's liability to others. It is important to understand the individuals involved in the cargo claim process and how they think. One cannot begin to understand what strategies might work to put the ship owner or operator in the best position without understanding how the cargo claim process works and who is involved.

It is important not to lose sight of the commercial realities behind cargo recovery claims. Remember that cargo insurers are commercial insurers. They want to make a profit. One of the easiest ways for a cargo insurer to increase profit is to make a recovery from the ship owner or operator and those who insure them.

Many cargo recovery claims are in fact speculative. There is often limited evidence available to the cargo insurer who has paid the claim at the outset. Many cargo claims are pursued in the hope that evidence will emerge during the litigation process and/or that the ship owner or operators' insurers will want to compromise the claim at an early stage rather than face the risks of the claim succeeding. As such, the cargo insurer often thinks that he can reduce his net loss by pursuing a claim and making enough noise to force the ship owner or operator and their insurers into agreeing to a compromise. Sometimes cargo insurers elect to pass on the entire process of making a recovery to a third party agent or a claims recovery company. These claims recovery agents tend to work on a "contingency" basis. In other words they get paid only if they make a recovery. Often if those claims agents have to instruct lawyers then the costs of the legal fees come off the total recovery. It is important to understand the process to understand the best way to deal with claims from the ship owner or operators' point of view.

This brings me neatly on to the main topic. What practical steps can a ship owner or operator take to deal with cargo recovery claims? I have broken this down into 10 stages. My observations are personal and based on my 23 years of experience of representing ship owners and operators and their P&I insurers. However, I should perhaps admit that I have also been on the other side of the fence. I have in many cases pursued claims against ship owners and operators, particularly in relation to high value claims for loss of project cargoes. I say this because it is important to know the tactics likely to be used by those representing cargo insurers to be able to understand and deal with those people.

Stage One - Investigate

"If ignorant both of your enemy and yourself, you are certain to be in peril" Sun Tzu.

I'm often amazed to find that, over one year on from an incident, a cargo claim is advanced against a ship owner/ operator (usually on the back of a security demand or arrest of that ship owners' vessel) and no proper steps were taken at the time of the incident to investigate what happened. In some cases, a surveyor was not even appointed and either samples were not taken, not preserved or have been lost. Often the crew on board have been repatriated and, even if we can contact them, they can't remember what happened.

The burden of proof in cargo recovery claims is invariably on the ship owner/ operator. The cargo claimant will point to the fact that his goods were shipped in apparent good order and condition under a clean bill of lading and when they arrived there was either a shortage or his goods arrived in a damaged or deteriorated condition. The presumption is always that the shortage and/or loss must have occurred on board the ship and, as such, that the ship owner is responsible for the shortage and/or loss or damage. It is therefore vital that the ship owner/ operator is able to demonstrate that he was not to blame, hence the need for knowledge of what happened and whether there are any available defences.

Investigation is probably the most important and most frequently overlooked aspect when it comes to dealing with incidents that might give rise to a cargo recovery claim. It is easy for the ship owner to overlook the incident particularly in circumstances where there are no immediate requests for security and where it can take up to one year before any claim is progressed.

In many cases there is an investigation but things are overlooked and become apparent only when a claim is advanced and the ship owner or operator is asked to produce maintenance documents or records or where the input of the crew is required to establish what may or may not have occurred. If no steps have been taken to preserve those records and ask those questions of the crew (or even to ensure that the crew are still contactable) then the ship owner or operators' position is once again weak. He will be ignorant of his own position and the cargo claimant will be able to exploit this.

Although some might say I have a vested interest, I would suggest that any initial investigation should at the very least involve some input from a lawyer who can advise on the likely liability regime that will apply to any cargo claim. A decent lawyer should be able tell the ship owners or operators and those who insure them if they have any obvious defences that should be investigated, for example the negligent navigation defence (Hague Visby Rules Article IV rule 2 (a)), perils of the sea defence (Article IV rule 2 (c)), inherent defect quality or vice of the goods themselves (Article IV rule 2 (m)) or latent defect not discoverable by due diligence (Article IV Rule 2 (p)). Early input from a lawyer helps make sure that the right decisions are taken at an early stage. This best prepares the ship owner/ operator for the battle ahead.

The circumstances of each incident will of course differ so the steps that need to be taken to investigate each incident will differ. However, it is always worth running through a checklist in each case:

(1). Appoint a local expert and a local P&I representative. They can deal with the situation in the relevant port, take photographs, take samples if required and speak to the crew. If there is a local investigation, make sure that someone attends from owners' side as cargo interests might use the findings against the ship owner when it comes to a cargo claim. You may also need a local lawyer if there are any attempts made by cargo to put someone on the ship to investigate the incident and if security is demanded. It may be prudent to co-operate with cargo interests' surveyor to ensure that he is properly supervised rather than allow the local Court to make a Court order requiring the ship owner to allow a cargo surveyor on board.

(2). Make sure that the Master issues a notice of protest. This does not need to be done immediately but it needs to be fairly prompt and often the Master will benefit from some advice on the wording.

(3). Obtain statements from relevant crew members. Sometimes the local P&I representative or a local lawyer can do this. However, if the claim against the owner might end up being pursued in English arbitration proceedings then it would be wise to consider getting an English lawyer to take the statements or at the very least to comment on what needs to go into those statements.

(4). If there is alleged shortage, make sure that there is a draft survey so that ships figures can be compared to shore figures. Get the local expert to assist the Master.

(5). If there is alleged contamination or deterioration, then arrange for samples to be taken by an independent surveyor or jointly by owners and cargo's surveyors and make sure that
they are analysed in an agreed reputable lab. Also make sure that the provenance of the samples cannot be questioned. Photographs and video evidence are always helpful.

(6). If you suspect that the claim is likely to be pursued under English law (or there is a prospect of securing English law and jurisdiction) then ask an English lawyer to give you a view on what should be preserved and what potential defences might be available. This will not cost very much and will often be invaluable later as the lawyer should be tell you how to deal with any allegations of unseaworthiness/ failure to exercise due diligence. Also the mere fact of having an English lawyer instructed potentially helps ensure that any reports issued are privileged in English proceedings.

(7). Make sure that the ship owner or operator preserves all relevant records and documents. The lawyer should be able to tell you what is likely to be relevant. Make sure that if the crew's details are on file in case it is necessary to go back to them later to clarify any particular issue. It may be necessary to file formal witness statements in any legal proceedings if the matter gets to that stage (see further below).

(8).   If there are complex technical issues relating to the way in which the cargo has been handled and/or treated whilst on board the vessel, for example an allegation that the crew did not adopt the correct procedures for handling, stowing, carrying, keeping, caring for or discharging the goods, then consider appointing a leading expert on industry best practice. His input can be vital when it comes to establishing a defence under the relevant rules.

Stage Two - Security and Jurisdiction

"In battle and manoeuvring all armies prefer high ground" Sun Tze .

In my 23 years of dealing with cargo recovery claims, both acting for claimants and defendants (but mainly acting for defendant ship owners), my experience is that subrogated cargo insurers (and claims agents acting on a contingency basis) are reluctant to pursue a cargo recovery claim in the absence of security. In some cases that is not true, for example where the ship operator is a large company that owns or operates lots of vessels. However, the general feeling is that obtaining security is a priority. Cargo claimants and their insurers generally feel that they have a better chance of securing a recovery if they can force the ship owner or operator or their P&I insurers to provide them with security for the claim, interest and their legal costs.

The main tactic for obtaining security is of course to arrest a ship belonging to the ship owner or to arrest a sister vessel. Sister vessels are ships owned by the same company as the one against which the claim is pursued. So for example if the bill of lading was issued by the actual ship owner (what we call an Owner's bill of lading) and that owner is called Careful Lady SA of Panama, then, as well as arresting the ship in connection with which the claim arose (lets assume it is called the "Careful Lady"), the claimant can also arrest any other ships also owned by Careful Lady SA.

If Careful Lady SA only owns one vessel (the "Careful Lady") then it will not be possible to arrest a sister vessel but, in some jurisdictions, it might be possible to arrest another ship in the same fleet. For example, lets assume that the "Careful Lady" is operated by Careful Carriers of Greece and on their website they advertise that they "operate" 12 vessels all of which are called "Careful" something, for example the "Careful Queen", "Careful Princess" etc. Each of those ships might be owned by a separate Panamanian corporation but it might be possible to arrest one of those ships in a particular jurisdiction where this is permitted. An obvious example would be South Africa where something called "associated ship arrest" is possible. There are also certain jurisdictions in West Africa where this can be done.

In view of the above, the obvious thing for any cargo claimant to do is to arrest the vessel in the port where the incident occurs or after the shortage or damage is discovered. Ships by their very nature are floating assets and they move from one jurisdiction to another in accordance with the needs of the market. They are also at risk when they are on the seas. They might be caught in a storm or suffer some accident or misfortune. A claimant who has a cargo claim will therefore usually seek to obtain security by threatening to arrest the ship itself or a sister ship (if there is one) and, if this does not work, they will usually look to arrest a ship at the earliest possible opportunity.

Notwithstanding the above, there have been numerous occasions where a claimant has been reluctant to arrest the vessel in the port where the incident occurred or was discovered. There are many jurisdictions where arrest is not attractive. In some places, the costs of arresting may be prohibitive, the claimants may have to put up cash counter security before they can arrest and, having arrested, the claimants may be forced to proceed in that jurisdiction itself to determine the merits of the claim (which may not be attractive if that jurisdiction is slow or unreliable or gives the ship owner the benefit of an extremely low limit of liability). This is always a judgment call for the cargo claimants. They may prefer to wait and try to arrest the ship later or they may feel that they can arrest a sister ship or an associated ship.

Over the years I have dealt with a number of claims where the cargo claimants decided not to arrest when they had the opportunity. They preferred to wait and, in some cases, they ended up with extremely limited options to obtain security. In certain circumstances, the ship owner has the ability to control where the ship trades (for example where the ship is doing freight business rather than fixed on a term charter). There are ways in which a ship owner can trade the ship so as to deprive the cargo claimant of attractive options to arrest.

Going back to our example of the "Careful Lady", lets assume she has no direct sister ships and there are no other vessels in the wider fleet so an "associated ship arrest" is not possible. Lets assume that the "Careful Lady" is 20 years old and heavily mortgaged (as is not unusual in the present market). In these circumstances, one would expect the cargo claimants to be very nervous. The vessel might only trades in places where arrest is difficult or expensive or unattractive. There is every chance that the vessel might be sold or scrapped in the near future and there is no certainty that the sale or scrap price will be sufficient to clear the outstanding mortgage. If the cargo claimant arrests the vessel then a ship owner would normally ask his P&I insurer to put up security as they would normally cover the owner for any cargo claim liability. However, there is no obligation on the P&I insurer to put up security on their members' behalf. There is also no direct claim against the P&I insurer under English law because of something called the "pay to be paid" principle. See also the recent decision in Shipowners' Mutual v Containerships Denizcilik (2015) where the English Courts reconfirmed this principle and, at the same time, declined to allow a claimant to proceed directly against a P&I insurer in the Turkish Courts.

It follows that a ship owner in the position of the owner of the "Careful Lady" might be able to avoid having to give security to a cargo claimant. If the "Careful Lady" ended up being scrapped then the cargo claimant would find it very difficult to enforce any arbitration award that they might ever obtain against those owners and, even if they managed to obtain such an award (which I suspect is something that they would prefer to avoid as settlement is usually their preference), they would be unable to enforce this against the owner as he would, by then, have no assets.

The above is obviously an extreme example but it has happened before. Some years ago I represented a ship owner whose vessel had been arrested in Morocco by subrogated cargo claimants. The cargo damage was discovered in Turkey but the claimants declined to arrest there. The vessel then traded between Turkey, Middle Eastern and North African ports and requests for security from cargo claimants were declined. Under Moroccan law the claimants paid for the costs of the arrest and they were liable to pay the ongoing costs of keeping the vessel under arrest. This particular vessel was fairly old and was heavily mortgaged. The owners had no other ships and their Russian P&I insurers declined to provide security for the amount requested. The ship owners explained that the vessel was heavily mortgaged and that they were simply unable to provide security for the claim given that their P&I insurers had declined to put up security on their behalf. The vessel sat there for six months during which the cargo claimants continued to pay the costs of keeping the ship under arrest. Eventually, it became clear that the vessel would have to be sold in Morocco, that it could take another six months for the sale to go through, and all the proceeds would go to the mortgagee bank. A deal was negotiated where cargo claimants gave up all rights to their claim in any jurisdiction in exchange for an indemnity for the arrest costs. The vessel was released and continued trading, the ship owner having reached a compromise agreement with the crew and his bank.

Security is therefore not a foregone conclusion when it comes to cargo claims. There are often options open to the ship owner depending on the circumstances.

The other high ground that cargo interests always look for is favourable jurisdiction. In response, ship owners and operators will want to make sure that any cargo claim is dealt with in a jurisdiction where they will get a fair hearing. This is of course not always possible. There are countless examples of ships being arrested in certain jurisdictions where that jurisdiction has retained jurisdiction on the merits of the claim even though the bill of lading may provide for all claims to be resolved in English arbitration. Often the ship owner does not even have a chance to contest jurisdiction. For example, if the ship owners' vessel is arrested by a Chinese claimant in China and the only means of securing the claim is by way of a Club Letter of Undertaking or a bond from a Chinese insurance company, then the claimant can insist on Chinese law and jurisdiction and there is very little that the ship owner can do to resist this. The fact that the contractual documents might provide for English law and arbitration is irrelevant. However, if the ship owners' vessel is arrested in a jurisdiction where he can, for example, provide a bail bond or some other form of security without conceding jurisdiction, then that would give him the option of contesting jurisdiction at a later stage and potentially moving the claim to arbitration in London where he might get a fairer outcome.

Going back to our example of the "Careful Lady", if our ship owner could not avoid arrest perhaps because of the trading pattern of the vessel or the fact that she might have sister vessels or there is a risk of an associated arrest, then it might be wise to try to agree to provide security voluntarily provided the amount is reasonable and that the claims are decided in the jurisdiction agreed in the contract of carriage which is usually English law and arbitration. By way of example, I would suggest that agreeing to give security in a reasonable amount responding to English law and arbitration might be better than the prospect of a Chinese claimant arresting the vessel in China in which case the ship owner might end up having to put up security responding to Chinese law and jurisdiction. The former is more likely to lead to a more favourable outcome for the ship owner and his P&I insurer than the latter.

As always, those representing cargo interests have thought of clever ways to try to protect their clients' positions in circumstances where the ship is not trading in arrest friendly jurisdictions. If there is a chance that the vessel might be sold before the claimant gets a chance to arrest then issuing what we call "in rem claim forms" in multiple common law jurisdictions can often be a useful way for the claimant to protect his claim against possible sale of the vessel to a bona fide third party buyer. This can also protect the claimant when it comes to the time bar (see below). In such circumstances, the vessel can still be arrested even after a third party sale. However, if an "in rem claim form" is not issued prior to a sale, then the right to arrest is extinguished on the sale of the vessel to a bona fide third party.

Stage Three - Time Bar?

"Never interrupt your enemy when he is making a mistake" Napoleon Bonaparte.

If a cargo claimant has gone to the trouble of obtaining security then it seems unlikely that he will fail to take steps to pursue the claim within the prescribed time limit. However, unlikely as it may seem, there are examples where this has in fact happened. The practical tip for a ship owner is to keep a low profile and wait to see what the cargo claimant does. We can then examine his actions later when it is too late for him to correct them.

It is worth looking briefly at Article III rule 6 of the Hague and Hague Visby Rules which states as follows (words in brackets were added in the Hague Visby revision):

"In any event the carrier and the ship shall be discharged from all liability (whatsoever) in respect of loss or damage unless suit is brought within one year after delivery of the goods or the date when the goods should have been delivered".

The main things to look for are:

(1). "Within one year" means what is says. Although there is no specific case law on point, the English law position is probably that "within one year" means within one year starting from the day after the relevant date on which the goods were delivered or or the date when they should have been delivered (if they were lost). For example, if the last of the goods were delivered on 1

January 2014 then time will start to run at 0001 on 2 January 2014 and finish at 2359 on 1 January 2015. However, the position may not be the same in other jurisdictions so it is wise to check with local lawyers given there is scope for ambiguity with the words "within" and whether they run from a specified date or time.

In many cases cargo claimants ask for time extensions and once again this is a potential minefield where the ship owner can only benefit from potential faults. By way of example, in one case multiple time extensions were requested and granted for either "a further" or "another" three months "from the relevant date" but in each case they were granted "without prejudice to the ship owners right to argue that the claim is in fact time barred". It transpired that one of the three month extensions was requested late and, because of this, it was in fact granted one day after the time limit had expired. At the time this was overlooked but further extensions were of course granted on a "without prejudice" basis. When the claim was in fact pursued, the ship owners were able to successfully argue that the claim was time barred. A great deal was made of waiver and estoppel but eventually the claim was settled at a nuisance value level because the cargo claim handler made a mistake when it came to obtaining the necessary written time extension. It goes without saying that my clients were very happy with the result.

(2). Suit - when it says "suit is brought" this means that suit must be brought in the correct jurisdiction within the relevant time limit. Also it means that the correct party must bring that suit within the correct jurisdiction within the relevant period. This raises questions such as - what is the competent court? and who has title to sue? Those are considerations that cargo claimants must address at the outset in order to ensure that they comply with Article III rule 6 of the Hague and Hague Visby Rules.

If there is an agreement on jurisdiction then there are no real grounds for arguing that the claim is time barred because it was not brought within the correct jurisdiction. For example, the security may respond to the final and unappealable judgment of the Korean Courts even though the contractual jurisdiction might be English law and LMAA arbitration.

There is more of a problem however where the parties have agreed on "competent court" in the security or there is no security for the claim and there is an issue as to which jurisdiction might prevail. Again the burden is on the cargo claimant. It is often possible for those representing the ship owners to argue that proceedings have been commenced in the wrong forum and are therefore time barred in the correct forum. There are many examples of this in practice and it is not possible to go into too much detail here. However, there is a good deal of commentary on the issue of jurisdiction in the European Union and the Brussels Convention which deals with this issue has recently been revised in the wake of the decision of the European Court in Allianz SpA v. West Tankers Inc (The "Front Comor") [Case C-185/07].

The moral of the story is that "competent court" is always problematic for cargo claimants. In some cases we see claimants commencing in more than one jurisdiction. However, this also gives rise to problems because, where a claimant does issue in the correct jurisdiction, he must advance his claims in accordance with the rules prevailing in that jurisdiction. If the claim is not advanced in accordance with the proper timetable, then the judge or arbitrator has a discretion (at least under English law) to strike that claim out for want of prosecution. This was confirmed by Mr Justice Rix in The Finnrose [1994]. In that case it was argued that the claim ought not to be struck out for want of prosecution because suit was only commenced to protect time and, by striking the case out, the claim would become time barred as it would not be possible to issue fresh proceedings (the time limit having since expired). It was held that if the suit was struck out for want of prosecution then that suit could not be a relevant or competent suit under Article III rule 6. The claim was therefore struck out and then time barred. It follows that even if claimants do commence in the correct jurisdiction they must not delay unnecessarily. It is not for the ship owner to progress the claimants' claim. They can sit back and wait whilst making preparations to deal with what may be coming.

In terms of title to sue, from the ship owners' point of view, they can simply ask for evidence from cargo interests to show that those who commenced the suit had title to the cargo at the relevant time. This is a step that I would always recommend once the time limit has expired and suit has been commenced.

This issue in fact arose in a recent case where I was representing the ship owner (Bank of Tokyo-Mitsubishi UFJ Ltd v The Owners of the MV "Sanko Mineral" 2014). In this case, a straight bill of lading was issued with a named consignee. There was no evidence of any redirection of the cargo by the shipper and the cargo claim was pursued by Glencore who were not a party named in the straight bill of lading. It was argued that the named consignee was a related company to the claimant and that the bill had been endorsed. The ship owner argued with some force that a straight bill of lading could not be endorsed as it is not made out to order of the consignee. The shipper could redirect the cargo to a different consignee but that had not happened. It followed that the claimant could not show that they had title to the cargo. The Court proceedings were in fact commenced by BTMU to provide the ship owner with protection from creditors under the Cross Border Insolvency Regulations. The "Sanko Mineral" was then sold by the English Court and the resultant dispute with Glencore related to whether they had a valid claim against the sale proceeds. The ship owners argument was that arbitration proceedings should have been commenced in the name of the named consignee so as to protect time under Article III rule 6. Proceedings were not commenced in time and so Mr Justice Teare held that the claim was time barred. Permission was granted for an appeal to the Court of Appeal but the case has since settled and so Mr Justice Teare's decision stands.

(3). "Delivery" or date when the goods "should have been delivered".

There is a fair amount of law on what "delivery" is so I do not propose to go into that here save to say that "delivery" is not the same as "discharge". "Delivery" means the actual date when the last of the goods are delivered in their damaged condition, unless the goods are rejected in which case we look at when they should have been delivered. It has been argued (unsuccessfully) that goods transhipped on another vessel were delivered when they were transhipped rather than at final destination on the transhipment vessel (see "The Sonia" 2003). The only thing to consider from a ship owners perspective is whether the claim is pursued more than twelve months after the operative date and for those purposes it may be necessary to take a view on when the goods should have been delivered if in fact they are lost or rejected by the receivers.

Stage Four - Part 36 offers to settle.

"The supreme art of war is to subdue the enemy without fighting" Sun Tzu

It is fair to say that the majority of cargo claims that I have advised on in my 23 years as a shipping lawyer were settled without any legal proceedings at all. That seems an extraordinary statement but, by and large, cargo insurers pursuing subrogated cargo recovery claims are reluctant to incur legal costs unless this is absolutely unavoidable. In most cases, cargo insurers like to pass claims to claims agents on a fixed fee or contingency fee basis simply because this reduces their costs exposure in terms of the handling of the claim itself. The risk is then on the claims agent as to how far he wants to push the claim. If he has to instruct lawyers then that potentially eats into his potential fee. It is often possible to engage in constructive dialogue with these people and negotiate a deal before proceedings are even commenced.

It is important to bear in mind that, under English law at least, if legal proceedings are commenced and fail then the claimant has to pay the defendants recoverable legal costs. In practical terms, this means that if a subrogated cargo claimant starts legal proceedings against the ship owner or operator and legal costs start to be incurred by the ship owners (their P&I insurers will probably instruct lawyers to handle the claim) then there is an immediate potential exposure to the defendant ship owner if the claim fails. That exposure increases as further steps are taken in the proceedings.

The other thing that has to be taken into account is that the cargo insurer will know that he has limited evidence on which to form a view as to whether his claim is likely to succeed whereas the ship owner or operator will have done (or hopefully will have done) a much more extensive investigation (see Stage One above). It follows that the main risk at this stage is on the cargo claimant and it may be possible for the ship owner or operator (if he has done the necessary investigation) to convince the cargo claimant that any claim is likely to fail.

Another key step that a ship owner or operator can take at this stage is to make a Part 36 offer to settle. These offers are designed to make claimants think carefully about proceeding in the face of an offer to settle. The idea is that if a claimant proceeds but recovers less than the offer then he will be penalised on costs. Part 36 offers are of limited benefit in circumstances where the claimants' claim fails in totality. However, the making of a nuisance value Part 36 offer can assist the defendant ship owner to achieve a better costs recovery in circumstances where the claim fails. As such, it is always worth consulting a lawyer about making a Part 36 offer in the correct manner at the outset of any legal proceedings. Such a step increases the risks that cargo insurers will ultimately bear as the proceedings progress, which can only be a good thing when it comes to putting pressure on them to agree to a settlement.

Of course, not all claims are settled at the outset of legal proceedings. For example, if multiple containers are lost in heavy weather, or there has been a technical failure on board, then it may not be wise to settle claims until the wider investigation is complete. The precipitous settlement of one claim could give rise to a precedent for other claims which might not be welcomed in circumstances where the investigation reveals that there may be a complete defence. In such cases, it is customary to form a view on the merits after the wider investigation and then adopt a common strategy to all claims. Large claims may also not be suitable for early settlement because the parties may take a more proportionate view on the legal costs of progressing the claim. If the cargo claim is for several million dollars, then the legal costs of pursuing the claim (and indeed the costs consequences of losing the claim) may be relatively insignificant compared to the possibility of achieving a multi-million dollar recovery. The ship owner and their P&I insurers may also be less concerned about the legal costs of defending a multi-million dollar claim, especially if those legal costs can lead to the claim being compromised at a much lower value.

Ultimately, there is no hard and fast rule when it comes to deciding the strategy to adopt in relation to any particular claim. Where I am asked to advise on this (and it is often a collaborative process requiring the input of the ship owner, his P&I insurers and the lawyer) my advice varies depending on (1) the value of the claim; (2) the potential legal costs of defending the claim and the potential risk of having to pay some of the cargo claimants' legal costs; and (3) the merits. There have been cases where the merits have been strongly in owners' favour but because the claim is relatively small the strategy is to settle the claim at an early stage at a reasonable proportion of CIF value. Those are cases that owners would probably win if they went to arbitration but the unrecoverable legal costs of the defence could end up being more than the amount paid out in an early settlement. By contrast, I have been involved in other cases that were finely balanced but the amounts in dispute have been substantial. In one such case (see further details below), the claim proceeded to arbitration and the cargo claimants, having rejected several offers of settlement, eventually lost the case. My ship owner client and their P&I insurers were very pleased with the outcome of that case; they not only knocked out a multi-million dollar claim but they also recovered about 80% of their legal costs from the claimants (again due to proper use of Part 36 offers on our side).

To sum up, the early stages of legal proceedings are where decisions need to be taken as to whether to settle or whether to continue to defend the claim. Unfortunately, settlement is a mutual process and it is often not possible to convince those who represent cargo claimants that settlement is the way forward. Remember that cargo claimants are naturally disadvantaged because they only have theories as to what might have happened. They often feel that, as the case proceeds, their position is likely to improve. They must, however, balance this with the increased risks that they face as they proceed. A skilled lawyer should be able to persuade those representing cargo claimants of the benefits of settlement at a low level at an early stage of the proceedings.

Stage Five - Security for costs.

"When the enemy is relaxed, make them toil. When full, starve them. When settled, make them move." Sun Tzu

If an early Part 36 offer and/or settlement proposal does not bring about a settlement, what other tactics can a ship owner or operator take to dissuade a cargo claimant from proceeding with their claim or to persuade them to consider compromise?

Once the claim submissions have been served in Court or arbitration proceedings and the ship owner has submitted their defence, it is possible for the defendant ship owner to apply to the Court or Tribunal for an order that the cargo claimants provide security for the costs that the ship owner will incur in defending the claim.

Security for costs is not available in all cases but if the claimant is based in a jurisdiction outside of the United Kingdom or the European Union or the claimant is a company of limited financial standing, then it may be possible to obtain an order that the claimant must provide security for costs. In this context, remember that the claim is almost certainly being funded by a cargo insurer. If the legal claimant (the party with title to the goods) is a company of no substance, then why should the cargo insurer be able to potentially avoid having to bear the ship owners' legal costs if the claim is unsuccessful?

Generally speaking, cargo insurers hate having to commit funds to security for costs. The form of security provided is usually a bank guarantee but it means that the cargo insurer has to allocate funds to cover the bank guarantee which means making a provision in his books. Remember that the whole aim of the recovery process is to reduce the cargo insurers' exposure and providing security for costs actually increases his exposure! It follows that a subrogated cargo insurer is more likely to want to agree to a quick settlement if there is a possibility of the Court or arbitrator making an order that security for costs be provided. My recommendation is to raise this issue at an early stage and make the application as soon as possible after the defence has been filed. It will make the cargo claimant uncomfortable and it make force them to reconsider their position.

I would also recommend applying for security to cover the proceedings at least up to the start of the hearing, with liberty to apply for increased security to cover the costs of the hearing itself if the matter proceeds to that stage. Remember that the security provided by the ship owners P&I insurer in the face of a threatened or actual arrest covered not just the amount of the claim and interest but also the costs that the cargo claimant would incur in pursuing the claim in Court or arbitration. As such, the cargo claimant is already secured for the anticipated costs of the entire proceedings so why should the ship owner and his insurers not be similarly secured?

Stage Six - Disclosure

"Knowledge is power" Francis Bacon

As mentioned above, a cargo claimant is usually in a much weaker position than a defendant ship owner. The cargo claimant will not have had the same opportunity to investigate the circumstances giving rise to the loss, whereas a ship owner has access to the ship, maintenance records and crew. A cargo claimant must rely on documents disclosed by the ship owner in the proceedings.

Disclosure is a very important stage of the proceedings for a cargo claimant. It can be a turning point in the case. Prior to the disclosure stage, the cargo claimant may have a theory as to what might have happened and how the ship owner might be liable but he may not have the evidence to back up that theory. Those representing the cargo claimant will therefore be looking to use the disclosure phase of the proceedings to extract documents that help to demonstrate that the ship owner is liable under the contract of carriage.

By way of example, if the ship has broken down en route, then the inference is that the ship was unseaworthy but a cargo claimant needs to prove that there was a lack of due diligence on the part of the ship owner to make the ship seaworthy prior to or at the commencement of the voyage. Maintenance records showing a failure to properly maintain the engine or carry out routine checks will be very much in the mind of those representing the cargo claimant. They will be looking to find something in the maintenance records to show a failure to exercise due diligence on the part of the ship owner.

My experience is that where the claim is substantial, a cargo claimant may want to proceed to at least the disclosure stage and then take a view on settlement. However, where the claim is not so substantial, the legal costs and risk of proceeding to this stage may deter a cargo claimant from proceeding. He may not get what he anticipates from the disclosure process. Many cargo claimants try to obtain early disclosure and, in certain jurisdictions, it may be possible for cargo interests to obtain an "evidence preservation order" to allow them to go on board the vessel and take copies of certain documents. Such orders are not available in all cases and are usually limited to items on the ship itself rather than maintenance and ISM records held elsewhere.

It is important to bear in mind that every step taken in the proceedings involves legal cost and disclosure is an expensive phase given that it can involve an interrogative process (i.e. multiple questions and answers are asked as the process continues in correspondence).

Stage Seven - Factual and Expert Evidence

"A wise man proportions his belief to the evidence". David Hume

This is usually the next phase after disclosure so the same considerations apply as above. It is unusual however for a cargo claimant to rely on factual evidence and, in reality, any factual evidence will be on the ship owners' side. The issue for cargo claimants therefore is to ascertain if there is likely to be anything in the factual evidence that might help their claim.

Similar considerations apply in relation to expert evidence: Hopefully the ship owner will have obtained expert input at a much earlier stage (see Stage One) and so will already know the strengths and weaknesses of the defences available. The cargo claimant, on the other hand, may only be in a position to obtain useful expert input after the disclosure phase. Again, the decision is on the cargo claimant and their advisers as to whether to proceed to an exchange of expert evidence or to seek a settlement with the benefit of expert evidence.

Stage Eight - Mediation

"Discourage litigation. Persuade your neighbours to compromise… Point out to them how the nominal winner is often the real loser — in fees, and expenses, and waste of time. As a peacemaker the lawyer has a superior opportunity of being a good man. There will still be business enough." Abraham Lincoln

My personal view is that mediation is an unfortunate but helpful process. It is unfortunate because if both parties (the cargo claimant and the ship owner) are properly represented and receive proper advice and those parties' legal representatives are pro-active and prepared to engage in constructive dialogue throughout the legal process (whether that be Court or arbitration) then one would hope that a settlement would be achievable without the need to have a mediation.

Having said this, mediation can also be helpful. It is something that can be done at any time although cargo claimants are generally reluctant to agree to a mediation until they have some evidence to back up their claim. It follows that most mediations take place after disclosure and exchange of factual witness and expert evidence.

For those not familiar with mediation, it is a process where both parties agree on a mediator and there is then (usually) a one day meeting at which both sides present their case informally and, with the assistance of a mediator, the parties attempt to narrow their differences and eventually agree on some form of settlement. A mediation is not a hearing of the case itself and it is entirely without prejudice to the proceedings, which continue as normal. It is not usual for witnesses nor experts to attend the mediation. The factual and expert issues are usually discussed by the legal representatives whose job is to put forward their clients' respective case in the strongest possible terms.

The key issue in any mediation is to form a view of the risks of winning and losing. To do this it is necessary to work out the best and worst case scenarios. To an extent, mediation is a game and both sides will adopt a strategy to try to secure the best possible outcome. Those representing the ship owner are aiming to persuade the cargo claimant that there are strong defences to the claim and that the cargo claimant faces considerable exposure if the claim fails. It may be (or should be if the earlier stages have been followed) that Part 36 offers have been made at various stages such that the cargo claimants exposure to legal costs could be considerable if they fail to beat the level of any Part 36 offer. The very nature of a cargo claim is such that most mediations result in some sort of payment to the cargo claimant. However, in certain cases, cargo claimants have been so troubled by the merits of the claim and their exposure that they have agreed to what we call a "drop hands" settlement at a mediation (i.e. both sides agree that the claim is discontinued and each side bears their own legal costs and any arbitration costs are split 50/50). Where the cargo claim has some merit but there is a reasonably strong defence, then it may be that a deal is reached where a certain percentage of the claim and the claimants' legal costs is paid in full and final settlement. There is however no set formula for a settlement and anything is possible with the agreement of the parties.

Stage Nine - The hearing

"The general who wins the battle makes many calculations in his temple before the battle is fought. The general who loses makes but few calculations beforehand." Sun Tzu

In my experience, it is usually only substantial claims that proceed to a hearing. We are talking about 2-3% of all claims where proceedings are commenced. Legal and expert costs are a big factor in settlement as both parties need to be comfortable with these costs and the risk of potentially having to reimburse the other side for their reasonable costs. It follows that the larger cases where the potential upside/ downside is considerable are the ones that tend to be more likely to proceed to a full hearing.

The decision to go to a hearing should not be taken lightly. There will be costs on the part of the claimants and the defendants and each will have a best case/ worst case scenario. It is important to work this out in advance and be comfortable with the risks. The easiest way to demonstrate this is perhaps to give an example of a dispute that went to arbitration some years ago. This was a case I handled and it illustrates the risks that each side face prior to going into the hearing.

The claim was for contamination of a cargo of tallow shipped in one of my clients' vessels. It was said that the vessels' tanks were not sufficiently clean to receive the cargo and that the cargo was contaminated with loose scale rust (rust that had flaked away from the tank walls). The claim was for about US$3,300,000 including interest and costs. On top of this, the ship owners P&I insurers had incurred about US$500,000 on legal, expert and barristers fees up to but not including the hearing.

We worked out that it would cost a further US$250,000 to cover the costs of a six day hearing (mainly fees to cover preparing, proofing witnesses and experts in advance, fees to cover their input and attendance and fees to cover the barristers who would attend the hearing to present our clients' defence). We estimated that the claimants would incur a further US$150,000 (simply because they only had one factual witness and one expert, whereas we had three factual witnesses and one expert). We estimated that the Tribunal's fees might come to US$60,000 to cover the costs of the hearing and writing the Award.

The merits of the case were finely balanced because there was a lot of expert input about what constituted "loose scale rust" and whether the crew did everything possible to clean this loose scale rust prior to loading the cargo.

Our clients worked out that their worst case would be a total exposure of around US$4,300,000 (to include the claim, interest, their own legal costs and the amount that they might have to pay for the claimants' legal costs if the claimants won). Their best case was no payment to cargo at all but they would have an exposure of about US$300,000 for their own unrecoverable legal costs.

The case would turn on expert evidence and the ship owners felt that they had the better of the arguments. However, the scale of the exposure was such that ship owners made numerous offers throughout the proceedings to try to settle. The last offer made was to pay US$675,000 in full and final settlement.

It was accepted that the cargo had traces of rust in it, although there was a dispute as to the extent to which the presence of rust led to a reduction in the market value of the cargo. However, after hearing the expert evidence, the Tribunal decided that the crew did everything that a reasonable and prudent ship owner could have done to clean the uncoated tanks of loose scale rust prior to the loading of the cargo. It was held that it was impossible to ensure rust free tanks in circumstances where a ship with uncoated tanks had been booked to carry the cargo. The only way to be sure of no contamination would have been for the cargo to have been shipped in a vessel with stainless steel as opposed to uncoated tanks. It was held that the shippers knew that they were taking a risk by shipping the cargo on a vessel with uncoated tanks and they could not seek to make a recovery from the ship owners in circumstances where this was the operative cause of their loss. The cargo claim failed.

The ship owners' decision not to increase their final offer of settlement proved to be a wise one. Had that offer been accepted, the ship owners' total exposure would have been US$1,175,000. The actual outcome was that the claims failed and the ship owners recovered US$500,000 of their total costs of US$750,000 leaving a net exposure of US$250,000. Another way to look at it is that the ship owner avoided a potential exposure of US$4,300,000 for the sum of US$250,000.

This is the sort of calculation that a ship owner needs to make before going into a hearing. The question is whether it is worth fighting the case. What is the potential upside and downside and are the ship owners and their insurers comfortable with this?

Having made the decision to fight, my advice to clients is that good trial preparation is critical to engineering a favourable outcome. That is not to say that good trial preparation always leads to a win. However, in the many cases that I have handled over the years, I can say that the better prepared side is always more likely to convince the Tribunal that they have the stronger of the arguments.

Good preparation is particularly important when it comes to factual and expert issues. If there is a factual dispute the credibility of the witnesses is critical when it comes to deciding which factual account is to be preferred. Preparation of witness statements and proofing of witnesses is something that can make a difference. Also working closely with the expert and ensuring that he is on top of potential arguments that may be put to him at the hearing is critical. Many cargo claims are decided on expert evidence, for example on what the crew did versus what they ought to have done in any particular set of circumstances.

There is also a substantial element of team work involved when it comes to preparing for a trial or arbitration hearing. By this stage, the solicitors, barristers, experts, witnesses and P&I claims handlers will all be working closely together. Everyone needs to know what they are doing so that the ship owners' defences are presented in the best possible way. Although cost considerations are always present in any legal proceedings, when it comes to the battle itself, doing the necessary work and leaving no stone unturned is more important. It is never wise to go into battle unprepared!

Stage Ten - Post Hearing

"Let us never negotiate out of fear but let us never fear to negotiate". John F Kennedy

Many people think that because there has been a hearing that is the end of the matter and the parties should simply wait for the Court or Tribunal to give their decision. In most cases that is true. However, in my long career there have been a few occasions where the parties have agreed on a settlement after the hearing has taken place but before a decision is given by the Judge or Tribunal. The reason for this is that the hearing itself is a good way for the parties to take a view on the likely outcome. Each sides witnesses and experts will have been tested under cross examination by the barristers. The Tribunal will have asked questions which might give an insight into how they are thinking and how they might ultimately come to a decision. Anyone who has ever been in a Court or Arbitration hearing will notice how closely the lawyers watch the Tribunal. This is because we are looking for signs as to whether the Judge or the Arbitrators are likely to favour our clients on any particular issue or point.

In some cases, a party might feel that the hearing did not go particularly well for them. Perhaps their key witness failed to perform or perhaps the expert was not as convincing under cross examination as they might have hoped. Sometimes both sides might feel that certain aspects of the hearing did not go well for them. This may lead to a situation where the parties are still inclined to agree on a settlement rather than wait for the Judge or Tribunal to make the decision for them. Essentially, post hearing the options are win/lose for each party with best/ worst case outcomes similar to those identified above. If both parties are nervous about a win/lose scenario, and all that goes with that, then it may be possible to negotiate a settlement even at this late stage.

Conclusion

The above is very much a brief guide of the practical steps that a ship owner and his insurers can take at each stage of the cargo claim process. It is necessarily based on generalisations and assumptions. It is not intended to be an in depth study of the law. The circumstances that potentially give rise to a cargo recovery claim are wide ranging and can include salvage and General Average. Often cargo insurers seek to recover their proportion of salvage from the carrying vessel (the ship owner) and, where there has been General Average sacrifice or expenditure by the ship owner, then that of itself can lead to a claim (although in such cases it is more usual for the ship owner and his of insurers to sue the cargo interests to recover cargo's proportion of General Average).

In most cases, it will be fairly obvious at the outset if a proper investigation is done as to who is responsible for the incident. For example, where there has been co-mingling of chemical cargoes on a ship, it may become apparent that an error was made by a crew member. In that scenario, the strategy might be to engineer a settlement at a relatively early stage either at a relatively high percentage or, alternatively, it might be worth admitting liability and simply dealing with quantum.

In other cases, there may be credible defences but the claim itself may be relatively low value such that it may be prudent to settle at a reasonably low level.

Finally, serious incidents always merit investigation and time to consider the legal merits of potential cargo defences. Many such claims can turn on factual and expert evidence and it is difficult to know how far the claim will go towards a hearing. The stages outlined above will hopefully offer some insights into practical things that ship owners and operators can do at each stage to make cargo claimants think carefully about proceeding and to put the appropriate pressure on cargo claimants and those who represent them to come to an amicable settlement.

Nick Burgess is one of the founding partners of BDM Law LLP, a specialist shipping firm based in London. Prior to establishing BDM Law Nick spent 23 years with another international law firm in their shipping and international trade department.

Cargo recoveries – "seven deadly sins"

Simon Culhane, Partner Clyde & Co.

Introduction

A cargo is shipped in good order and condition, on board a supposedly seaworthy vessel, for carriage to and delivery at a particular discharge port. The Owners issue a clean bill of lading. On arrival the cargo is found to be damaged and unsaleable. The damage can only have occurred whilst the goods were in the Owners' care.

Inevitably, cargo interests present a claim under their goods in transit insurance, which cargo underwriters cannot realistically decline. The obvious inference is that either the vessel was not fit to carry the cargo on the intended voyage, or else the Owners' servants and agents failed to take reasonable care of the cargo during the carriage (or both). Accordingly, the subrogated cargo insurers (acting in the name(s) of their assured(s)) will wish to pursue the Owners for reimbursement of the sums paid out to cargo interests under the policy.

This is a very familiar scenario. The substantive merits of the cargo recovery claim cannot really be in question. Surely the Owners will not seriously seek to avoid paying that claim? Would that not be considered unscrupulous / bad PR / a hiding to nothing / a waste of everyone's time and resources? Is not the only sensible course for the Owners to settle the cargo recovery claim on best terms possible?

Unfortunately for cargo interests and their insurers, there are many Owners (and Owners' claims handlers) who see matters very differently. The absence of any sustainable defence on the merits does not mean they cannot, or will not, seek to trip the cargo interests up along the way; or simply lay low and hope the cargo interests will make a mistake which invalidates their recovery. Many of the points routinely taken by Owners are highly technical and unmeritorious. There are plenty of traps for the unwary.

The Owners will also be in possession of the ship's documents and the vast majority of primary evidence as to what actually happened to the cargo. They may be extremely reluctant to disclose that material; and they are under no general duty to do so until proceedings are formally commenced and progressed to a certain stage. There is no general pre-litigation duty on Owners in possession of such material to act in good faith towards subrogated cargo insurers. (Note - this is in stark contrast to the position of the underlying cargo interests when making the initial policy claim; where once again there is a disparity in the amount of information available to each side, but the law intervenes to redress that balance in the insurers' favour). Many Owners and their claims handlers make it an utmost priority to sit on those documents and explanations for as long as possible; deploying "every trick in the book" in an effort to forestall the fateful day of a full and fair determination of the merits on the basis of all the relevant primary evidence.

It follows that a very large part of the role of the cargo recovery solicitor is to know the traps and how to avoid falling into them. It is critically important to appreciate the steps which must be taken to preserve and prosecute the recovery claim, and the potential consequences if they are not taken correctly. Experience suggests that Owners and their representatives will be only too happy to examine the steps taken by cargo interests with a fine toothed comb, and to take technical defences once they believe it is too late for cargo interests to correct their actions. Cargo interests and their subrogated insurers therefore need to get it right first time.

In this article I seek to identify "seven deadly sins" in the cargo recovery process. These are some of the most common pitfalls for cargo interests; and some of the mistakes most commonly exploited by Owners. They are the mistakes which can potentially provide Owners with technical defences which can be fatal to otherwise unanswerable cargo claims. It is not possible in this article to explore the legal nooks and crannies of each deadly sin to the nth degree: there is never any substitute for taking proper legal advice on the particular facts of any given case. Rather this article is intended as a guide and a note of caution for those interested in maximising cargo recoveries and ensuring the Owners are not let off the hook.

(1) Missing the time limit

This is perhaps the deadliest deadly sin of all. Many of the other "sins" discussed in this article (suing the wrong Owner, naming the wrong cargo claimant(s), proceeding in the wrong forum, or under the wrong contract) will not be fatal to the recovery <u>unless</u> the correct claimant is out of time to take the correct steps in the correct forum.

What, then, is the "time limit" for a cargo recovery action? Unfortunately it is not possible to answer this in the abstract. Most non-specialised English lawyers will tell you that the starting point in a contract or tort claim is that proceedings must be commenced within six years of the relevant breach of contract or harmful event: Limitation Act 1980, s. 2 and 5. It might therefore be assumed that cargo interests can wait at least (say) five and a half years from the receipt of short-delivered or damaged cargo before instructing lawyers to consider when/where to commence proceedings. However, in cargo recovery actions, it is in fact extremely rare for the time limit to be anywhere near that long. Depending on the contractual documents and the applicable liability regime, the time limit can be as short as just a few months. Some examples are as follows:-

- In cases where the Hague Rules ("HR") or Hague-Visby Rules ("HVR") apply, the general rule is that suit must be brought within 1-year from the date when the damaged goods were delivered (or in the case of non-delivered/ short-delivered goods, the date when they should have been delivered): Art. III r. 6. HR / HVR. Contractual clauses which purport to impose a shorter time limit will generally be null and void and of no effect: Art. III r. 8 HR / HVR.

- If the time-bar is missed, the consequence is that all claims in contract and tort are extinguished. The carrier is "discharged from all liability": <u>the Aries</u> [1977] 1 Lloyd's Rep 334 (HR) and <u>the Captain Gregos</u> [1990] 1 Lloyd's Rep 310 (HV). The Court has no discretion to extend time: <u>the Antares</u> [1987] 1 Lloyd's Rep 424.

- However, the applicability of even these general rules may depend on whether the Rules apply with contractual or statutory force; and on which version of the Rules applies.

- To take a simple case: if the contract of carriage is governed by English law, then the HVR will apply with the force of law if the carriage was (i) from a port in a HVR contracting state (of which there are about 50), or (ii) under a bill of lading issued in a contracting state, or (iii) under a contract which incorporates the HVR or legislation which gives effect to the HVR: Art. X HVR, given the force of English law by the Carriage of Goods by Sea Act ("COGSA") 1971. In such cases the 1-year time-bar applies with the force of law, and attempts by the carrier to impose a shorter time-limit for commencement of suit will be struck down as null and void under Art. III r. 8 HVR.

- English law further extends the compulsory applicability of the HVR to, for example, (i) non-international carriage from UK ports (s. 1(2) COGSA 1971); and (ii) carriage under non-negotiable receipts such as waybills, provided the contract of carriage provides that the HVR are to govern as if the receipt were a bill of lading (s. 1(6) COGSA 1971). In such cases again the carrier's attempts to impose shorter contractual time-bars will generally be struck down as null and void under Art. III r. 8 HVR. These provisions are of particular relevance to short journeys, such as cross-channel trips, where it is not necessary or practicable to require a bill of lading to be issued and subsequently surrendered by the receivers in order to obtain delivery of the goods, but where there is no inevitable desire for such trades not to be caught by the HVR. However, in the case of waybills the parties must use more or less precisely the statutory formula in the contractual documentation ("*as if the receipt were a bill of lading*") before the HVR will have the force of law by this route: see e.g. the European Enterprise [1989] 2 Lloyd's Rep 185.

- Outside of these situations, the HR or HVR will only apply if the contract of carriage so provides. If the contract is governed by English law, the unamended HR (as opposed to HVR) will not apply with statutory force, even if the carriage is between ports in HR contracting states (of which there are over 50). As a general principle, the parties are free to incorporate any liability regime(s) they choose; and will therefore be bound by the 1-year time-bar in Art. III r. 6 HR / HVR if it has been contractually incorporated.

- But if the applicability of the HR or HVR arises only because of some contractual agreement to that effect, then what happens if the contractual documents also make reference to some other, perhaps even shorter time-limit (say, 3-months or 9-months)? This may in turn depend on whether the incorporation of the HR or HVR is by means of a "paramount" clause. Such clauses are common, and their effect is that the HR/HVR as incorporated take precedence over any inconsistent clauses elsewhere in the contractual documents: see the Agios Lazaros [1976] QB 933 at 943. Even then it is a question of construction of the paramount clause in every case to see precisely which version of the Rules has been incorporated, and whether their paramountcy precludes the operation of the shorter time-bar (e.g. the standard Congenbill General Paramount Clause which provides for the incorporation of the HR either as enacted in the country of loading, alternatively in the country of discharge, alternatively simply as originally drafted).

- Where the words of incorporation do not themselves make the HR "paramount", then the position is less certain. It can be argued that the express time-bar conflicts with Art III r. 6 as incorporated, and that such conflict falls foul of Art III r. 8 as also incorporated: see e.g. the Ion [1971] 1 Lloyd's Rep 541 and Sabah Flour v Comfez [1987] 2 Lloyd's Rep 647. However, the outcome may turn on

- whether the express time-bar provision is sufficiently unambiguously worded so as to "trump" the contractually incorporated version of the Rules.

- If the HR / HVR are not incorporated at all (or where they are "trumped" as above), then the time-bar could be as short as the Owners see fit to impose in their carriage documentation or standard clauses. For example, liner bills or carriage documents issued by "NVOCCs" (non-vessel operating common carriers) sometimes seek to incorporate "BIFA" (British International Freight Association) clauses, under which the time-limit for commencement of suit is nine months from the date of the event or occurrence alleged to give rise to a claim: BIFA 2005 terms, cl. 28B. Prior to that, there is a further requirement to give written notice of the intended claim within 14 days of the date on which cargo interests became aware (or should reasonably have become aware) of the relevant event or occurrence: Cl. 28A. Failure to observe these very strict time limits is stated to have the effect that the claim is deemed to be waived and absolutely barred.

- Another commonly encountered example, particularly in the grain trade, is the Centrocon arbitration clause; pursuant to which any claim must be made in writing *"and the claimant's arbitrator appointed"* within three months of final discharge, failing which the claim shall be deemed to be waived and absolutely barred. This clause was recently litigated in the Genius Star [2012] 1 Lloyd's Rep 222, where the Owners' arguments were only defeated because of express wording disapplying the time-bar to indemnity claims under the Inter-Club Agreement.

These are just a few examples of the different time limits which may apply. As such, the prudent course for cargo interests is to seek early advice from specialised cargo recovery lawyers as soon as the relevant damage is discovered. This will ensure that all potentially applicable time limits are identified, diarised and appropriately protected.

One frequent approach is to seek to negotiate with the Owners for a suitable extension of time for commencement of proceedings. This may be particularly sensible where there is an especially short time-limit in play, and/or where the facts of the case are still under investigation when it is coming up for expiry, and/or where the parties are actively negotiating settlement and cargo interests understandably do not want the potential costs exposure which comes with formal commencement of litigation.

It is prudent to seek legal advice when agreeing such extensions, particularly in connection with the terms in which they are being offered by the owners' representatives. As a rule of thumb, extensions should be granted to all parties named in the transport documents (shippers, receivers, notify parties etc.) or otherwise potentially interested in the recovery action (see the third "deadly sin", below). Likewise, cargo interests should insist that extensions are granted in the name of not just the registered owners, but also any bareboat charterers and any party/ies named as "carrier" on the transport documents, as well as a suitably generically worded "catch all" description of the party/ies potentially liable for the damage. Drafting devices are also available to obtain warranties as to the ownership position and suitable litigation targets if those warranties transpire to be false.

In some jurisdictions and according to some national laws, voluntary time extensions of the one year time limit in HR and HVR are invalid (China is a good example). This is a

(2) Suing the wrong party

This discussion leads conveniently to the second "deadly sin" considered here: namely failure to commence against the correct litigation target.

Cargo interests are often surprised to learn that Owning entities are prepared to (i) advertise their services as carriers, (ii) negotiate a carriage contract, (iii) take delivery of the relevant goods for carriage, (iv) take payment of freight, but then (v) in the event of a cargo claim, argue that they were not the "carrier" at all. Disputes frequently arise in which it is alleged that the cargo claim should have been directed to another entity altogether.

As with many such technical defences, an Owner employing such tactics may say nothing to enlighten the cargo interests as to what they say is the true position until the claim is thought to be out of time as against the "correct" party.

Assuming the cargo interests are not charterers of the Vessel (see the 4th deadly sin, below), an obvious starting point is the wording of the transport document(s) –i.e., bills of lading, waybills, ships' delivery orders etc. – as to the identity of the carrier under the carriage contract. In addition, an online search of facilities such as Lloyd's MIU or equasis.org should reveal further information about the ownership of the Vessel. There can be immediate signs of tension where these sources give conflicting information or suggest more than one possible litigation target.

Further difficulties can arise in cases involving a series of charters and sub-charters from the registered Owners down. It is relatively common for intermediate charterers to issue their own liner bills and/or for those carrying on business as NVOCCs to issue "house" bills of lading as if they were the Owners of the vessel.

Which of these entities should be named as defendant in legal proceedings in Court or arbitration? Once again, there are not hard and fast answers to these questions. Everything will depend on the precise facts of the case. However, some general guidance is as follows:

- As a general proposition, if the bill of lading bears a signature or stamp which is stated to be provided by, for, or on behalf of the Master of the Vessel, then this will be an "*owners' bill*" and not a "*charterers' bill*": the Reiwa [1991] 2 Lloyd's Rep 325. The correct litigation target will be the Owner of the Vessel and not some intermediate charterer.

- By contrast, where the bills are issued on a "liner" form by a named entity which is described as the "carrier" (not in fact the Owner of the vessel), then they are likely to be Charterers' bills - even if expressly signed on behalf of the master - unless the contrary is clear on the face of the bills. See e.g. the Venezuela [1980] 1 Lloyd's Rep 393 ("*It seems to me that if [the Charterers] did not wish to contract as 'the carrier', then the bill of lading issued by [the Charterers] should at least have made it clear with which company the shipper was entering into the contract of carriage ...*").

- The leading case on this is now the Starsin; a case concerning liner bills of lading which provided that they were to be signed by "the Master", but which bore a signature box which clarified that the bills were in fact signed "As agent for Continental Pacific Shipping (The Carrier)". These were held to be Charterers' bills, on the basis that commercial men would expect the identity of the carrier to be apparent from the face of the bill (and not tucked away in the clauses on the reverse). The correct litigation target was therefore the named "carrier", i.e., the charterer Continental Pacific Shipping, and not the Owners of the vessel.

- However, a note of caution. If this analysis leads to the conclusion that the bill of lading is an Owners' (as opposed to charterers') bill", this is not the end of the conundrum. The "Owner" for these purposes will not necessarily mean the registered owner with bare legal title. If the Vessel has been bareboat chartered to another entity to operate the Vessel (a fact not always revealed on the online search facilities), then the bareboat charterer / operator is deemed to be the "Owner" for these purposes. This is on the basis that the master and crew of a bareboat chartered vessel are servants of the bareboat charterers, and not of the Owners. Therefore, if the bills were signed by or on behalf of the Master, then they would have been issued for and on behalf of his employers, the bareboat-charterers. NB – it is irrelevant whether or not the cargo interests were aware of the bareboat charter when the bills were issued. See e.g. Davis 'Bareboat Charters' (2005) para 1.15.

- One piece of advice in cases of doubt may be to name as defendants both the Owners / bareboat charterers (so far as their identities are known) and the time-chartered "carrier" whose name appears on the face of the bill. In this regard: even if the Owners/bareboat charterers are not the contractual defendant, it may be possible to assert a cause of action against them in tort (i.e., negligence) or bailment (i.e., the relationship which arises where there is a separation of actual possession and ownership of goods). Whatever the position of the named "carrier" or the NVOCC's shipping line, the Owners/bareboat charterers' servants were in actual possession of the goods at the time of the damage, and prima facie owed duties to the cargo interests quite apart from the terms of any contracts of carriage. Note – whilst this is possible in English High Court proceedings (where numerous claimants and defendants are often named in a single set of proceedings), it may be impossible in arbitration, where the Tribunal's jurisdiction derives exclusively from the contractual agreement of the parties to the arbitration clause.

- Finally, there will usually be no claims even in tort/bailment against the registered Owners of a bareboat chartered vessel. Registered Owners are generally unlikely to be held liable to third parties for the negligent acts or omissions of the master or crew as those acts/omissions were not the acts of their servants so do not bind them. They are unlikely to be held liable in bailment: since the Owner of a bareboat chartered vessel transfers full possession and control of the Vessel to the bareboat charterers, it probably follows that it is the bareboat charterers (not the registered Owners) who are in possession of any goods shipped on board the vessel (via the master and crew as their servants). It is the party in actual possession which typically owes the duties in bailment.

The complexity of these issues inevitably means that it is advisable to consult specialist cargo recovery lawyers to assist with commencing proceedings. For example, the

Owners/bareboat charterers who are not the contractual carriers may have complete defences to tort/bailment claims, e.g. under "Himalaya clauses" inserted into the bills for their benefit, such that proceedings against them may carry undesirable costs consequences. On the other hand, exposure to such potential costs may be a risk which simply has to be taken if there is insufficient certainty as to the identity and financial standing of the contractual carrier.

Once again, a lot of these difficulties can be ameliorated by appropriate security instruments. For example, it is common for Club LOUs provided in response to actual or threatened arrest proceedings to contain wording identifying the Owners of the Vessel who will respond to the proceedings, and/or warranting there to be no bareboat charter arrangement. Drafting devices are available to protect cargo interests' position if such warranties transpire to be false.

(3) Naming the wrong parties as claimants

This is perhaps the flipside of the second "deadly sin" addressed above. A lack of "title to sue" on the part of the named claimants is perhaps the paradigm "technical defence" routinely deployed by Owners. This is another area where cargo interests can be very surprised to learn of the enormous complexity surrounding the issues. Particularly in the case of subrogated recoveries, where the cargo insurers have long since indemnified their assured/the party which felt the actual loss, it can be difficult to comprehend why the Owners are arguing that additional parties – seemingly peripheral to the claim – should have been joined to the proceedings as claimants.

Once again it is tempting to advise joining all parties conceivably interested in the relevant carriage operation (however peripherally) simply to avoid wasting time on what seems like an arid technical debate. However, it may occur that certain entities do not consent to the use of their names in the proceedings, e.g. for fear of adverse publicity or damaging commercial relationships, or on the basis that their involvement might expose them to joint and several liability for the defendant's costs. Also if the case is proceeding in arbitration, it may not be possible to "hedge your bets" in this way, since the Tribunal will only have jurisdiction over the parties to the arbitration clause in the contract of carriage. Serious consideration of title to sue issues may simply become unavoidable.

Therefore, which entity/ies to join as claimants? Once again, everything will depend on the precise facts of the case, but it is possible to offer some general guidance as follows:

- Assuming a bill of lading or similar transport document was issued, the starting point is that the named shipper would usually have had title to sue as the party with whom the carrier contracted. However, pursuant to the Carriage of Goods by Sea Act ("COGSA") 1992, s. 2(1) and (5), a party who becomes a "lawful holder" of the transport document will have those rights of suit transferred to them, generally so as to extinguish the shipper's title to sue.
- In the case of a negotiable bill of lading consigned to the order of a named entity, the lawful holder with title to sue should be either the named entity (assuming they took possession of the bills), or any further parties which took possession pursuant to indorsements from the named entity. In the case of a bill simply consigned to order, it would be the party which took possession pursuant to an indorsement from the shipper. Pursuant to s. 2(5) COGSA 1992, the original

shipper is then divested of its title to sue once another party becomes the lawful holder. It is therefore critically important to obtain evidence as to the chain of custody of the relevant bills, and as to whether and to whom the bills were indorsed.

- In the case of a sea waybill (including for these purposes a "straight" consigned bill of lading), the party named as consignee generally acquires title to sue, simply by virtue of being identified as the named consignee on the face of the document: s. 2(1) COGSA 1992. However, s. 2(5) provides that the operation of this section in relation to a waybill "*shall be without prejudice to any rights which derive from a person's having been an original party to the contract ...*". There is a debate as to whether this means that the original shipper retains title to sue and to recover substantial damages in addition to the rights obtained by the named consignee, or whether it was simply intended to preserve the shipper's other rights under the waybill such as the right to redirect the goods to another consignee: see <u>Carver on Bills of Lading </u>(3rd ed) para 8-013.

- In addition to this, whichever party had legal ownership of or a possessory interest in the goods at the time of the relevant loss should have the title to sue in tort/bailment: see <u>the Aliakmon </u>[1986] AC 785. There is some authority for the proposition that an unpaid shipper under a waybill therefore retains rights to sue for substantial damages in tort/bailment (regardless of the debate in relation to s. 2(5) COGSA 1992 above): see e.g. <u>East West Corpn v DKBS 1912 </u>[2002] 2 Lloyd's Rep 182 at [23]-[25].

- However, outside of the "unpaid seller" situation, identifying the party with title to sue in tort can be very difficult. For example, sale of goods contracts frequently provide for both title and risk to pass during the carriage (e.g. whenever payment against documents takes place). This makes it difficult for either the buyer or the seller to the contract to establish with any certainty that they were the party with the requisite interest at the time the loss occurred (a date which may be known to the Owners but impossible for cargo interests to work out prior to disclosure). The difficulties are compounded in the case of long strings of sale contracts, where it would not be feasible to join every buyer and seller in the string to the action.

- Finally, there may be other entities which have to be joined to the action for a variety of reasons. For example, depending on the governing law of the policy of insurance, it may be necessary for the insurers to take a formal assignment and proceed as claimants in their own name.

As can be seen, it is regrettably necessary to give very careful consideration to issues of title to sue. As always, advice should be taken at the appropriate time: especially before taking the drastic decision of "releasing" a proposed cargo claimant from the proceedings. Cargo recovery solicitors can also advise on the possibility of executing a series of assignments of each potential claimant's rights of action (if any) to the "natural" claimant, in exchange for an indemnity against any loss or damage arising as a result.

(4) **Suing under the wrong contract**

It should be readily apparent from what has been said already that it is essential that proceedings are commenced (and time-bars protected) under the appropriate contract(s).

Some commonly encountered situations are as follows:

- Where the cargo owner/bill of lading holder is also the charterer of the vessel, the relevant contract of carriage is that contained in the Charterparty. The bill of lading takes effect as a mere receipt. If the bill of lading terms contradict those of the Charterparty, then the latter will prevail. Moreover, if proceedings are commenced only under the bill, and allowed to become time-barred under the Charterparty, then the Owners may be able to escape liability on this basis.

- Where the cargo owner/bill of lading holder is a sub-charterer, then he may have the option of proceeding (i) against the carriers under the bill of lading, (ii) against the disponent owners under the Charterparty, or (iii) both. These actions may be subject to different jurisdictions, different liability regimes, different time-bar provisions, etc.. It is necessary to consider each separately in order to take properly informed decisions as to which actions should be pursued (or, for example, how best to protect time against the disponent owners whilst pursuing the BL carrier, or vice versa).

- The other commonly encountered situation is where there is a "master" bill issued by the Owners/bareboat charterers, as well as a "house" bill issued by an NVOCC beneath them in the chain. The purpose of a "master" transport document is to enable the forwarder to seek an indemnity from the actual carrier in respect of sums for which it has become liable to cargo interests under its own "house" transport document. In such cases, cargo interests under the house bill are unlikely to have their own contractual rights of suit against the ocean carrier if they are not named in the master bill (see e.g. the Brij [2001] 1 Lloyd's Rep 431 at 433-4). Any contractual claim will need to be protected and brought against the NVOCC (although of course rights against Owners/bareboat charterers may subsist in tort/bailment).

(5) Failing to commence proceedings correctly (including in the wrong forum)

Once it becomes necessary to commence formal proceedings (e.g. because no extensions are forthcoming, or where cargo interests' investigations have been taken as far as possible and it is clear that the Owners will not countenance payment/settlement), questions arise as to what constitutes "commencement" of suit for these purposes.

Whilst everything will depend on the precise wording of the relevant contractual clauses, the following general guidance can be given:

- If the proceedings are to be commenced in the English High Court (e.g. pursuant to an exclusive jurisdiction clause), then this is done by issuing a Claim Form. There is then a further period – typically four or six months – to serve the proceedings once issued; but it is the act of issuing which interrupts the time-bar in this jurisdiction. Thereafter, however, the proceedings must be served within the validity of the Claim Form, since by this time the cargo interests would be out of time to re-issue. It should be noted that service of English proceedings in certain jurisdictions can take an extremely long time, in which case it is crucial to obtain suitable extensions of time from the Court for service to be effected. It may be necessary to seek advice from local lawyers in the jurisdiction in which service is to be effected in order to ensure that the correct methods are being adopted (the English Civil Procedure Rules do not generally permit service out of the jurisdiction by a method which is unlawful in the place of service).

- If the proceedings are subject to London arbitration, then the parties are generally free to agree when the arbitral proceedings are to be regarded as "commenced". Recourse should be had to the arbitration clause in the contract. If it is silent on these matters, then the default position is that cargo interests must appoint their own arbitrator, and serve a written notice requiring the owners to appoint their arbitrator or agree the appointment of the cargo interests' arbitrator as sole arbitrator: s. 14 of the Arbitration Act 1996.

- The case-law on commencement of arbitration tends to adopt a flexible, purposive and non-technical approach to the construction of the notice of arbitration. There have been many cases over the years in which the Owners have argued that the notice of arbitration was somehow ambiguous or insufficiently unequivocal to amount to commencement of suit: such arguments are increasingly being given short shrift, provided the commercial intent of the notice is reasonably clear (the authorities were extensively summarised recently in The Voc Gallant [2009] 1 Lloyd's Rep 418 at [10]-[13] and [18]). Appointment of cargo interests' own arbitrator (a pre-cursor to giving notice of arbitration) similarly carries few formalities: it is sufficient if the arbitrator is notified of his appointment by telephone; and unnecessary for the arbitrator to be made aware of the nature of the dispute at this stage. See e.g. Tradax Export SA v Volkswagenwerk AG [1970] 1 QB 537.

- Having said that, there are still a number of traps for the unwary. For example, it is necessary (or at least strongly advisable) to identify the contractual documents relied upon with precision; both when appointing an arbitrator and when giving notice to the Owners. A mistaken document reference or typographical error in the reference number could potentially invalidate these notices: especially if there are grounds for genuine confusion as to the documents being referred to (bearing in mind that (i) some Owners issue thousands of bills of lading each with their own unique reference numbers, so may be able to argue that they were unaware of any mistaken reference; and (ii) the Tribunal will have no familiarity with the disputes between the parties, and only has the document reference with which it is provided to go on): see e.g. the Lapad [2004] 2 Lloyd's Rep 109 on mistaken document references. One prudent course is to attach the relevant bills of lading to the notices of appointment and commencement, to prevent any scope for technical arguments about their validity.

- Another frequent mistake is sending the notice of arbitration to (for example) Owners' P&I Club or commercial/technical managers, rather than serving it directly on the Owners themselves or a party with authority to accept service on their behalf. See in this regard the Lake Michigan [2010] 2 Lloyd's Rep 141, in which the notice was served on the Owners' P&I Club, who argued that they had no authority to accept such notices. The Court held that there was nothing in the Arbitration Act 1996 which exempted a cargo claimant from serving the notice of arbitration on the actual respondent to the claim. On the facts, the cargo interests were able to argue for a retrospective time extension from the Court under s.

12(3)(b) of the 1996 Act, because the time limit did not apply with force of law, and the Owners' Club had misled the cargo interests into thinking it would accept service on its members' behalf: but such extensions are rarely granted and are not a panacea.

- The above analysis proceeds on the assumption that the claim is exclusively subject to English jurisdiction or London arbitration by virtue of a contractual clause to that effect. However, whilst it is relatively uncommon for transport documents not to contain jurisdiction clauses of some description, matters are not always entirely clear cut. For example, it is not uncommon for Owners to insist on jurisdiction clauses naming the "*Carrier's principal place of business*" as the contractual forum for dispute resolution. The English Courts will generally stay any proceedings in favour of the contractual forum unless there are "strong reasons" for not doing so. The fact that the carrier intends to argue that the proceedings are time-barred in the correct forum may not amount to a strong enough reason to prevent the English Court from granting a stay. There is Court of Appeal guidance to the effect that *"Where a plaintiff has acted reasonably in commencing proceedings in England and in allowing time to expire in the agreed foreign jurisdiction, a stay of the English proceedings should only be granted on terms that the defendant waives the time bar in the foreign jurisdiction"* (Phillips LJ in Baghlaf Al Zafer v PNSC [1998] 2 Lloyd's Rep 229 at p. 236 – 7 (citing the earlier decisions in Citi-March v Neptune Orient Lines Ltd [1997] 1 Lloyd's Rep 72 and the M C Pearl [1997] 1 Lloyd's Rep 556). The focus then shifts to whether the cargo interests acted reasonably in allowing the proceedings to become time-barred in the contractual forum.

One practical step which the cargo interests should take is to try to obtain security for the claim at an early stage - e.g. Club LOU or similar, issued in order to release the Vessel from arrest or forestall a threatened arrest - and to insist that the security includes clauses dealing with (i) submission to a particular jurisdiction for determination of the claim, and (ii) appointment of suitable representatives (e.g. solicitors or P&I Club) with authority to accept service on the Owners' behalf. Drafting devices are available to protect cargo interests in case any warranties of authority to accept service should transpire to be false.

(6) Failing to obtain security

The various benefits of well-worded security instruments have already been touched upon in relation to the "deadly sins" covered above.

The more fundamental point to make is that cargo recoveries may simply not be worth pursuing in the absence of appropriate security. Modern ship owning entities and fleets tend to be extremely savvy. They operate with an eye towards being "judgment proof". They will typically ensure that each Vessel in the fleet is owned by a separate "one ship company", registered in an offshore jurisdiction (say, Panama, Liberia, the Marshall Islands, etc), whose only asset is the ship in question. They may deliberately trade routes where the arrest of that Vessel as security for a claim is simply not possible.

If it is not possible to obtain adequate security for the claim from the outset, then there is at least a risk that the Owners' assets will be similarly out of reach when it comes to seeking to enforce any Award or Judgment in cargo interests' favour. If so, then the prosecution of proceedings could amount to throwing good money after bad.

Cargo interests should give early consideration to the following:

- What are the Vessel's movements? Is she trading in jurisdictions where it is possible to commence arrest proceedings in order to obtain security for a claim proceeding in London arbitration or the English High Court?

- In this regard, some jurisdictions (e.g. Singapore) do not permit arrest proceedings purely for the sake of obtaining security for overseas proceedings. If the Vessel is only trading to such jurisdictions, then the question arises whether it might be possible to launch *in rem* proceedings on the merits against the vessel, which may thereafter be stayed pending determination of the *in personam* proceedings in England/London arbitration.

- Failing that, it may be necessary to cast the net more widely. Are there any vessels in the same or associated ownership which are trading in more favourable arresting jurisdictions (e.g. South Africa), where it may be possible to arrest "ship x" security for cargo claims concerning goods carried on board "ship y"?

- Often the simple threat of arrest at a jurisdiction which the Vessel is scheduled to call may be sufficient to prompt the Owners to offer suitable alternative security in the form of a Club LOU or similar.

- Clearly, it will be necessary to obtain local law advice from the jurisdictions in question in order to successfully pursue an overseas enforcement strategy.

An alternative avenue to explore is whether it is possible to obtain a freezing injunction from the English Commercial Court in support of the underlying cargo claim. As to this:

- A freezing injunction is an order of the Court which forbids the Owners from dissipating their assets below a certain threshold (in line with the best reasonably arguable claim they face in terms of principal and interest). Such injunctions are enforced by banks and other parties on notice of the order, who would be in contempt if they permitted or assisted the owners to dissipate their assets in contravention of the order.

- A key attraction for cargo interests is that the standard form of order provides that it may be discharged against the putting up of appropriate alternative security in the claim value.

- The Court has power to grant such an injunction in all cases in which it appears just and convenient to do so (s. 37 Senior Courts Act 1981). Within that broad discretion, the following particular factors are to be considered: (i) whether the claimant can demonstrate a good arguable case on the merits, and (ii) whether there is a real risk that judgment will go unsatisfied unless the owners are restrained from dissipating their assets (see e.g. Gee 'Commercial Injunctions' (5th ed) paragraph 3.003).

- Whilst (i) is likely to be readily satisfied by the obvious inference to be drawn from the fact of damage in transit, (ii) can be much more difficult to establish. A real risk of dissipation should not be alleged without the proper evidential basis. Unfounded speculation will not suffice.

- A textbook example of the sort of evidence from which a real risk of dissipation may be inferred might be evidence of the Owners putting the Vessel (their only asset) up for sale to scrap brokers or seeking to transfer it to a nominee.

(7) Common mistakes on the merits

As alluded to at the very outset in many cargo claims winning on the merits will be the easiest part of the whole process. Once all the tactical posturing has been dealt with, and the correct claimants have seized the correct forum with proceedings against the correct defendant for which they have adequate security, it often transpires that the Owners simply have no answer to the underlying claim after all.

Having said that, there are some common mistakes on the merits which are worth briefly flagging up. Some examples are as follows:

- It can come as a nasty surprise to cargo interests to learn that, in cases governed by the HR or HVR, the Owners may have an absolute defence to liability if the damage was caused by the negligence of the Master or crew in connection with the navigation or management of the Vessel: Art. IV. r.2(a). Imagine the operators of a lorry which jacknifed on the M1, into which several cars collided, seeking to escape liability on the basis that the incident was caused by their driver's negligence! The defence seems counter-intuitive and can be a trap for the unwary. The owners will often seek to use one of their crew members as a scapegoat for the purposes of this defence. Unless the negligence was so extreme as to support an allegation that the ship was unseaworthy at the outset because she was not supplied with a competent crew of any sort (a very difficult allegation to prove), a negligent navigation or ship management defence can defeat what might be thought to be a clear-cut case for recovery.

- The HR / HVR defence of "fire, unless caused by the actual fault or privity of the carrier" (Art. IV r. 2(b)) may be seen as similarly counter-intuitive. In fire cases, as with negligent navigation or ship management, it may be impossible to progress a seemingly meritorious claim unless it is possible to argue that the systems in place were so insufficient as to render the vessel unseaworthy at the outset (as in the Eurasian Dream [2002] 1 Lloyd's Rep. 719).

- Where the claim is subject to the HR, the monetary limit of the carrier's liability is "100 pounds sterling per package or unit": Art. IV r. 5. Provided Art. IX HR is also incorporated, the monetary units mentioned are taken to be "gold value": i.e., the value today of the amount of gold which could have been purchased for £100 sterling when the rules were enacted in 1924. It was established in the Rosa S [1988] 2 Lloyd's Rep. 574 that this meant 732.238 grams of fine gold which, at the time the case was decided, amounted to £6,630 per package or unit. Currently (August 2016) the figure amounts to approximately £24,230. However, it is common for carriers' bills to incorporate Art. I-VIII HR only. Such contracting out of the gold clause should not fall foul of Art. III r. 8 since that clause was simply never incorporated into the contract in the first place. The effect can be that the recovery is in a relatively nominal sum.

- Also in relation to Art. IV r. 5 HR, the question arises as to what is meant by a "package or unit" for monetary limitation purposes, particularly in cases where the cargo comprises say one container of mixed merchandise. In <u>The River Gurara</u> [1998] 1 Lloyd's Rep 225, the Court of Appeal held that the liability limit should be calculated on the *basis of the number of packages actually carried in the containers rather than the number of containers, unless the manner in which the cargo has been described in the bills of lading requires a contrary approach.* This approach leaves the door open for carriers to stipulate that the only relevant "package" for these purposes is the single container itself, which again could result in the recovery being in a relatively nominal sum.

- These difficulties have been addressed in the HVR, where there the relevant monetary limit is either 666.67 per package or unit or 2 SDR per kilo of lost or damaged goods, whichever is the higher. However, the tendency of Owner interests is to seek to exclude the HVR save only where they are "compulsorily applicable" under the applicable law of the contract. As mentioned earlier, under English law, there are a great number of cargo operations to which the HVR will not be compulsorily applicable.

As can be seen from just these few examples, it is always necessary to thoroughly investigate the facts at an early stage to ascertain the liability regime which is likely to apply, and the sort of defences which the Owners might end up taking at trial. There will always be some cases where, regrettably, it will not be financially sensible to pursue the cargo recovery further, despite the seemingly unmeritorious position taken by Owners.

索　引

【ABC】

Ad valorem ·· *17, 318*
Bearer B/L→無記名式船荷証券
CIF条件 ··· *2*
CIF価格 ························· *106, 310, 311, 313*
CIF条項 ·· *313*
CFR ·· *124*
CONGEN BILL ···························· *59-61, 63, 64*
CY→コンテナ・ヤード
Delivery Order（D/O）→荷渡指図書
FCL貨物 ··· *150, 151*
FIOST（FIO：FI：FO：FIOS）······ *212-218, 250, 253, 257, 279, 286, 287*
FOB ·· *288, 310*
Foul B/L→故障付船荷証券
General Average（GA）→共同海損
House B/L ··································· *13, 79, 322, 331*
IMDGコード ················· *171, 264, 281, 304, 307*
LCL貨物 ·· *150, 286*
L/G→保証状
LOI→補償状
LOU ··· *354, 358, 359*
Master B/L（MB/L）···················· *13, 330, 331*
Mate's Receipt→メイツ・レシート
Notify party ······················· *44, 67, 116, 122, 228*
NVOCC ················ *13, 15, 28-30, 79, 228, 322, 329-332, 351-353, 356*
Order B/L→指図式船荷証券
Retla条項→錆約款
said to contain→不知約款
Sea-NACCS ······················ *72-74, 76, 77, 79, 88*
Sea Waybill→海上運送状
SDR（Special Drawing Rights）············· *34, 45, 313-315, 317, 361*
Shipping Instruction（S/I）······· *68, 70-75, 78, 79, 85, 88*

Shipper's load and count→不知約款
Straight B/L→記名式船荷証券
SOLAS条約 ··· *171, 266*
UCP600→信用状統一規則
Unknown Clause→不知約款
Waybill→海上運送状

【あ】

アバンダン条項 ······································ *199-205*
一応の証拠 ···························· *19, 20, 101, 146, 315*
インコタームズ ·································· *124, 330*
印紙税 ··· *43, 45, 47*
インタークラブ・アグリーメント ····· *269, 332*
インボイス価格条項 ································· *311*
ウェイビル→海上運送状
裏書 ········· *6, 10, 11, 14, 22, 43, 46, 54, 92-97, 99, 119, 136, 226, 227, 230, 242-244*
　記名式― ··· *94, 97, 227*
　指図式― ··· *95-97*
　白地式― ··································· *95-97, 227*
運送人特定条項 ························· *157, 158, 163*
運送品処分権 ···························· *40, 43, 45, 46*
運送品の価額の通告→ad valorem
運賃・運送賃 ············· *17, 30, 34, 35, 47, 59, 61, 65, 69, 83, 85, 115-117, 121, 158, 160-163, 165-169, 171, 199-203, 215, 228, 245, 248, 305, 312, 315, 317, 318*

【か】

外観上良好な状態 ······· *59, 100, 118, 126, 127, 134, 136, 152*
海上運送状 ········· *9, 14, 41, 43-48, 64, 71, 78, 85, 87, 89, 90, 230-231, 244, 350, 352, 355*
火災 ··········· *179, 186, 207, 256, 257, 264-266, 272, 290, 294-297*
火災免責 ································· *186, 257, 294-297*

索　引

空券 ································· 144, 148, 149
換気 ········ 264, 269, 270, 280, 281, 282, 305, 306, 307
危険物 ······· 142, 168, 170-173, 175-179, 217, 264, 271, 292, 304
共同海損 ··········· 138, 141, 142, 182-188, 208, 265, 346
供託 ······························ 182, 245-247
クリーン B/L→無故障船荷証券
計算単位 ································· 313, 314
競売 ································· 239, 245-248
航海過失 ············ 186, 187, 190, 253, 256, 257, 268, 273, 278, 290, 291, 299
甲板積み ··········· 138-143, 199, 209, 251, 328
故障付船荷証券 ········ 13, 1261, 127, 129, 130, 134
箇品運送契約 ··························· 2, 3, 18
コンテナ条項（責任制限） ············ 283, 315
コンテナ船 ······ 13, 65, 70, 73, 81, 82, 90, 142, 170, 177, 228, 302,
コンテナ・ヤード ··········· 11, 75, 83, 150, 259, 261, 283, 286

【さ】

裁判管轄条項 ··························· 24, 220-223
詐欺 ··············· 99, 100, 124, 125, 130, 131
錆約款（Retla条項） ·························· 134-137
サーベイ ················ 61-63, 136, 260, 325, 326
　サーベイヤー ··········· 61, 261, 276, 277, 283, 326, 327
　サーベイレポート ····················· 322, 325-327
サレンダーB/L ········· 9, 13, 14, 17, 38-42, 44, 224
シー・ウェイビル→海上運送状
シッパーズパック・コンテナ条項 ····· 282, 283
品違い ································· 144, 149
出訴期間・出訴期限 ········· 107, 109, 111, 196, 197, 238, 239, 322, 324, 325, 327-332
出訴期間の延長 ···················· 330, 332
除斥期間→出訴期間
準拠法 ······ 31, 33, 40, 43, 47, 52, 92, 93, 107, 109, 116, 121, 122, 140, 195, 197, 198, 243, 244, 252, 253, 330
信用状 ········· 10, 11, 32, 45, 46, 81, 82, 83, 85, 123, 125
　信用状条件 ··························· 123-125
　信用状統一規則（UCP600） ········ 11, 13, 32, 82, 129, 130, 139, 163
　信用状取引 ······ 7, 13, 38, 41, 42, 46, 80, 81, 82, 96, 134
摂取 ··········· 20-27, 41, 63, 109, 139, 140, 174, 175, 195-197, 209, 239, 303, 332
船級・船級協会・船級検査 ······ 263, 275, 276, 278
船主責任制限法 ······················ 239, 319, 320
船舶火災→火災
船舶先取特権 ··························· 239, 240
損害概況の通知→荷受人の通知義務

【た】

ダンネージ ········· 215, 216, 264, 270, 281, 303, 306, 307
着荷通知先→Notify party
仲裁条項 ············ 21-24, 39, 40, 109, 220, 221, 224, 328
積荷目録→マニフェスト
摘要（故障摘要） ········ 118, 126-132, 134-136, 141, 258, 326
デマイズ条項 ························· 132, 158-163
特別引出権→SDR
独立契約者 ······························ 192, 283

【な】

荷受人の—
　通知義務 ································· 179, 322-325
　責任 ································· 242-248
荷敷→ダンネージ
荷印 ································· 76, 77, 118
荷渡指図書 ······························ 44, 228, 352

【は】

パッケージ・リミテーション ··········· 129, 139,

索引

194, 208, 209
バラスト ……………… 63, 217, 266, 292, 294
ばら積→バルク
バルク（ばら積）……… 61, 101, 142, 175, 210, 215, 228, 281, 288, 315
ヒマラヤ約款 ………… 182, 190-192, 287, 289
フレイト・フォワーダー …… 15, 29, 30, 32, 33, 51, 167
不堪航 ……… 218, 219, 257, 258, 262-278, 296, 306
不知約款・不知文言 …… 68, 81, 101, 122, 123, 126, 128, 129, 134, 144, 147, 150-153, 237, 238
船積み指示書→Shipping Instruction
船荷証券
　受取— ………………… 11, 12, 83, 115, 120
　記名式—（straight B/L）……… 6, 10, 92-94, 97, 119, 230, 231, 243, 244
　故障付— ………… 13, 126, 127, 129, 130, 134
　指図式—（order B/L）…… 6, 10, 87, 92-94, 97, 119, 226, 242, 243
　従価— → Ad valorem
　船積— ………………… 11, 12, 83, 120
　無記名式—・持参人式—（bearer B/L）
　　…………………… 11, 92, 94, 95, 97, 119, 244
　無故障—（クリーン B/L）……… 13, 100, 126, 127, 130-132, 134-137, 142, 209, 258, 259, 280, 305, 307
　無留保— → 無故障船荷証券
　留保付— → 故障付船荷証券
船荷証券の—
　受戻証券性・呈示証券性 ……… 8, 31, 39, 41, 46, 226, 230, 231, 233
　原本（オリジナル B/L）……… 14, 28, 38, 39, 41, 43, 44, 46, 54, 55, 84, 85, 98, 99, 101-111, 226, 229, 231, 236, 319
　処分証券性 ……………… 7, 31, 39, 41
　署名 …… 12, 25, 26, 44, 51-54, 60, 61, 63, 93, 97, 115, 119, 121, 122, 131-133, 156-163, 208, 227, 266
　引渡証券性 ……………………… 6

法定記載事項 ……………… 114-116, 122, 206
法律上当然の指図証券性 ………… 6, 31, 93
任意的記載事項 ………………… 114-116, 122
文言証券性 …………………… 5, 31, 39, 148
要因証券性 …………………… 5, 148, 149
要式証券性 …………………… 4, 115, 116
フラストレーション …………………… 201-204
保証状（L/G）………… 105-108, 110, 111, 184, 186, 232, 236, 238, 239, 310
補償状（LOI）……… 13, 55, 98, 100, 124, 125, 130, 131, 136, 137, 228, 229, 231-233, 235-237

【ま】

マニフェスト ……………………… 71, 80, 89
無記名式船荷証券 ……… 11, 92, 94, 95, 97, 119, 244
無故障船荷証券 ……… 13, 100, 126, 127, 130, 131, 132, 134-137, 142, 209, 258, 259, 280, 305, 307
メイツ・レシート …… 58, 61, 63, 64, 131-133, 136, 258
元地回収船荷証券→サレンダーB/L

【や】

ヤード→コンテナ・ヤード
傭船契約 ……… 2, 3, 18, 20-26, 50, 58-61, 63, 64102, 109, 131, 132, 164, 179, 183, 234, 235
　定期傭船契 …… 18, 25-27, 58, 131-133, 235
　航海傭船契約 ……… 18-20, 24-26, 58-60, 63, 101, 131, 164, 203, 214, 253, 281, 303
　裸傭船 ……………………………………… 157
傭船者 ………… 22-24, 50, 59-61, 101-103, 124, 131-133, 156-164, 172, 173, 175, 177, 202-204, 214-217, 234-237, 269.278, 303, 332

【ら】

リバティ条項 ……………………… 199, 202
リマーク→摘要

留保→摘要
離路 ····· *20, 122, 138, 142, 143, 199, 205-211, 258, 298, 328*

留置権 ···································· *184, 245*
冷凍コンテナ ·························· *224, 259, 260*

事例番号一覧

事例 1　東京地判平成 13・5・28 判タ 1093 号 174 頁 ……………………………………… 8
事例 2　Ardennes 号事件 …………………… 19
事例 3　Leduc & Co. v Ward 事件 …… 20, 206
事例 4　Varenna 事件 ……………………… 22
事例 5　Miramar 号事件 …………………… 23
事例 6　Channel Ranger 号事件 …………… 24
事例 7　ニュー・カメリア号事件 …… 39, 40, 224
事例 8　Saudi Crown 号事件 ………… 99, 124
事例 9　Titania 号事件 ………………… 100, 130
事例 10　Atlas 号事件 ……………………… 101
事例 11　大判昭 10・8・30 民集 14 巻 1625 頁 ………………………………………… 117
事例 12　大判昭 12・12・11 民集 16 巻 1793 頁 ………………………… 117, 119, 121, 165, 166
事例 13　Lalazar 号第 2 事件［2003］1 AC 959 ………………………………………… 125
事例 14　コア・ナンバーセブン号事件 ………………………………………… 127, 258
事例 15　東京地判平 10・7・13 判タ 1014 号 247 頁 ……………………… 129, 151, 238
事例 16　Berkshire 号事件 ………………… 132
事例 17　Kapitonas Gudin 号第 1 事件 …… 135
事例 18　Eurounity 号事件 ………………… 135
事例 19　Tokio Marine v Retla Steamship 事件 ……………………………………… 136
事例 20　Saga Explorer 号事件 …………… 136
事例 21　Glory 号事件 ……………………… 140
事例 22　Hong Kong Producer 号事件 …… 140
事例 23　Mormacvega 号事件 …………… 142
事例 24　Pembroke 号事件 ………………… 143
事例 25　TS YOKOHAMA 号事件 …………………………………………… 152, 259
事例 26　ジャスミン号事件 …… 159, 270, 281, 307

事例 27　カムフェア号事件 ………… 161, 274
事例 28　Starsin 号事件 …………………… 162
事例 29　東京地判平 16・4・9 判時 1869 号 102 頁 ……………………………………… 167
事例 30　トレード・フォイゾン号事件 ………………………………………… 169, 282
事例 31　Athanasia Comninos 号事件 …… 172
事例 32　Ministry of Food v Lamport & Holt 事件 ……………………………………… 173
事例 33　Mitchell Cotts v Steel 事件 ……… 173
事例 34　Giannis NK 号事件 ……………… 174
事例 35　Darya Radhe 号事件 …………… 175
事例 36　Brass v Maitland 事件 …………… 176
事例 37　エヌワイケー・アルグス号事件 ………………………………………… 177
事例 38　MSC Mediterranean Shipping v Cottonex Anstalt 事件 …………… 178
事例 39　マーゴ号事件 …………………… 179
事例 40　ケイヨー号事件 …… 186, 268, 310
事例 41　Superior Pescadores 号事件 …… 195
事例 42　Happy Ranger 号事件 …… 195, 196, 289
事例 43　ジョアナ・ボターニ号事件 …… 196
事例 44　クーガーエース号事件 …… 197, 266
事例 45　BEI v SKI 事件 …………………… 201
事例 46　Fjord Wind 号事件 ………… 202, 275
事例 47　Caspiana 号事件 ………………… 203
事例 48　Safeer 号事件 …………………… 203
事例 49　東京地判平 23・2・25 判例集未登載 ………………………………………… 204
事例 50　Glynn v Margetson 事件 ………… 207
事例 51　Thiess Bros Ltd v Australian Steamship Ltd 事件 ……………… 207
事例 52　Al Taha 号事件 …………………… 207
事例 53　Jones v Flying Clipper 事件 …… 209
事例 54　Atlantic Mutual v Poseidon 事件

.... *209*
事例55　Subiaco(S)Pte Ltd v Baker Hughes Singapore Pte事件 *214*
事例56　Jordan II号事件 *214, 215*
事例57　Eems Solar号事件 *214, 216, 217, 218*
事例58　ER Hamburg号事件 *217, 218, 292*
事例59　Socol 3号事件 *218, 219*
事例60　チサダネ号事件 *221*
事例61　ロッコー号事件（東京地中判平11・9・13海事法154号89頁） *223*
事例62　Hyundai General号事件 *230*
事例63　髙田商会事件 *233*
事例64　Sze Hai Tong Bank Ltd. v Rambler Cycle Co., Ltd.事件 *234*
事例65　Sagona号事件 *234*
事例66　Houda号事件 *235*
事例67　Bremen Max号事件 *236*
事例68　東京高判平7・10・16金法1449号52頁 *238*
事例69　Captain Gregos号事件 *239*
事例70　ロッコー号事件（東京高判平12・2・25判時1743号134頁） *239*
事例71　東京地判平22・12・21判例集未登載 *241*
事例72　ユニソン・スプレンダー号事件 *254, 263, 276*
事例73　キョーワハイビスカス号／キョーワバイオレット号事件 *259, 282, 307*
事例74　東京地判平24・12・27判例集未登載 *260, 282*
事例75　東京地判平19・3・29判例集未登載 *260*
事例76　東京地判昭58・1・24海事法63号18頁 *261*
事例77　プレジデント・ハリソン号事件 *261*
事例78　Toledo号事件 *263, 276*
事例79　ホワイトフジ号・ホワイトコーワ号事件 *218, 264, 310, 316*

事例80　Friso号事件 *218, 264*
事例81　Kapitan Sakharov号事件 *218, 264, 271*
事例82　Lendoudis Evangelos号事件 *265*
事例83　イミアス号事件 *265, 279, 300, 309, 310*
事例84　Eurasian Dream号事件 *266*
事例85　Torepo号事件 *267*
事例86　Makedonia号事件 *267*
事例87　大阪高判昭54・2・28判時938号108頁 *268*
事例88　Westerdok号事件 *269*
事例89　Benlawers号事件 *269*
事例90　Gudermes号事件 *270*
事例91　Ankergracht号・Archangelgracht号事件 *270, 280*
事例92　Fehmarn号事件 *271*
事例93　Good Friend号事件 *271*
事例94　Fiona号事件 *271*
事例95　ジャイアントステップ号事件 *272, 290*
事例96　Maurienne号事件 *272*
事例97　Chyebassa号事件 *273, 284*
事例98　Isla Fernandina号事件 *273*
事例99　Toledo Carrier号事件 *274*
事例100　Amstelslot号事件 *275*
事例101　Hellenic Dolphin号事件 *276*
事例102　Danica Brown号事件 *277*
事例103　Yamatogawa号事件 *277*
事例104　Lilburn号事件 *278*
事例105　Maltasian号事件 *280, 305*
事例106　Volcafe v CSAV事件 *280, 286, 305*
事例107　マノリス号事件 *281, 304, 307*
事例108　PAN HE号事件 *283*
事例109　TNT Express号事件 *282, 283*
事例110　神戸地判平12・4・20判時1731号75頁 *287*
事例111　Pyrene v Scindia Steam Navigation事件 *288*
事例112　Crosbie号事件 *289*

事例113　ヴィシュバ・ビクラム号事件 …… *289*, *301*, *310*
事例114　Tasman Pioneer 号事件 ………… *291*
事例115　Canadian Highlander 号事件 …… *292*
事例116　Hector 号事件 ……………………… *293*
事例117　Iron Gippsland 号事件 …………… *293*
事例118　Eternity 号事件 …………………… *294*
事例119　Fresco City 号事件 ………… *292*, *294*
事例120　Edward Dawson 号事件 ………… *296*
事例121　Apostolis 号事件 ………………… *297*
事例122　Tilia Gorthon 号事件 …………… *300*
事例123　大江山丸事件 ………(*274*), *300*, (*309*)
事例124　Bunga Seroja 号事件 …………… *302*
事例125　Ciechocinek 号事件 ……………… *303*
事例126　Barcore 号事件 …………………… *304*
事例127　Atreus 号事件 ……………………… *305*
事例128　Ahmadu Bello 号事件 …………… *305*
事例129　Flowergate 号事件 ……………… *306*
事例130　Rio Sun 号事件 …………………… *306*
事例131　Mekhanik Evgrafov 号・Ivan Derbenev 号事件 ……………………… *307*
事例132　Cape Corso 号事件 ……………… *311*
事例133　ブエン・ビエント号 …………… *320*

編者

松井　孝之（設問31）
一橋大学法学部卒業
LLM（Tulane University）
弁護士（マックス法律事務所パートナー）

黒澤　謙一郎（設問14・25・32～36）
東京大学大学院法学政治学研究科法曹養成専攻修了
LLM Maritime Law（University of Southampton）・GDL（University of Law）
弁護士（ブリタニヤP&Iクラブ日本支店）

執筆者（50音順）

赤塚　寛（設問4・6）
慶應義塾大学大学院法務研究科（法科大学院）修了
海事補佐人
弁護士（岡部・山口法律事務所）

阿部　弘和（設問11・27・28）
東京大学大学院法学政治学研究科法曹養成専攻修了
税理士・海事補佐人
弁護士（弁護士法人エル・アンド・ジェイ法律事務所）

伊藤　弐（設問1・20・21）
上智大学大学院法学研究科法曹養成専攻修了
LLM Shipping Law（Queen Mary University of London）
弁護士（阿部・阪田法律事務所）

伊藤　洋平（設問15・16・17・24）
上智大学法学部法律学科卒業
海事補佐人
弁護士（戸田総合法律事務所）

久下　豊（設問8）
神戸大学法学部卒業
川崎近海汽船㈱取締役外航営業部長

小林　拓人（設問3）
京都大学法科大学院修了
修士（法学）（早稲田大学）
弁護士（TMI総合法律事務所）

佐々木　政明（設問23）
京都大学法科大学院修了
修士（法学）（早稲田大学）
弁護士（TMI総合法律事務所）

竹谷　光成（設問2・7）
一橋大学法学部卒業
税理士・海事代理士・海事補佐人
弁護士（田川総合法律事務所パートナー）

竹本　みを（設問5・37）
同志社大学大学院司法研究科修了
弁護士（小川総合法律事務所）

手塚　祥平（設問10）
慶應義塾大学法学部法律学科卒業
LLM International Commercial Law（University College London）・海事補佐人
弁護士（弁護士法人東町法律事務所）

冨田　拓（設問18）
早稲田大学法学部卒業
弁護士（一橋綜合法律事務所）

濱田　嘉秀（設問13・22）
大阪大学大学院　高等司法研究科法務専攻修了
海事補佐人・海事代理士
弁護士（弁護士法人むらかみ）

松田　直樹（設問9）
同志社大学法学部法律学科卒業
マースクライン AS東京支店
輸入カスタマーサービス　部長

宮﨑　裕士（設問19・26・29）
早稲田大学大学院法務研究科修了
弁護士（有泉・平塚法律事務所）

山下　真一郎（設問30）
東京大学法学部卒業
海事補佐人
弁護士（有泉・平塚法律事務所）

山本　剛也（設問12）
東京大学法学部卒業
海事補佐人
弁護士（戸田総合法律事務所）

吉田　伸哉（設問38）
立命館大学大学院法学研究科博士前期課程修了
修士（法学）（立命館大学）・海事補佐人・公認不正検査士
弁護士（弁護士法人東町法律事務所）

<ruby>設問式<rt>せつもんしき</rt></ruby> <ruby>船荷<rt>ふなに</rt></ruby> <ruby>証券<rt>しょうけん</rt></ruby>の<ruby>実務的解説<rt>じつむてきかいせつ</rt></ruby>		定価はカバーに 表示してあります

平成28年10月28日　初版発行

編著者	<ruby>松井孝之<rt>まついたかゆき</rt></ruby>・<ruby>黒澤謙一郎<rt>くろさわけんいちろう</rt></ruby>
発行者	小川典子
印　刷	倉敷印刷株式会社
製　本	株式会社難波製本

発行所　株式会社成山堂書店

〒160-0012　東京都新宿区南元町4番51　成山堂ビル
TEL：03(3357)5861　FAX：03(3357)5867
URL　http://www.seizando.co.jp
落丁・乱丁本はお取り換えいたしますので、小社営業チーム宛にお送りください。

©2016　Takayuki Matsui, Kenichiro Kurosawa
Printed in Japan　　　　　　　　　　　　ISBN978-4-425-31321-1

成山堂書店　海運・保険・貿易関係図書案内

現代海上保険	大谷孝一・中出哲　監訳	A5・376頁・3800円
ソマリア沖海賊問題	下山田聰明　著	A5・224頁・2800円
海上リスクマネジメント【2訂版】	藤沢・横山・小林　共著	A5・432頁・5600円
液体貨物ハンドブック【改訂版】	日本海事検定協会　監修	A6・268頁・3200円
海難審判裁決評釈集	21海事総合事務所　編著	A5・266頁・4600円
ビジュアルでわかる船と海運のはなし【三訂増補版】	拓海広志　著	A5・230頁・2800円
新訂外航海運概論	森　隆行　編著	A5・328頁・3800円
体系海商法【二訂版】	村田治美　著	A5・336頁・3400円
船舶知識のABC【9訂版】	池田宗雄　著	A5・226頁・3000円
船舶衝突の裁決例と解説	小川洋一　編著	A5・472頁・6400円
船舶売買契約書の解説【改訂版】	吉丸昇　著	A5・480頁・8400円
国際物流のクレーム実務 －NVOCCはいかに対処するか－	佐藤達朗　著	A5・362頁・6400円
海上貨物輸送論	久保雅義　編著	A5・176頁・2800円
貨物海上保険・貨物賠償クレームのQ&A	小路丸正夫　著	A5・188頁・2600円
設問式定期傭船契約の解説【全訂版】	松井孝之　著	A5・354頁・4000円
新・傭船契約の実務的解説	谷本裕範・宮脇亮次　共著	A5・360頁・6200円
LNG船がわかる本【新訂版】	糸山直之　著	A5・308頁・4400円
LNG船運航のABC【改訂版】	日本郵船LNG船運航研究会　著	A5・240頁・3200円
載貨と海上輸送【改訂版】	運航技術研究会　編	A5・394頁・4400円
海上コンテナ物流論	山岸寛　著	A5・204頁・2800円
日中貿易物流のABC	岩見辰彦・石原伸志　著	A5・240頁・2600円
貿易物流実務マニュアル	石原伸志　著	B5・488頁・8800円
新・中国税関実務マニュアル(改訂増補版)	岩見辰彦　著	A5・300頁・3500円
港湾倉庫マネジメント	篠原正人監修／春山利廣著	A5・368頁・3800円
図解船舶・荷役の基礎用語【6訂版】	宮本榮　編著	A5・372頁・3800円
英和海事大辞典	逆井保治　編	A5・604頁・16000円
LNG船・荷役用語集【改訂版】	ダイアモンド・ガス・オペレーション(株)　編	B5・254頁・6200円
石油と液化ガスの海上輸送	タンカー研究会　著	A5・554頁・8000円
海運六法　【年度版】	国土交通省海事局　監修	A5・1398頁・16000円
船舶油濁損害賠償保障関係法令・条約集	日本海事センター　編	A5・600頁・6800円
海事仲裁がわかる本	谷本裕範　著	A5・240頁・2800円
港湾六法　【年度版】	国土交通省港湾局　監修	A5・920頁・12500円
ISMコードの解説と検査の実際【3訂版】	国土交通省海事局検査測度課　監修	A5・512頁・7600円
コンテナ物流の理論と実際 －日本コンテナ輸送の史的展開－	石原伸志・合田浩之共著	A5・350頁・3400円

解説付総合図書目録進呈

※定価は本体価格(税別)です。
定価は変更する場合があります。最新の情報は、弊社webでご確認ください。
http://www.seizando.co.jp